中国建设教育发展年度报告（2018）

中国建设教育协会　组织编写

刘　杰　王要武　主　编

中国建筑工业出版社

图书在版编目（CIP）数据

中国建设教育发展年度报告（2018）/ 刘杰，王要武主编．— 北京：中国建筑工业出版社，2019.6

ISBN 978-7-112-23621-3

Ⅰ．①中…　Ⅱ．①刘…　②王…　Ⅲ．①建筑学—教育事业—研究报告—中国—2018　Ⅳ．①TU-4

中国版本图书馆 CIP 数据核字（2019）第 072634 号

责任编辑：李　明　赵云波
责任校对：赵　颖

中国建设教育发展年度报告（2018）
中国建设教育协会　组织编写
刘　杰　王要武　主　　编

*

中国建筑工业出版社出版、发行（北京海淀三里河路 9 号）
各地新华书店、建筑书店经销
北京点击世代文化传媒有限公司制版
北京京华铭诚工贸有限公司印刷

*

开本：787×960 毫米　1/16　印张：20　字数：377 千字
2019 年 7 月第一版　2019 年 7 月第一次印刷
定价：62.00 元
ISBN 978-7-112-23621-3
（33916）

本书编审委员会

编写组

主　　编：刘　杰　王要武

副 主 编：王凤君　李竹成　于　洋　程　鸿

参　　编：高延伟　胡秀梅　田　歌　张　晨　李　智
李　平　李　奇　李爱群　胡兴福　赵　研
杨秀方　罗小毛　郭景阳　崔恩杰　王　平
李晓东　吴　菁　唐　琦　王　炜　董玉宽
袁　乐　周小军　梁　健　丁茂成　陈晓燕
胡国华　张　晶　傅　钰　谷　珊　钱　程
邢　正

序

FOREWORD

由中国建设教育协会组织编写，刘杰、王要武同志主编的《中国建设教育年度发展报告（2018)》与广大读者见面了。它伴随着住房城乡建设领域改革发展的步伐，从无到有，应运而生，是我国首次发布的建设教育年度发展报告。本书从策划、调研、收集资料与数据，到研究分析、组织编写，全体参编人员集思广益、精心梳理，付出了极大的努力。我向为本书的成功出版作出贡献的同志们表示由衷的感谢。

“十二五”期间，我国住房城乡建设领域各级各类教育培训事业取得了长足的发展，为加快发展方式转变、促进科学技术进步、实现体制机制创新做出了重要贡献。普通高等建设教育以狠抓本科教育质量为重心，以专业教育评估为抓手，深化教育教学改革，学科专业建设和整体办学水平有了明显提高；高等建设职业教育的办学规模快速发展，专业结构更趋合理，办学定位更加明确，校企合作不断深入，毕业生普遍受到行业企业的欢迎；中等建设职业教育坚持面向生产一线培养技能型人才，以企业需求为切入点，强化校内外实操实训、师傅带徒、顶岗实习，有效地增强了学生的职业能力；建设行业从业人员的继续教育和职业培训也取得了很大进展，各省（自治区）市相关部门和企事业单位为适应行业改革发展的需要普遍加大了教育培训力度，创新了培训管理制度和培训模式，提高了培训质量，职工队伍素质得到了全面提升。然而，我们也必须冷静自省，充分认识我国建设教育存在的短板和不足；在国家实施创新驱动发展战略的新形势下，需要有更强的紧迫感和危机感。本报告在认真分析我国建设教育发展状况的基础上，紧密结合我国教育发展和建设行业发展的实际，科学地分析了建设教育的发展趋势以及所面临的问题，提出了对策建议，这对于广大建设教育工作者具有很强的学习借鉴意义。报告中提供的大量数据和案例，既有助于开展建设教育的学术研究，也对各级建设教育主管部门指导行业教育具有参考价值。

“十三五”时期是我国全面建成小康社会的关键时期，也是我国住房城乡建设事业发展的重要战略机遇期。随着我国经济进入新常态，实施创新驱动发展战略，加快转方式、调结构，要求我们必须进一步加快建设教育改革发展的步伐，增强建设教育对行业发展的服务贡献能力，促进经济增长从主要依靠劳动力成本优势向劳动力价值创造优势转变。我们要毫不动摇地贯彻实施人才发展战略，切实加强人才队伍建设。在教育培训工作中，我们要把促进人的全面发展作为根本目的，坚持立德树人，全面贯彻党的教育方针。各级各类院校要更加注重教育内涵发展和品质提升，要面向行业和市场需求，主动调整专业结构和资源配置，加强实践教学环节，突出创业创新教育，着力培养高素质、创新型、应用型人才。要加快住房城乡建设领域现代职业教育体系建设，始终坚持以服务行业发展为宗旨，以促进就业为导向，培养更多的高素质劳动者和技术技能型人才。各类成人教育和培训机构，要牢固树立终身教育理念，更加贴近行业实际需要，紧盯新技术、新标准、新规范以及行业改革发展的新举措、新任务，充分运用现代教育培训技术和手段，高质量、高效率地开展教育培训服务。

期待本书能够得到广大读者的关注和欢迎，在分享本书提供的宝贵经验和研究成果的同时，也对其中尚存的不足提出中肯的批评和建议，以利于编写人员认真采纳与研究，使下一个年度报告更趋完美，让读者更加受益，对建设行业教育培训工作发挥更好的引领作用。希望通过大家的共同努力，进一步推动我国建设教育各项改革的不断深入，为住房城乡建设领域培养更多高素质的人才，支撑住房城乡建设领域的转型升级，为全面实现国家“十三五”规划纲要提出的奋斗目标作出我们应有的贡献。

前言

PREFACE

为了紧密结合住房城乡建设事业改革发展的重要进展和对人才队伍建设提出的要求，客观、全面地反映中国建设教育的发展状况，中国建设教育协会从2015年开始，计划每年编制一本反映上一年度中国建设教育发展状况的分析研究报告。本书即为中国建设教育发展年度报告的2018年版。

本书共分5章。

第1章从建设类专业普通高等教育、高等建设职业教育、中等建设职业教育三个方面，分析了2017年学校教育的发展状况。具体包括：从教育概况、分学科专业学生培养情况、分地区教育情况等多个视角，分析了2017年学校建设教育的发展状况，剖析了学校建设教育发展面临的问题，提出了促进学校建设教育发展的对策建议。

第2章从建设行业执业人员、建设行业专业技术人员、建设行业技能人员、职业分类与职业技能标准四个方面，分析了2017年继续教育、职业培训、职业分类和职业技能标准建设的状况。具体包括：从人员概况、考试与注册、继续教育等角度，分析了建设行业执业人员继续教育与培训的总体状况，剖析了建设行业执业人员继续教育与培训存在的问题，提出了促进其继续教育与培训发展的对策建议；从人员培训、考核评价、继续教育等角度，分析了建设行业专业技术人员继续教育与培训的总体状况，剖析了建设行业专业技术人员继续教育与培训存在的问题，提出了促进其继续教育与培训发展的对策建议；从技能培训、技能考核、技能竞赛和培训考核管理等角度，分析了建设行业技能人员培训的总体状况，剖析了建设行业技能人员培训面临的问题，提出了促进其培训发展的对策建议；分析了建设行业从业人员职业分类的总体状况和建设行业从业人员职业分类情况，剖析了建设行业从业人员职业分类中存在的问题，提出了完善建设行业从业人员职业分类的对策建议；分析了建设行业从业人员职业技能标准建设与发展的总体状况，剖析了建设行业从业人员职业技能标准建设与发展中存在的问题，提出了完善建设行业从业人员职业技能标准建设的对策建议。

第3章选取了若干不同类型的学校、企业进行了案例分析。学校教育方面，包括了两所普通高等学校和一所中等职业技术学校的典型案例分析；继续教育与职业培训方面，包括了两家企业的典型案例分析和建设机械行业培训案例分析。

第4章根据中国建设教育协会及其各专业委员会提供的年会交流材料、研究报告，相关杂志发表的教育研究类论文，总结出教育发展模式研究、立德树人与校园文化建设、创新创业教育、教学研究与专业建设、校企合作与开放办学、继续教育与职业培训等6个方面的27类突出问题和热点问题进行研讨。

第5章汇编了2016年国务院、教育部、住房城乡建设部颁发的与中国建设教育密切相关的政策、文件；总结了2017年中国建设教育发展大事记，包括住房城乡建设领域教育发展大事记和中国建设教育协会大事记。

本报告是系统分析中国建设教育发展状况的系列著作，对于全面了解中国建设教育的发展状况、学习借鉴促进建设教育发展的先进经验、开展建设教育学术研究，具有重要的借鉴价值。可供广大高等院校、中等职业技术学校从事建设教育的教学、科研和管理人员、政府部门和建筑业企业从事建设继续教育和岗位培训管理工作的人员阅读参考。

本书在制定编写方案、收集相关数据和书稿编写及审稿的过程中，得到了住房城乡建设部主管领导、住房城乡建设部人事司领导的大力指导和热情帮助，得到了有关高等院校、中职院校、地方住房城乡建设主管部门、建筑业企业的积极支持和密切配合；在编辑、出版的过程中，得到了中国建筑工业出版社的大力支持，在此表示衷心的感谢。

本书由刘杰、王要武主编并统稿，参加各章编写的主要人员有：李爱群、胡兴福、赵研、杨秀方、吴菁（第1章）；张晨、李平、李奇、唐琦、王炜、李智（第2章）；李爱群、胡兴福、罗小毛、郭景阳、崔恩杰、王平、董玉宽、袁乐、周小军、梁健、丁茂成、陈晓燕（第3章）；李晓东、胡国华、高延伟（第4章）；高延伟、胡秀梅、田歌、张晶、傅钰、谷珊、钱程、邢正（第5章）。

限于时间和水平，本书错讹之处在所难免，敬请广大读者批评指正。

目 录

CONTENTS

1

2017年建设类专业教育发展状况分析

1.1 2017年建设类专业普通高等教育发展状况分析

1.1.1 建设类专业普通高等教育发展的总体状况

1.1.1.1 建设类专业普通高等教育概况

1. 本科教育

（1）本科生教育总体情况

根据国家统计局的统计数据，2017年，全国共有普通高等学校2631所（含独立学院265所），比上年增加35所，增长1.35%。其中，本科院校1243所，比上年增加6所。普通本科毕业生数为384.2万人，比上年增加9.8万人；招生数为410.8万人，比上年增加5.4万人；在校生数为1648.6万人，比上年增加35.7万人。

（2）土木建筑类本科生培养

2017年，全国开设土木建筑类专业的普通高等教育学校、机构数量为776所，比上年增加9所，占全国本科院校和其他普通高教机构之和的61.25%。土木建筑类本科生培养学校、机构开办专业数2793个，比上年增加109个；毕业生数230477人，比上年增加14433人，占全国本科毕业生数384.2万人的6.00%，同比上升0.23个百分点；招生数208864人，比上年减少786人，占全国本科招生数410.8万人的5.08%，同比下降0.09个百分点；在校生数918146人，比上年减少10320人，占全国本科在校生数的5.57%，同比下降0.19个百分点。图1-1、图1-2分别示出了2014～2017年全国土木建筑类专业开办学校、开办专业情况和本科生培养情况。

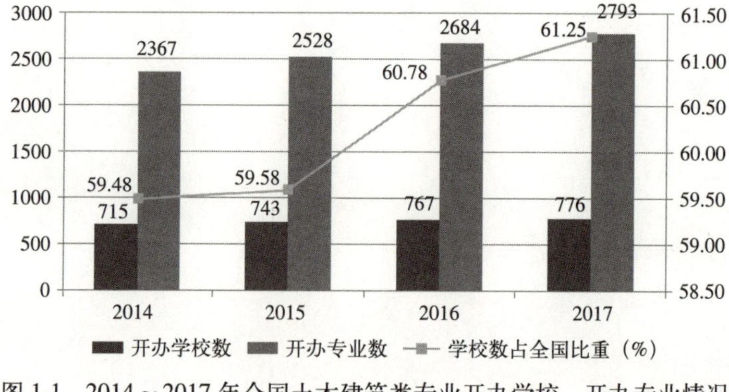

图1-1 2014～2017年全国土木建筑类专业开办学校、开办专业情况

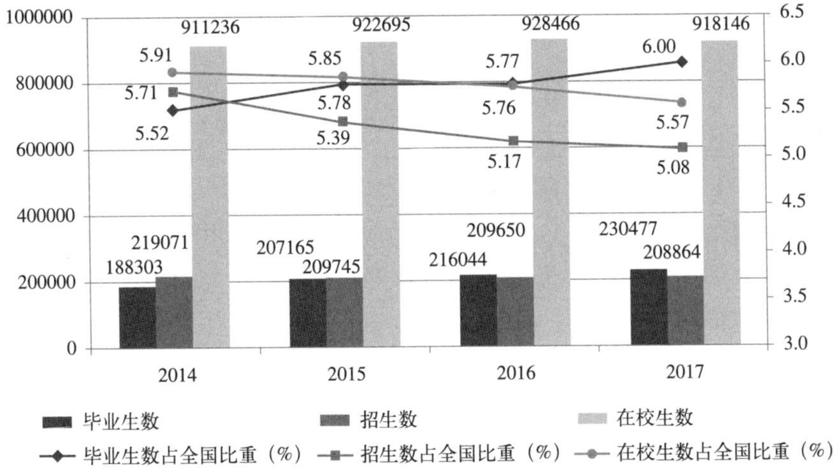

图 1-2　2014～2017 年全国土木建筑类专业本科生培养情况

表 1-1 给出了土木建筑类本科生按学校层次统计的分布情况。与上年相比，土木建筑类本科办学机构调整步伐放缓，基本处于平稳态势，其中，其他普通高教机构数量由上年 7 所上升至 8 所，增加 1 所；独立学院数量由上年的 168 所下降至 166 所，减少 2 所；学院数量由上年的 305 所上升至 312 所，增加 7 所；大学数量由上年的 287 所上升至 290 所，增加 3 所。

土木建筑类本科生按学校层次分布情况　　**表 1-1**

学校、机构层次	开办学校、机构		开办专业		毕业人数		招生人数		在校人数	
	数量	占比（%）	数量	占比（%）	数量	占比（%）	数量	占比（%）	数量	占比（%）
大学	290	37.37	1262	45.18	102093	44.30	96650	46.27	420423	45.79
学院	312	40.21	994	35.59	77920	33.81	73774	35.32	322957	35.17
独立学院	166	21.39	524	18.76	49715	21.57	38440	18.40	173607	18.91
其他普通高教机构	8	1.03	13	0.47	749	0.32	0	0.00	1159	0.13
合计	776	100.00	2793	100.00	230477	100.00	208864	100.00	918146	100.00

表 1-2 给出了土木建筑类本科生按学校隶属关系分类的统计情况。其中，省级教育部门和民办高校依然是主要的办学力量，在各项数据中两者的占比之和均超过了 80%。

土木建筑类本科生按学校隶属关系分布情况　　表 1-2

学校、机构隶属关系	开办学校、机构		开办专业		毕业人数		招生人数		在校人数	
	数量	占比（%）	数量	占比（%）	数量	占比（%）	数量	占比（%）	数量	占比（%）
教育部	57	7.35	240	8.59	17899	7.77	16276	7.79	72890	7.94
工业和信息化部	6	0.77	24	0.86	1276	0.55	1045	0.50	4795	0.52
交通运输部	1	0.13	1	0.04	59	0.03	58	0.03	233	0.03
国家民族事务委员会	5	0.64	11	0.39	822	0.36	811	0.39	3291	0.36
国务院侨务办公室	2	0.26	12	0.43	712	0.31	825	0.39	3351	0.36
国家安全生产监督管理总局	1	0.13	6	0.21	556	0.24	558	0.27	2056	0.22
中国地震局	1	0.13	3	0.11	238	0.10	261	0.12	928	0.10
中国民用航空总局	2	0.26	2	0.07	75	0.03	83	0.04	336	0.04
省级教育部门	341	43.94	1346	48.19	110299	47.86	105791	50.65	459824	50.08
省级其他部门	12	1.55	38	1.36	2470	1.07	3016	1.44	12211	1.33
地级教育部门	47	6.06	152	5.44	9299	4.03	10623	5.09	43134	4.70
地级其他部门	14	1.80	54	1.93	3278	1.42	4328	2.07	17705	1.93
民办	287	36.98	904	32.37	83494	36.23	65189	31.21	297392	32.39
合计	776	100.00	2793	100.00	230477	100.00	208864	100.00	918146	100.00

表 1-3 为土木建筑类本科生按学校类别统计的分布情况，与上年相比，分布情况变化不大。从统计数字中可以看出，理工院校和综合大学是土木建筑类本科专业的主要办学力量，两者的占比之和，为开办学校总数的 69.85%、开办专业总数的 79.05%、毕业总人数的 84.01%、招生总人数的 82.37%、在校总人数的 82.54%。

土木建筑类本科生按学校类别分布情况　　表 1-3

学校、机构类别	开办学校、机构		开办专业		毕业人数		招生人数		在校人数	
	数量	占比（%）	数量	占比（%）	数量	占比（%）	数量	占比（%）	数量	占比（%）
综合大学	245	31.57	862	30.86	67577	29.32	59170	28.33	264722	28.83
理工院校	297	38.27	1346	48.19	126038	54.69	112877	54.04	493072	53.70
财经院校	84	10.82	214	7.66	14660	6.36	13040	6.24	61743	6.72

续表

学校、机构类别	开办学校、机构		开办专业		毕业人数		招生人数		在校人数	
	数量	占比（%）	数量	占比（%）	数量	占比（%）	数量	占比（%）	数量	占比（%）
师范院校	72	9.28	146	5.23	6641	2.88	8807	4.22	35475	3.86
民族院校	11	1.42	27	0.97	1672	0.73	2145	1.03	7738	0.84
农业院校	41	5.28	133	4.76	9499	4.12	9577	4.59	39759	4.33
林业院校	7	0.90	35	1.25	3029	1.31	2398	1.15	11081	1.21
医药院校	2	0.26	2	0.07	11	0.00	54	0.03	70	0.01
艺术院校	10	1.29	17	0.61	506	0.22	603	0.29	2780	0.30
语文院校	6	0.77	10	0.36	829	0.36	175	0.08	1637	0.18
体育院校	1	0.13	1	0.04	15	0.01	18	0.01	69	0.01
合计	776	100.00	2793	100.00	230477	100.00	208864	100.00	918146	100.00

2. 研究生教育

（1）研究生教育总体情况

2017 年，全国共有研究生培养机构 815 个，其中，普通高校 578 个，科研机构 237 个。研究生招生 80.61 万人,其中,全日制 69.19 万人。招收博士生 8.39 万人，硕士生 72.22 万人，总量比上年增加 13.9 万人。在学研究生 263.96 万人，其中，在学博士生 36.2 万人，在学硕士生 227.76 万人，总数比上年增加 65.85 万人。毕业研究生 57.80 万人，其中，毕业博士生 5.8 万人，毕业硕士生 52.0 万人，总数比上年增加 1.41 万人。

（2）土木建筑类硕士生培养

2017 年土木建筑类硕士生培养高校、机构共 311 个，比上年增加 7 个；开办学科点共 1160 个，与上年持平；毕业生数总计 16821 人，比上年减少 64 人，占当年全国毕业硕士生的 3.23%；招生数总计 20710 人，比上年增加 2375 人，占全国硕士生招生人数的 2.87%；在校硕士生人数为 56807 人，比上年增加 3478 人，占全国在校硕士生人数的 2.49%。图 1-3、图 1-4 分别示出了 2014～2017 年全国土木建筑类硕士点开办学校、开办学科点情况和硕士生培养情况。

表 1-4 给出了土木建筑类硕士生按学校、机构层次分类的统计情况。从表中可以看出，大学依然是土木建筑类硕士生培养的主力军，除数量占比为 87.78% 外，其他各项占比均在 90% 以上。

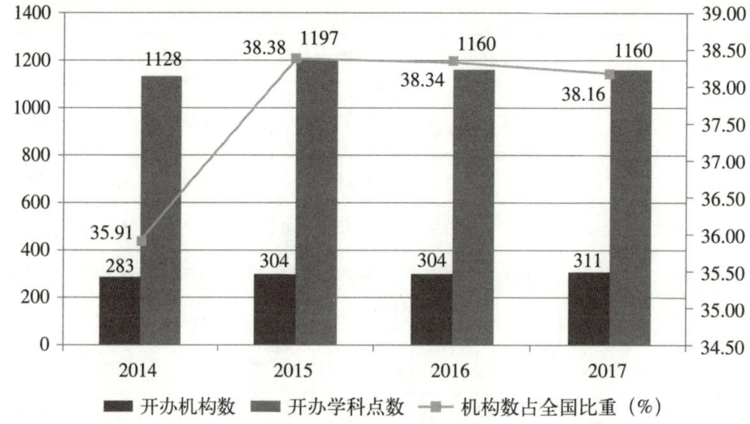

图 1-3　2014～2017 年全国土木建筑类硕士点开办学校、开办学科点情况

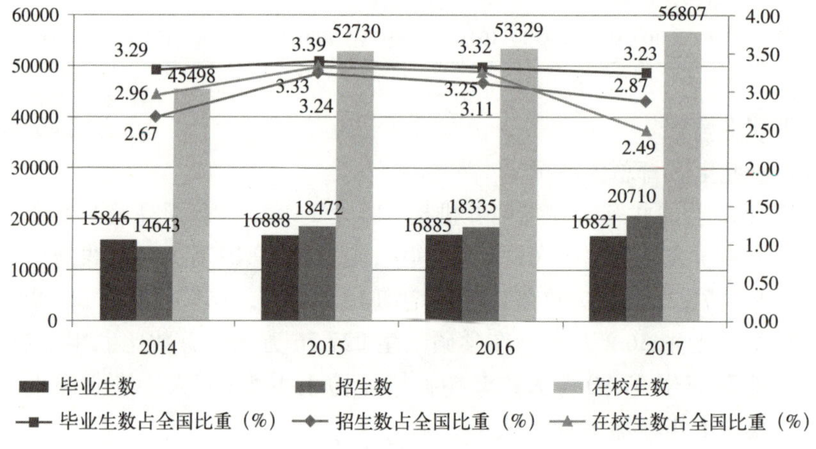

图 1-4　2014～2017 年全国土木建筑类硕士生培养情况

土木建筑类硕士生按学校、机构层次分布情况　　　　表 1-4

学校、机构层次	培养学校、机构		开办学科点		毕业人数		招生人数		在校人数	
	数量	占比（%）	数量	占比（%）	数量	占比（%）	数量	占比（%）	数量	占比（%）
大学	273	87.78	1085	93.53	16398	97.49	20221	97.64	55496	97.69
学院	20	6.43	34	2.93	234	1.39	329	1.59	813	1.43
培养研究生的科研机构	18	5.79	41	3.53	189	1.12	160	0.77	498	0.88
合计	311	100.00	1160	100.00	16821	100.00	20710	100.00	56807	100.00

表1-5列出了土木建筑类硕士生按学校、机构隶属关系统计的分布情况，从中可以看出，省级教育部门和教育部所属高校是培养土木建筑类硕士生的主要力量，两者各项占比之和均超过了80%。

土木建筑类硕士生按学校、机构隶属关系分布情况 **表1-5**

学校、机构隶属关系	培养学校、机构		开办学科点		毕业人数		招生人数		在校人数	
	数量	占比（%）	数量	占比（%）	数量	占比（%）	数量	占比（%）	数量	占比（%）
教育部	65	20.90	358	30.86	7365	43.78	8699	42.00	24049	42.33
工业和信息化部	7	2.25	27	2.33	640	3.80	735	3.55	2030	3.57
住房和城乡建设部	1	0.32	1	0.09	4	0.02	6	0.03	17	0.03
交通运输部	2	0.64	5	0.43	34	0.20	37	0.18	108	0.19
农业部	1	0.32	1	0.09	3	0.02	0	0.00	4	0.01
水利部	3	0.96	8	0.69	19	0.11	18	0.09	60	0.11
国家民族事务委员会	2	0.64	2	0.17	6	0.04	4	0.02	17	0.03
国务院国有资产监督管理委员会	5	1.61	14	1.21	30	0.18	31	0.15	94	0.17
国务院侨务办公室	2	0.64	13	1.12	117	0.70	151	0.73	534	0.94
国家林业局	1	0.32	2	0.17	53	0.32	32	0.15	82	0.14
中国科学院	2	0.64	5	0.43	146	0.87	140	0.68	371	0.65
中国民用航空总局	1	0.32	1	0.09	7	0.04	8	0.04	24	0.04
中国铁路总公司	1	0.32	2	0.17	10	0.06	5	0.02	25	0.04
中国地震局	3	0.96	8	0.69	65	0.39	64	0.31	206	0.36
中国航空集团公司	2	0.64	2	0.17	3	0.02	1	0.00	4	0.01
省级教育部门	205	65.92	683	58.88	8006	47.60	10323	49.85	27961	49.22
省级其他部门	2	0.64	2	0.17	24	0.14	13	0.06	50	0.09
地级教育部门	6	1.93	26	2.24	289	1.72	443	2.14	1171	2.06
合计	311	100.00	1160	100.00	16821	100.00	20710	100.00	56807	100.00

表1-6为土木建筑类硕士生按学校、机构类别分类的统计情况。从表中可以看出，理工院校和综合大学是培养土木建筑类硕士生的主要力量，二者之和占办学机构总数的65.27%，占开办学科点总数的82.07%，占毕业人数的85.95%，占招生人数的84.37%、占在校人数的86.53%，占比较去年同期稍有下降。

土木建筑类硕士生按学校、机构类别分布情况　　表 1-6

学校、机构类别	培养学校、机构		开办学科点		毕业人数		招生人数		在校人数	
	数量	占比（%）	数量	占比（%）	数量	占比（%）	数量	占比（%）	数量	占比（%）
综合大学	70	22.51	324	27.93	4624	27.49	5788	27.95	15966	28.11
理工院校	133	42.77	628	54.14	9834	58.46	11684	56.42	33192	58.43
财经院校	28	9.00	28	2.41	370	2.20	510	2.46	1303	2.29
农业院校	24	7.72	62	5.34	944	5.61	1316	6.35	2835	4.99
林业院校	6	1.93	36	3.10	627	3.73	994	4.80	2249	3.96
民族院校	2	0.64	2	0.17	6	0.04	4	0.02	17	0.03
师范院校	18	5.79	24	2.07	141	0.84	142	0.69	460	0.81
医药院校	3	0.96	3	0.26	13	0.08	17	0.08	41	0.07
艺术院校	5	1.61	8	0.69	27	0.16	67	0.32	169	0.30
语文院校	4	1.29	4	0.34	46	0.27	28	0.14	77	0.14
培养研究生的科研机构	18	5.79	41	3.53	189	1.12	160	0.77	498	0.88
合计	311	100.00	1160	100.00	16821	100.00	20710	100.00	56807	100.00

3. 土木建筑类博士生培养

2017 年，土木建筑类博士生培养学校、机构共计 124 所，与上年持平；开办学科点共计 400 个，比上年减少 1 个；毕业博士生 2326 人，比去年增加 8 人，占当年全国毕业博士生的 4%；招收博士生 3916 人，比上年增加 282 人，占全国博士生招生人数的 4.67%；在校博士生 21111 人，比上年增加 817 人，占全国在校博士生人数的 5.83%。图 1-5、图 1-6 分别示出了 2014～2017 年全国土木建筑类博士开办学校、开办学科点情况和博士生培养情况。

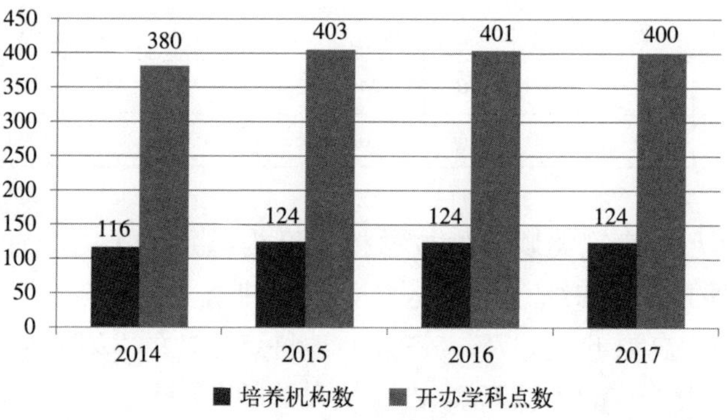

图 1-5　2014～2017 年全国土木建筑类博士开办学校、开办学科点情况

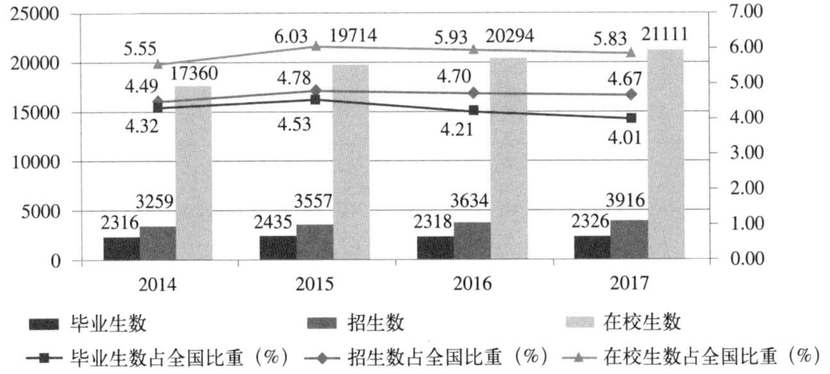

图 1-6　2014～2017 年全国土木建筑类博士生培养情况

表 1-7 为土木建筑类博士生按学校、机构层次分布情况。从表中可以看出，大学是土木建筑类博士生培养的主要力量，其各项占比均超过 96%。

土木建筑类博士生按学校、机构层次分布情况　　表 1-7

学校、机构层次	培养学校、机构		开办学科点		毕业人数		招生人数		在校人数	
	数量	占比（%）	数量	占比（%）	数量	占比（%）	数量	占比（%）	数量	占比（%）
大学	120	96.77	390	97.50	2302	98.97	3884	99.18	20949	99.23
培养研究生的科研机构	4	3.23	10	2.50	24	1.03	32	0.82	162	0.77
合计	124	100.00	400	100.00	2326	100.00	3916	100.00	21111	100.00

表 1-8 为土木建筑类博士生按学校、机构隶属关系的分布情况。从表中可以看出，省级教育部门和教育部所属高校是培养土木建筑类博士生的主要力量，两者各项占比的合计均超过了 80%。

土木建筑类博士生按学校、机构隶属关系分布情况　　表 1-8

学校、机构隶属关系	培养学校、机构		开办学科点		毕业人数		招生人数		在校人数	
	数量	占比（%）	数量	占比（%）	数量	占比（%）	数量	占比（%）	数量	占比（%）
教育部	52	41.94	229	57.25	1481	63.67	2392	61.08	13641	64.62
工业和信息化部	7	5.65	17	4.25	208	8.94	392	10.01	2080	9.85
交通运输部	1	0.81	1	0.25	3	0.13	8	0.20	54	0.26
水利部	2	1.61	2	0.50	5	0.21	5	0.13	29	0.14
国务院国有资产监督管理委员会	1	0.81	4	1.00	1	0.04	4	0.10	17	0.08

续表

学校、机构隶属关系	培养学校、机构		开办学科点		毕业人数		招生人数		在校人数	
	数量	占比（%）	数量	占比（%）	数量	占比（%）	数量	占比（%）	数量	占比（%）
国务院侨务办公室	2	1.61	2	0.50	4	0.17	16	0.41	76	0.36
中国科学院	2	1.61	5	1.25	167	7.18	223	5.69	776	3.68
中国地震局	1	0.81	4	1.00	18	0.77	23	0.59	116	0.55
省级教育部门	55	44.35	130	32.50	434	18.66	834	21.30	4261	20.18
地级教育部门	1	0.81	6	1.50	5	0.21	19	0.49	61	0.29
合计	124	100.00	400	100.00	2326	100.00	3916	100.00	21111	100.00

表 1-9 为土木建筑类博士生按学校、机构类别的分布情况。从表中可以看出，理工院校和综合大学是培养土木建筑类博士生的主要力量，二者学校数量之和的占比约为 79%，在开办学科点、毕业人数、招生人数、在校人数等方面，二者数量之和的占比更是超过了 90%。

土木建筑类博士生按学校、机构类别分布情况 **表 1-9**

学校、机构类别	培养学校、机构		开办学科点		毕业人数		招生人数		在校人数	
	数量	占比（%）	数量	占比（%）	数量	占比（%）	数量	占比（%）	数量	占比（%）
综合大学	32	25.81	121	30.25	973	41.83	1418	36.21	7193	34.07
理工院校	66	53.23	246	61.50	1260	54.17	2313	59.07	13037	61.75
财经院校	7	5.65	7	1.75	27	1.16	77	1.97	317	1.50
林业院校	5	4.03	6	1.50	19	0.82	40	1.02	178	0.84
农业院校	7	5.65	7	1.75	21	0.90	29	0.74	152	0.72
师范院校	3	2.42	3	0.75	2	0.09	7	0.18	72	0.34
培养研究生的科研机构	4	3.23	10	2.50	24	1.03	32	0.82	162	0.77
合计	124	100.00	400	100.00	2326	100.00	3916	100.00	21111	100.00

1.1.1.2 分学科、专业学生培养情况

1. 本科专业学生培养情况

2017 年土木建筑类本科生按专业分布情况如表 1-10 所示。总体而言，与上年相比，开办专业数由 2684 个上升至 2793 个，毕业生数由 216044 人上升至 230477 人，招生人数由 209650 人下降至 208864 人，在校人数由 928466 人下降至 918146 人，这表明土木建筑类本科办学规模处于平稳运行态势。

2017 年土木建筑类本科生按专业分布情况　　表 1-10

专业类及专业	开办专业		毕业人数		招生人数		在校人数		招生数较毕业生数增幅（%）
	数量	占比（%）	数量	占比（%）	数量	占比（%）	数量	占比（%）	
土木类	1204	43.11	135408	58.75	117597	56.30	502292	54.71	-13.15
土木工程	550	19.69	104686	45.42	71238	34.11	348440	37.95	-31.95
建筑环境与能源应用工程	190	6.80	11667	5.06	10692	5.12	46883	5.11	-8.36
给排水科学与工程	184	6.59	10839	4.70	10419	4.99	44752	4.87	-3.87
建筑电气与智能化	84	3.01	2966	1.29	4130	1.98	15632	1.70	39.24
城市地下空间工程	58	2.08	1766	0.77	3009	1.44	10713	1.17	70.39
道路桥梁与渡河工程	76	2.72	3480	1.51	4823	2.31	17994	1.96	38.59
铁道工程	6	0.21	0	0.00	684	0.33	1028	0.11	
土木类专业	56	2.01	4	0.00	12602	6.03	16850	1.84	
建筑类	737	26.39	32556	14.13	35865	17.17	164450	17.91	10.16
建筑学	293	10.49	18340	7.96	14914	7.14	84501	9.20	-18.68
城乡规划	229	8.20	8657	3.76	8348	4.00	41522	4.52	-3.57
风景园林	169	6.05	5211	2.26	8741	4.19	33557	3.65	67.74
建筑类专业	46	1.65	348	0.15	3862	1.85	4870	0.53	
管理科学与工程类	761	27.25	60586	26.29	52074	24.93	240029	26.14	-14.05
工程管理	446	15.97	42260	18.34	27891	13.35	139665	15.21	-34.00
房地产开发与管理	74	2.65	2372	1.03	2912	1.39	11396	1.24	22.77
工程造价	241	8.63	15954	6.92	21271	10.18	88968	9.69	33.33
工商管理类	33	1.18	776	0.34	1371	0.66	4312	0.47	76.68
物业管理	33	1.18	776	0.34	1371	0.66	4312	0.47	76.68
公共管理类	58	2.08	1151	0.50	1957	0.94	7063	0.77	70.03
城市管理	58	2.08	1151	0.50	1957	0.94	7063	0.77	70.03
合计	2793	100.00	230477	100.00	208864	100.00	918146	100.00	-9.38

表 1-10 的统计数字表明，在土木建筑类本科的五大专业类别中，土木类、建筑类、管理科学与工程类 3 个专业类别在开办专业数、毕业人数、招生人数、在校人数的统计中位居前三，这与当前我国建筑行业的人才需求实际情况相吻合。另外，土木类本科专业的招生数较毕业生数增幅呈现连年下降的发展态势，2017 年降幅为 9.38%。

在表 1-10 统计的 17 个土建类专业中，土木工程专业、工程管理专业、建筑学专业、工程造价专业作为传统优势专业，在开办专业数、毕业人数、招生人数、在校人数的数量上均高于其他专业，占据了前四的位置，其统计数据与当前行业人才市场需求状况是一致的。但从“招生数较毕业生数增幅”的数据来看，这些传统优势专业的市场饱和度在逐年提高，招生的增幅相对于毕业的增幅在下降，土木工程、工程管理和建筑学等专业已经出现负增长的情况，增幅分别是 −31.95%、−34% 和 −18.68%。与之相反的是，大类专业、新兴专业的热度在持续提升。

2. 研究生培养情况

2017 年土木建筑类学科硕士生分布情况如表 1-11 所示。

2017 年土木建筑类硕士生按学科分布情况 表 1-11

学科类别	开办学科点		毕业人数		招生人数		在校人数		招生数较毕业生数增幅（%）
	数量	占比（%）	数量	占比（%）	数量	占比（%）	数量	占比（%）	
学术型学位硕士	1035	89.22	14114	83.91	15231	73.54	45243	79.64	7.91
工学	800	68.97	9999	59.44	10494	50.67	31826	56.02	4.95
土木工程	577	49.74	7201	42.81	7699	37.18	23133	40.72	6.92
结构工程	100	8.62	1682	10.00	1295	6.25	4316	7.60	−23.01
岩土工程	95	8.19	888	5.28	861	4.16	2742	4.83	−3.04
桥梁与隧道工程	72	6.21	704	4.19	705	3.40	2131	3.75	0.14
防灾减灾工程及防护工程	73	6.29	279	1.66	236	1.14	736	1.30	−15.41
市政工程	68	5.86	598	3.56	655	3.16	1898	3.34	9.53
供热、供燃气、通风及空调工程	65	5.60	576	3.42	700	3.38	1954	3.44	21.53
土木工程学科	104	8.97	2474	14.71	3247	15.68	9356	16.47	31.24
建筑学	97	8.36	1151	6.84	1103	5.33	3541	6.23	−4.17
建筑学学科	56	4.83	953	5.67	872	4.21	2910	5.12	−8.50
建筑技术科学	9	0.78	18	0.11	93	0.45	124	0.22	416.67
建筑设计及其理论	23	1.98	168	1.00	119	0.57	461	0.81	−29.17
建筑历史与理论	9	0.78	12	0.07	19	0.09	46	0.08	58.33
城乡规划学	60	5.17	820	4.87	869	4.20	2582	4.55	5.98
风景园林学	66	5.69	827	4.92	823	3.97	2570	4.52	−0.48
管理学	235	20.26	4115	24.46	4737	22.87	13417	23.62	15.12
管理科学与工程学科	235	20.26	4115	24.46	4737	22.87	13417	23.62	15.12
专业学位硕士	125	10.78	2707	16.09	5479	26.46	11564	20.36	102.40

续表

学科类别	开办学科点		毕业人数		招生人数		在校人数		招生数较毕业生数增幅（%）
	数量	占比（%）	数量	占比（%）	数量	占比（%）	数量	占比（%）	
工学	64	5.52	1542	9.17	2943	14.21	6810	11.99	90.86
建筑学	40	3.45	1180	7.02	2159	10.42	5160	9.08	82.97
城市规划	24	2.07	362	2.15	784	3.79	1650	2.90	116.57
农学	61	5.26	1165	6.93	2536	12.25	4754	8.37	117.68
风景园林	61	5.26	1165	6.93	2536	12.25	4754	8.37	117.68
合计	1160	100.00	16821	100.00	20710	100.00	56807	100.00	23.12

2017年共计招收硕士生20710人，其中学术型硕士学位招生15231人、专业硕士学位招生5479人。在学术型硕士学位的统计中，土木工程、管理科学与工程在开办学科点、毕业生数、招生数、在校学生数方面相对其他学科门类来说具有明显优势。

专业硕士学位的统计结果显示，其整体招生态势良好，2017年招生人数为5479人，较毕业生数的增幅为102.40%，是学术型学位增幅的12.9倍，其中，风景园林、城市规划专业的招生数较毕业生数增幅最多。

2017年土木建筑类博士生按学科分类的情况如表1-12所示。2017年共计招收博士生3916人，比上年增加282人，招生规模呈现稳中有升的发展态势。其中，建筑技术科学、建筑设计及其理论和建筑历史与理论3个博士专业连续两年出现招生数较毕业生数增幅为负数的情况。

2017年土木建筑类博士生按学科分布情况 **表1-12**

学科类别	开办学科点		毕业人数		招生人数		在校人数		招生数较毕业生数增幅（%）
	数量	占比（%）	数量	占比（%）	数量	占比（%）	数量	占比（%）	
土木工程	230	57.50	1048	45.06	1792	45.76	8910	42.21	70.99
结构工程	38	9.50	178	7.65	228	5.82	1296	6.14	28.09
岩土工程	42	10.50	246	10.58	350	8.94	1539	7.29	42.28
桥梁与隧道工程	30	7.50	120	5.16	136	3.47	852	4.04	13.33
防灾减灾工程及防护工程	30	7.50	45	1.93	58	1.48	303	1.44	28.89
市政工程	26	6.50	56	2.41	78	1.99	473	2.24	39.29
供热、供燃气、通风及空调工程	23	5.75	50	2.15	73	1.86	357	1.69	46.00

续表

学科类别	开办学科点		毕业人数		招生人数		在校人数		招生数较毕业生数增幅（%）
	数量	占比（%）	数量	占比（%）	数量	占比（%）	数量	占比（%）	
土木工程学科	41	10.25	353	15.18	869	22.19	4090	19.37	146.18
建筑学	42	10.50	163	7.01	242	6.18	1571	7.44	48.47
建筑学学科	18	4.50	90	3.87	217	5.54	1328	6.29	141.11
建筑技术科学	7	1.75	15	0.64	6	0.15	32	0.15	−60.00
建筑设计及其理论	11	2.75	44	1.89	16	0.41	169	0.80	−63.64
建筑历史与理论	6	1.50	14	0.60	3	0.08	42	0.20	−78.57
城乡规划学学科	15	3.75	32	1.38	135	3.45	685	3.24	321.88
风景园林学学科	21	5.25	42	1.81	108	2.76	530	2.51	157.14
管理科学与工程学科	92	23.00	1041	44.75	1639	41.85	9415	44.60	57.44
合计	400	100.00	2326	100.00	3916	100.00	21111	100.00	68.36

3. 土木建筑类学科在全国的占比情况

土木建筑类学科占比情况如表 1-13 所示。其中，博士生的毕业人数占比、招生人数占比和在校人数占比为 4.01%、4.67% 和 5.83%；硕士生的毕业人数占比、招生人数占比和在校人数占为 3.23%、2.87% 和 2.49%；本科生的毕业人数占比、招生人数占比和在校人数占为 3.13%、2.74% 和 3.33%。可以看出，土木建筑类学科在全国占比中博士最高，这与行业发展对高层技术人才需求加大的趋势有关。

2017 年土木建筑类学科学生占全国的比重 **表 1-13**

学科类别	毕业人数			招生人数			在校人数		
	全国（万人）	土木建筑类学科（万人）	土木建筑类学科占比（%）	全国（万人）	土木建筑类学科（万人）	土木建筑类学科占比（%）	全国（万人）	土木建筑类学科（万人）	土木建筑类学科占比（%）
博士生	5.8	0.2326	4.01	8.39	0.3916	4.67	36.2	2.1111	5.83
硕士生	52	1.6821	3.23	72.22	2.071	2.87	227.76	5.6807	2.49
本科生	735.83	23.0477	3.13	761.49	20.8864	2.74	2753.59	91.8146	3.33

1.1.1.3 分地区普通高等建设教育情况

1. 土木建筑类专业本科在各地区的分布情况

2017 年土木建筑类专业本科按地区分布情况如表 1-14 所示。从总量上看，开办学校数较2016年增加9所，开办专业数增加109个，毕业生数增加14433人，招生数减少786人，在校生数减少10320人，招生数较毕业生数增幅整体下降了9.38%。经与上年数据对比可知，2017年全国招生总人数趋于平稳下降趋势，招生数较毕业生数增幅同比下降6.42%。

2017年土木建筑类专业本科生按地区分布情况 表1-14

地区	开办学校		开办专业		毕业人数		招生人数		在校人数		招生数较毕业生数增幅(%)
	数量	占比(%)	数量	占比(%)	数量	占比(%)	数量	占比(%)	数量	占比(%)	
华北	102	13.14	377	13.50	28202	12.24	27294	13.07	116107	12.65	-3.22
北京	22	2.84	81	2.90	4686	2.03	3840	1.84	17578	1.91	-18.05
天津	13	1.68	41	1.47	3870	1.68	3665	1.75	15299	1.67	-5.30
河北	40	5.15	159	5.69	13246	5.75	12170	5.83	50903	5.54	-8.12
山西	15	1.93	53	1.90	3318	1.44	4599	2.20	19361	2.11	38.61
内蒙古	12	1.55	43	1.54	3082	1.34	3020	1.45	12966	1.41	-2.01
东北	76	9.79	298	10.67	24281	10.54	21581	10.33	93419	10.17	-11.12
辽宁	33	4.25	127	4.55	9531	4.14	8416	4.03	37367	4.07	-11.70
吉林	20	2.58	84	3.01	7974	3.46	7084	3.39	30191	3.29	-11.16
黑龙江	23	2.96	87	3.11	6776	2.94	6081	2.91	25861	2.82	-10.26
华东	242	31.19	856	30.65	65675	28.50	62937	30.13	270925	29.51	-4.17
上海	16	2.06	39	1.40	2666	1.16	2286	1.09	11213	1.22	-14.25
江苏	62	7.99	213	7.63	15405	6.68	15919	7.62	67153	7.31	3.34
浙江	36	4.64	129	4.62	7154	3.10	6729	3.22	30534	3.33	-5.94
安徽	25	3.22	105	3.76	8266	3.59	8812	4.22	37980	4.14	6.61
福建	28	3.61	105	3.76	8737	3.79	8419	4.03	36016	3.92	-3.64
江西	29	3.74	108	3.87	9197	3.99	7308	3.50	31963	3.48	-20.54
山东	46	5.93	157	5.62	14250	6.18	13464	6.45	56066	6.11	-5.52
中南	192	24.74	692	24.78	61053	26.49	53652	25.69	241141	26.26	-12.12
河南	47	6.06	201	7.20	18394	7.98	16309	7.81	74935	8.16	-11.34
湖北	56	7.22	183	6.55	13996	6.07	10225	4.90	48783	5.31	-26.94
湖南	34	4.38	129	4.62	13129	5.70	11433	5.47	49969	5.44	-12.92
广东	33	4.25	106	3.80	9737	4.22	9593	4.59	39772	4.33	-1.48
广西	19	2.45	60	2.15	4444	1.93	5163	2.47	22791	2.48	16.18
海南	3	0.39	13	0.47	1353	0.59	929	0.44	4891	0.53	-31.34
西南	93	11.98	344	12.32	30823	13.37	27634	13.23	124084	13.51	-10.35

续表

地区	开办学校		开办专业		毕业人数		招生人数		在校人数		招生数较毕业生数增幅（%）
	数量	占比（%）	数量	占比（%）	数量	占比（%）	数量	占比（%）	数量	占比（%）	
重庆	20	2.58	70	2.51	8591	3.73	6218	2.98	31425	3.42	-27.62
四川	33	4.25	134	4.80	13056	5.66	12618	6.04	52992	5.77	-3.35
贵州	18	2.32	59	2.11	4062	1.76	4048	1.94	17011	1.85	-0.34
云南	20	2.58	75	2.69	4945	2.15	4592	2.20	21978	2.39	-7.14
西藏	2	0.26	6	0.21	169	0.07	158	0.08	678	0.07	-6.51
西北	71	9.15	226	8.09	20443	8.87	15766	7.55	72470	7.89	-22.88
陕西	39	5.03	128	4.58	12273	5.33	8419	4.03	39984	4.35	-31.40
甘肃	14	1.80	50	1.79	5110	2.22	4491	2.15	19469	2.12	-12.11
青海	3	0.39	7	0.25	550	0.24	429	0.21	2112	0.23	-22.00
宁夏	6	0.77	17	0.61	1499	0.65	937	0.45	5274	0.57	-37.49
新疆	9	1.16	24	0.86	1011	0.44	1490	0.71	5631	0.61	47.38
合计	776	100.00	2793	100.00	230477	100.00	208864	100.00	918146	100.00	-9.38

2017 年，我国在 31 个省级行政区中共有 776 所高校开设土木建筑类本科专业（我国省级行政区 34 个，统计时没有统计香港、澳门和台湾地区，下同），从表 1-14 中可以看出，在 31 个省级行政区中，开设土木建筑类本科专业最多的是江苏，共有 62 所高校开设了 213 个土木建筑类本科专业，占全国开办学校总数的 7.99%；开设土木建筑类本科专业高校数量最少的为西藏，仅有 2 所高校共开设 6 个土木建筑类本科专业。统计结果表明，我国高等建设教育地域分布差异较大，发展不平衡。

在开办学校数量上，占比超过 5% 的有江苏、湖北、河南、山东、河北、陕西 6 个地区，占比不足 1% 的有宁夏、海南、青海、西藏 4 个地区；在开办专业数量上，占比超过 5% 的有江苏、河南、湖北、河北、山东 5 个地区，占比不足 1% 的有新疆、宁夏、海南、青海、西藏 5 个地区；在毕业生数量上，占比超过 5% 的有河南、江苏、山东、湖北、河北、湖南、四川、陕西 8 个地区，占比不足 1% 的有宁夏、海南、新疆、青海、西藏 5 个地区；在招生数量上，占比超过 5% 的有河南、江苏、山东、四川、河北、湖南 6 个地区，占比不足 1% 的有新疆、宁夏、海南、青海、西藏 5 个地区；在校生数量上，占比超过 5% 的有河南、江苏、山东、四川、河北、湖南、湖北 7 个地区，占比不足 1% 的有新疆、宁夏、海南、青海、西藏 5 个地区；从招生数较毕业生数增幅看，增幅超过 30% 的有新疆、山西 2 个地区，有 27 个地区出现负增长，其中降幅在

20%以上的有江西、青海、湖北、重庆、海南、陕西和宁夏7个地区。

按区域板块进行分析，东中西部地区在开办学校数、开办专业数、招生数、在校生数方面表现出明显差别，华东地区占比最大，共有242所高校开设了856个土建类本科专业；中南地区排名第二，共计192所高校开设了692个土建类本科专业；西北地区在各项统计数据中排名垫底，共有71所高校开办了226个土建类专业，各地区高等学校的分布密度呈现由东向西、由南向北逐渐递减的特征。在招生规模扩张速度减慢的背景下，各区域板块招生数较毕业生数的增幅均呈现负增长态势。

2. 土木建筑类专业研究生在各地区的分布情况

2017年土木建筑类专业硕士研究生按地区分布情况如表1-15所示。

2017年土木建筑类专业硕士生按地区分布情况　表1-15

地区	开办学校		开办学科点		毕业人数		招生人数		在校人数		招生数较毕业生数增幅（%）
	数量	占比（%）	数量	占比（%）	数量	占比（%）	数量	占比（%）	数量	占比（%）	
华北	76	24.44	236	20.34	3303	19.64	4022	19.42	11043	19.44	21.77
北京	42	13.50	123	10.60	1959	11.65	2268	10.95	6221	10.95	15.77
天津	14	4.50	44	3.79	653	3.88	889	4.29	2412	4.25	36.14
河北	9	2.89	38	3.28	407	2.42	485	2.34	1360	2.39	19.16
山西	7	2.25	11	0.95	133	0.79	162	0.78	509	0.90	21.80
内蒙古	4	1.29	20	1.72	151	0.90	218	1.05	541	0.95	44.37
东北	38	12.22	124	10.69	1759	10.46	2001	9.66	5656	9.96	13.76
辽宁	18	5.79	65	5.60	863	5.13	986	4.76	2809	4.94	14.25
吉林	10	3.22	27	2.33	239	1.42	270	1.30	798	1.40	12.97
黑龙江	10	3.22	32	2.76	657	3.91	745	3.60	2049	3.61	13.39
华东	83	26.69	351	30.26	4871	28.96	5882	28.40	16346	28.77	20.76
上海	11	3.54	38	3.28	853	5.07	1032	4.98	2869	5.05	20.98
江苏	22	7.07	112	9.66	1670	9.93	1930	9.32	5556	9.78	15.57
浙江	10	3.22	32	2.76	383	2.28	625	3.02	1582	2.78	63.19
安徽	9	2.89	37	3.19	643	3.82	747	3.61	1953	3.44	16.17
福建	5	1.61	34	2.93	444	2.64	514	2.48	1517	2.67	15.77
江西	9	2.89	32	2.76	179	1.06	291	1.41	724	1.27	62.57
山东	17	5.47	66	5.69	699	4.16	743	3.59	2145	3.78	6.29
中南	62	19.94	236	20.34	3296	19.59	4340	20.96	11411	20.09	31.67
河南	13	4.18	49	4.22	361	2.15	432	2.09	1154	2.03	19.67

续表

地区	开办学校		开办学科点		毕业人数		招生人数		在校人数		招生数较毕业生数增幅（%）
	数量	占比（%）	数量	占比（%）	数量	占比（%）	数量	占比（%）	数量	占比（%）	
湖北	18	5.79	75	6.47	940	5.59	1345	6.49	3427	6.03	43.09
湖南	10	3.22	41	3.53	879	5.23	1186	5.73	3196	5.63	34.93
广东	15	4.82	52	4.48	879	5.23	1064	5.14	2794	4.92	21.05
广西	5	1.61	15	1.29	215	1.28	281	1.36	754	1.33	30.70
海南	1	0.32	4	0.34	22	0.13	32	0.15	86	0.15	45.45
西南	28	9.00	106	9.14	1755	10.43	2301	11.11	6280	11.05	31.11
重庆	8	2.57	26	2.24	720	4.28	879	4.24	2427	4.27	22.08
四川	12	3.86	45	3.88	671	3.99	915	4.42	2608	4.59	36.36
贵州	2	0.64	9	0.78	78	0.46	104	0.50	297	0.52	33.33
云南	5	1.61	25	2.16	286	1.70	391	1.89	921	1.62	36.71
西藏	1	0.32	1	0.09	0	0.00	12	0.06	27	0.05	
西北	24	7.72	107	9.22	1837	10.92	2164	10.45	6071	10.69	17.80
陕西	14	4.50	76	6.55	1459	8.67	1771	8.55	4885	8.60	21.38
甘肃	5	1.61	23	1.98	317	1.88	324	1.56	996	1.75	2.21
青海	1	0.32	1	0.09	2	0.01	0	0.00	0	0.00	-100.00
宁夏	1	0.32	3	0.26	14	0.08	14	0.07	40	0.07	0.00
新疆	3	0.96	4	0.34	45	0.27	55	0.27	150	0.26	22.22
合计	311	100.00	1160	100.00	16821	100.00	20710	100.00	56807	100.00	23.12

2017 年，全国 31 个省级行政区土建类硕士研究生开办学校 311 所，开办学校数量超过 10 所的有 11 个省份，分别是北京、江苏、辽宁、湖北、山东、广东、陕西、天津、河南、四川和上海，其中北京拥有 42 所学校，排名第一；江苏拥有 22 所学校，排名第二；辽宁、湖北均有 18 所学校，并列第三。

在开办学科点的数量统计中，北京和江苏开办的学科点数量最多，分别为 123 个和 112 个，远远超过其他地区。

在毕业人数统计中，2017 年共有 16821 名土建类硕士研究生毕业，其中北京毕业人数最多，为 1959 人，江苏毕业人数为 1670 人，排名第二，陕西毕业人数为 1459 人，排名第三，这 3 个省份的硕士毕业生数量占全国硕士毕业生总数的 30.25%。与上年硕士毕业生人数为 16885 人相比，毕业人数减少 64 人。

在招生人数统计中，2017 年共招收土建类硕士研究生 20710 人，北京、江苏和陕西的招生人数依旧排在前三位，分别为 2268 人、1930 人和 1771 人。与上年硕士毕业生招生人数为18335人相比，扩招2375人。

在校生人数统计中，2017年累计在校土建类硕士研究生56807人，其中，在校生数量排在前三位的仍然是北京、江苏和陕西，分别为6221人、5556人和4885人。与上年在校生人数为53329人相比，增加3478人。

在招生数较毕业生数增幅的统计中，2017年全国总涨幅23.12%，其中涨幅超过30%的有10个地区，分别是浙江、江西、海南、内蒙古、湖北、云南、四川、天津、湖南和贵州。

2017年土木建筑类专业博士研究生按地区分布情况如表1-16所示。

2017年土木建筑类专业博士生按地区分布情况 表1-16

地区	开办学校		开办学科点		毕业人数		招生人数		在校人数		招生数较毕业生数增幅（%）
	数量	占比（%）	数量	占比（%）	数量	占比（%）	数量	占比（%）	数量	占比（%）	
华北	31	25.00	78	19.50	671	28.85	1046	26.71	5355	25.37	55.89
北京	20	16.13	49	12.25	548	23.56	804	20.53	4083	19.34	46.72
天津	5	4.03	21	5.25	96	4.13	195	4.98	1025	4.86	103.13
河北	4	3.23	4	1.00	12	0.52	29	0.74	139	0.66	141.67
山西	2	1.61	4	1.00	15	0.64	18	0.46	108	0.51	20.00
内蒙古		0.00		0.00		0.00		0.00		0.00	
东北	13	10.48	44	11.00	219	9.42	446	11.39	2685	12.72	103.65
辽宁	7	5.65	25	6.25	88	3.78	203	5.18	1298	6.15	130.68
吉林	1	0.81	1	0.25	5	0.21	11	0.28	76	0.36	120.00
黑龙江	5	4.03	18	4.50	126	5.42	232	5.92	1311	6.21	84.13
华东	39	31.45	122	30.50	726	31.21	1225	31.28	6210	29.42	68.73
上海	9	7.26	27	6.75	310	13.33	424	10.83	2395	11.34	36.77
江苏	12	9.68	42	10.50	198	8.51	410	10.47	2153	10.20	107.07
浙江	1	0.81	11	2.75	64	2.75	110	2.81	475	2.25	71.88
安徽	3	2.42	15	3.75	50	2.15	98	2.50	394	1.87	96.00
福建	4	3.23	10	2.50	39	1.68	49	1.25	236	1.12	25.64
江西	2	1.61	2	0.50	33	1.42	35	0.89	153	0.72	6.06
山东	8	6.45	15	3.75	32	1.38	99	2.53	404	1.91	209.38
中南	21	16.94	77	19.25	361	15.52	537	13.71	3050	14.45	48.75
河南	3	2.42	5	1.25	4	0.17	20	0.51	76	0.36	400.00
湖北	7	5.65	31	7.75	112	4.82	179	4.57	1010	4.78	59.82
湖南	4	3.23	13	3.25	150	6.45	191	4.88	1185	5.61	27.33

续表

地区	开办学校		开办学科点		毕业人数		招生人数		在校人数		招生数较毕业生数增幅（%）
	数量	占比（%）	数量	占比（%）	数量	占比（%）	数量	占比（%）	数量	占比（%）	
广东	6	4.84	21	5.25	83	3.57	124	3.17	656	3.11	49.40
广西	1	0.81	7	1.75	12	0.52	23	0.59	123	0.58	91.67
海南		0.00		0.00		0.00		0.00		0.00	
西南	10	8.06	32	8.00	204	8.77	336	8.58	2024	9.59	64.71
重庆	2	1.61	11	2.75	100	4.30	133	3.40	620	2.94	33.00
四川	6	4.84	19	4.75	96	4.13	180	4.60	1218	5.77	87.50
贵州		0.00		0.00		0.00		0.00		0.00	
云南	2	1.61	2	0.50	8	0.34	23	0.59	186	0.88	187.50
西藏		0.00		0.00		0.00		0.00		0.00	
西北	10	8.06	47	11.75	145	6.23	326	8.32	1787	8.46	124.83
陕西	8	6.45	34	8.50	134	5.76	297	7.58	1623	7.69	121.64
甘肃	2	1.61	13	3.25	11	0.47	29	0.74	164	0.78	163.64
青海		0.00		0.00		0.00		0.00		0.00	
宁夏		0.00		0.00		0.00		0.00		0.00	
新疆		0.00		0.00		0.00		0.00		0.00	
合计	124	100.00	400	100.00	2326	100.00	3916	100.00	21111	100.00	68.36

2017 年，全国有土木建筑类博士研究生开办学校 124 所，主要集中于北京、江苏、上海和山东等教育发达地区，目前尚未拥有博士研究生办学院校的地区有 7 个，这与上年情况相同，分别是内蒙古、海南、贵州、西藏、青海、宁夏和新疆。2017 年，全国共有 2326 名土木建筑类博士生毕业，较上年减少 18 人；招生人数为 3916 人，较上年增加 54 人；在校生人数为 21111 人，较上年减少 224 人。从以上数据可知，我国土木建筑类博士研究生的办学规模趋于稳定，但区域差异明显，博士研究生的培养主要集中于北京、上海和江苏。其中，北京市有 20 所开办学校，涉及学科点 49 个、博士毕业生人数为 548 人、同年招收博士生 804 人、累计在校博士生达 4083 人；江苏省有 12 所开办学校，涉及学科点 42 个、博士毕业生人数为 198 人、同年招收博士生 410 人、累计在校博士生达 2153 人；上海市有 9 所开办学校，涉及 27 个博士学科点，博士毕业生达 310 人、招收博士生 424 人、累计在校博士生为 2395 人。

我国土木建筑类博士研究生教育区域发展不平衡，北京、江苏、上海、山东、陕西等高等教育发达地区的高水平人才培养实力雄厚，内蒙古、海南、贵州、西藏、青海、宁夏和新疆等中西部地区的高水平人才培养相对滞后，这与地区建设行业前景、科学研究实力、区域环境、政策导向等有直接关系。

1.1.2　建设类专业普通高等教育发展面临的问题

全面振兴本科教育是高校改革与发展的核心要务，需坚持问题导向，围绕“为谁培养人、培养什么人、怎样培养人”的核心，梳理制约其内涵建设的关键性问题，这是当下本科教育转型升级的主旋律。

全面振兴本科教育，亟须解决如下三大问题。一是本科教育存在体系壁垒的问题，它是掣肘内涵建设的根本问题，消除壁垒、释放活力是落实“为谁培养人、培养什么人、怎样培养人”、迈向一流本科发展路径的关键；二是思政教育与专业教育融合不足的问题，加强“课程思政”建设是弘扬社会主义核心价值观、树立责任感和使命感、培养社会主义建设者和接班人的关键；三是本科师资队伍的建设力度亟须加大，高水平师资队伍是构建一流本科教育的神经中枢，是教育发展的第一资源，是国家富强、民族振兴、人民幸福的基石。下面将就这 3 个方面的问题进行详细论述。

1.1.2.1　本科教育现存的体系壁垒亟需打破

本科教育存在体系壁垒，是掣肘内涵建设的根本问题。消除壁垒、释放活力是落实“为谁培养人、培养什么人、怎样培养人”、迈向一流本科发展路径的关键。

本科教育正逐步从外延式增长向内涵式发展变革，这是与国内外政治经济形势、国家中长期发展战略和人民群众日益增长的对美好生活的向往诉求相适应的。当前，内涵式发展的核心目标是建设一流本科教育。党和国家以及人民群众需要的一流本科，应是满足人民群众日益增长的高质量、个性化、多元化教育需要的；应是坚持内涵发展和特色发展的；应是拥有创新教育治理体系的。

反思近年来内涵式发展的改革进程，改革成效与一流本科教育的总体设想和标准要求还存在差距，特别是体制机制、学科专业布局、课程结构、队伍建设、质量保障等方面的改革重点与难点问题还未能得到根本解决，这些支撑一流本科教育可持续发展的支柱体系还存在机制不顺、中心不明、资源不聚焦的问题，以本科教育为高校核心使命的一流大学建构亟须落实。

1. 现存本科育人体系对创新型国家发展战略支撑乏力

现有育人体系外延式发展迅猛、内涵式发展不足，人才培养的同质化问题严重、个性化培养不足。从国家发展形势上看，我国将加快从建造大国向建造强国转型，未来建筑行业将呈现出创新驱动、智能转型、绿色发展的变革趋势，这需要新技术和新型人才的强大支撑。反思当下本科育人体系的建构，其对新技术、新产业、新业态的支持是不足的，创新性的变革在学科引领、专业布局、课程结构、教学模式、培养模式、质量保障等方面推进得并不彻底，尚处于新旧模式的博弈期，存在观念更新不足、联动效应不顺、相互融通不够等问题，很难支撑起行业未来发展对新技术和新型人才的需求。

2. 在体制机制上，本科人才培养作为本质职能的地位亟待加强

反观改革开放的40年，高校五大职能的并存，以及其迸发出的丰富内涵为高等教育的迅速崛起、为新中国的经济腾飞提供了全方位、多角度的坚强保障。人才培养职能，为改革开放输送了一大批高学历、高素质的社会主义建设者；科学研究职能，为改革开放提供了强大的新理论、新技术；社会服务职能，使得高等教育的学术价值得到了社会实践的充分检验与极大认可；文化传承职能，让中国特色社会主义价值观在广阔的舞台上持续发声，让民族更加自信自强；国际交流合作职能，让世界更多地了解中国高等建设教育，也让中国的学术声音跨越国界，参与到世界文明的建构体系之中，同质等效是世界对中国工程教育的尊重与认可。五项职能的协同发展，极大地激发了高等教育近40年来的高速发展，其功不可没、利在千秋。

时代的车轮滚滚向前，中国特色社会主义新时代的到来，又将中国的本科教育送入了新时代，来到了新转折，全面振兴本科教育是新时代的核心诉求。培养普通劳动者、高素质劳动者、创新型人才均需要强大的本科教育基础。“基础不牢地动山摇”“博观而约取厚积而薄发”，在新的时代，本科人才培养工作将上升为、也必将上升为高等教育的本质职能，而科学研究、社会服务、文化传承与创新和国际交流合作将成为支撑其提质升级的衍生职能，衍生职能要服务服从于本质职能，这是对高校职能的一次新的定义，它凸显了人才培养的中心地位。与此同时，我们必须清醒的认识到，这里的本质与衍生的关系还具有回归与协同的深意。回归是指衍生职能的创新与发展要反哺本质职能，这是高等教育永葆竞争力的源泉。协同是指本质职能与衍生职能要以本科教育为核心，通盘谋划、综合施策、同向发力、共建共赢，只有这样高等教育才能形成可持续发展的不竭动力，单独职能的变革与创新都不足以支撑新时代对高等教育的迫切需求。

3. 在学科专业布局上，融合不足、划分过细、特色不突出是主要短板

当下的本科教育体系，学科专业布局均留有高等教育外延式发展时期的痕迹，学科体系、专业体系均很庞大。学校为了上层次上水平，引进人才上学科上专业。为了增加招生规模，用新业态所需的新专业来吸引生源。这些做法，在高等教育外延式发展时期是较为普遍的，但其可持续性均不强，此类扩张式的激进做法也逐渐显现了后遗症。学科专业融合不足，导致本科专业的学科基

础不牢，发展乏力，教学质量明显偏低；本科专业划分过细，导致专业对社会发展的贡献度低，竞争力明显不足；本科专业特色不突出，导致学科特色优势逐渐埋没，学校的教育前景堪忧。长此以往，短期的既得利益将严重阻碍高等建设教育的可持续发展，这对于国家、社会、行业、人民而言是极大的损失。

学科是引领专业发展的龙头，二者之间是紧密的共生关系，一个学科可以包含几个专业，一个专业也可以跨越几个学科。学科内外的创新与融合，是对专业实施供给侧结构性改革的重要学术支撑。故此，高等院校应从战略的高度把握学科专业布局的问题，学科与专业的建设发展应坚持统筹、全盘考虑、密切融合，要强化优势特色、聚焦有限资源，这是决定本科教育能否培养特色高水平创新型人才的核心基础。

4. 在课程结构上，对创新型、复合型人才的培养支撑力度不足

课程结构的设置是为之所承托的专业服务的。本科专业供给侧结构性改革的不甚深入，使得课程结构的调整变化不大，其对高质量本科教育的承托力不足。

按课程类型分，课程结构由通识教育课程、专业教育课程和创新创业教育课程组成，其相互之间的关系应是三位一体的，但三者之间交叉融合、相互促进的格局并未真正形成，究其原因，有机制的问题、资源的问题以及激励的问题等。

按课程质量分，可将课程分为“水课”“银课”“金课”三类。各类课程的评价标准，应从本科人才培养目标出发，以课程内容、教学效果、目标达成度、持续改进等方面为依据进行多方面权衡。特别应以目标达成度作为核心指标。对培养目标贡献度不高的课程应列为“水课”的范畴；体现学校本科教育办学特色，对实现人才培养目标有重要贡献的课程，应列为“金课”范畴。介于“金课”与“水课”之间的课程称之为“银课”，就如同红花需要绿叶配一样，“银课”应是“金课”的辅助课程，“银课”就像巨人的肩膀一样承托者“金课”的拔尖优势。对于好的课程结构而言，“金课”与“银课”是重要的组成部分，而“水课”应尽快淘汰。故此，好的课程结构取决于人才培养目标，取决于人才培养特色，这与学校的顶层设计、发展规划密切相关。但目前很多专业，并没有将其课程结构与学校的顶层设计、发展规划相衔接。

从结构优化角度而言，课程结构应体现出一定的均衡性、综合性和选择性，其中综合性和选择性应是直接为培养创新性、复合型人才服务的。就目前课程结构而言，均衡性较好，综合性不足，选择性较弱。

5. 在师资队伍建设上，教学能力培养不系统、效果不显著

教学能力的培养应包含育人能力培养和专业能力培养两个方面。目前高校针对教师专业能力培养的体系较为完善，培训内容也相对全面，从人才项目、

出国访学计划到国内外会议、讲座，大大小小长短期的培训资源均很丰富。与专业能力培养体系相比，教师育人能力的培养就相对不太系统了，目前普遍可获得的培训方式有：岗前培训、高校教师资格培训、会议、讲座等。岗前培训、高校教师资格培训主要针对刚入校的新老师，其培训效果不错，对青年老师来说收益较大。对于会议和讲座而言，培训效果就大打折扣，普遍存在教师参与度不高、会场反应冷淡等问题，其根源在于学校和教师对于教学能力提升的重视不够、激励不足，这与教育观念落后、培训机制不畅、考核机制不严、激励措施不实等直接相关，这不利于本科教育的可持续发展，应成为今后改革的关键。

6. 在保障上，评价标准不科学、教学督查不完善、教学指导不到位

本科教学质量保障体系包括质量保障制度、组织架构、质量监控、信息反馈和质量改进五部分内容。

（1）质量保障制度方面。教育评价标准的制度建设应是其核心内容，它是体现学校办学意志的关键性文件，定评价制度相当于“定尺子”，这把尺子是丈量学校教学目标达成度的标准，应是覆盖教育教学全过程的一种质量规范，其内容应包括专业建设质量标准、课程建设质量标准、教师教学评价质量标准和学生学业评价质量标准四方面内容。目前其制度建设普遍存在标准内容与专业认证、专业评估的国内外标准不融合、不匹配的问题；评价指标存在 重可量化的数字评价、轻综合化的质量评价的问题。

（2）组织架构方面。目前教学督导的主力军是退休教授。退休教师虽有丰富的教学经验，但精力有限，对于教学全过程进行监控非常困难，很难肩负起持续监控、持续反馈、持续辅导的重任。所以，以退休教授群体为校院两级教学督导主要构成的组织架构亟待改进。

（3）质量监控方面。监控的方法主要是听课、查阅教学资料两部分。有专家到课堂听课时，教师和学生一定会把比较好的一面呈现出来，这样的课堂很有可能不是平时真实的课堂效果；专家查阅教学资料，这些课后作业、图纸、报告、毕业论文、毕业设计，可以反映出一些质量问题，但这些都是过去时的质量问题，现在是否依然存在，是否还有新的问题，也很难通过查阅资料发现。故此，这样传统的监控手段是很难及时发现现存、正在发生或有可能将要发生的教学质量问题的，这与监控手段过于局限有关。

（4）信息反馈方面。信息反馈包括反馈内容和反馈实效性两部分，这两部分均存在问题。反馈内容一般有两种方式，一是分数反馈，大部分高校每学期都会折算出一个评教分数发给老师，分数是普遍偏高的，没有差距的数据是很难说明质量问题的；二是意见反馈，大部分高校会对青年教师和评价较差的教师进行意见反馈，这部分意见反馈对提升课堂教学质量有一定帮助，但几行字

的建议对于教书育人全面情况的把握还是有局限的，很难帮助把一门“水课”变成“金课”。

（5）质量改进方面。现存指导不细、改进不实的问题。教学指导不能一刀切，每一位教师都有需要提升教书育人能力的环节，如何因“师”利导是质量改进的关键，质量改进工作存在说得多、做得少、难核查、难跟进、难指导等问题。

1.1.2.2 思政教育与专业教育之间融合不足

加强“课程思政”建设是弘扬社会主义核心价值观、树立责任感和使命感、培养社会主义建设者和接班人的关键。

习近平总书记在全国高校思想政治工作会议上强调，要用好课堂教学这个主渠道，各类课程都要与思想政治理论课同向同行，形成协同效应。可以说，“课程思政”是落实习近平总书记讲话精神的方法论，是解决思政教育与专业教育融合问题的实施路径，是构建全员、全程、全课程育人格局的组织形式，是落实“立德树人”根本任务的一种综合教育理念。

当然，不能就“课程思政”谈“课程思政”建设，它不是口号、不是运动，而是课程教学改革的一种改革路线，要充分挖掘不同课程的思政元素，着力将思想政治教育贯穿于学校教育教学全过程，着力将教书育人落实于课堂教学的主渠道之中，高校应根据不同工程专业人才培养特点和专业能力素质要求，科学合理设计思想政治教育内容，在每一门课程中有机融入思想政治教育元素，发挥所有课程的育人功能，强化每一位教师的立德树人意识，落实所有教师的育人职责，还需在落小、落细、落实上下功夫。当前，思政教育与专业教育的深度融合还在探索与实践之中，它在教学内容、教学组织形式、研讨培训、质量监控、制度保障上存在不足。

1. 在教学内容上，“课程思政”教学体系尚不完善

（1）课程体系方面。思政教育应与通识课程、专业课程、创新创业课程深度相融，通识课程、专业课程、创新创业课程应落实的思政教育目标、育人功能、教师育人职责、教学内容、教学方法应各有侧重，以形成互为补充的内容体系。目前三者之间尚未形成清晰明确的教学任务清单，其清单中应明确的教学目标与教学任务也未能有机分解到每一门课程中去，甚至细分到每一堂课程中去。

（2）学科专业特点方面。因学科及专业特点不同，高校挖掘思政教育资源应视其特点而定，不能眉毛胡子一把抓，要注重工作整体性，“课程思政”的教学体系要提前谋划。其教学体系应包括，以学科或专业为单位的“课程思政”教学改革实施意见，每门课程的“课程思政”教学大纲、教学组织计划、教案等。目前就大多数高校而言，成熟而细致的教学体系尚未建立，故很难将“课程思政”建设落小、落细、落实，其在课堂教学中的主渠道作用、全员教师的育人职责、

全课程的育人功能均没有得到充分释放。

2. 在组织形式上，尚未形成横向集成、纵向贯通的教学组织优势

横向集成，是指按照第一课堂、第二课堂和第三课堂（网络课堂）的教学组织特色，形成优势互补的集成效应。第一课堂是发挥主渠道作用，第二课堂具有文化育人、实践育人优势，第三课堂具备网络教育的现代教育技术优势。目前，三类课堂组织形式在“课程思政”建设时空上未能形成相互联系、相互影响、相互补充的集成效应。

纵向贯通，是指根据低、中、高年级学生的学习特点，按照由简单到复杂的组织形式形成纵向贯通的育人效应。对于低年级学生而言，教学组织形式应以讲授和提问为主；发展到中年级，就可以采用翻转课堂的教学形式，增加学生课下自学时间，课上时间用于对重点难点问题的梳理与解析；再到高年级时，课堂组织形式可以进一步拓展为研讨式的课堂，学生课下针对感兴趣的某一问题进行深入研究，课上通过课件形式进行分享，教师主要发挥引导和斧正作用，以充分激发学生的自主学习能力。

横向集成与纵向贯通，均是提升“课程思政”教学效果的行之有效的组织形式，其应在教学计划编制阶段予以充分考虑和合理布局，以达到协同和联动效应。

3. 在课程建设上，完善的研讨制度和培训机制欠缺

在课程建设上，以学院或以系、教研室为单位，还未形成“课程思政”建设的定期研讨制度，没有针对工程专业教育教师队伍的系统且严谨的培训与指导规划。

因“课程思政”建设具有较强的针对性，定期研讨制度是解决课堂教学如何输出的问题的。定期研讨主要针对教师思想状况和课堂教学内容进行定期调查分析，并在研讨时坚持解决思想问题与解决教学实际困难双结合的原则，确保教师能够正确输出与“课程思政”教学要求相符的教学内容，能运用恰当的教学方法使思政内容能够更好地输入给学生，在45分钟内可以充分践行社会主义核心价值体系，帮助学生形成正确的世界观、人生观和价值观，能够引领学生理解所学专业在中国特色社会主义建设中所发挥的重要作用，建立起正确的职业道德和职业操守。

因思想政治工作具有较强的时效性，系统而全面的培训就显得格外重要。理论培训，主要关注的是教师思想政治素质的提升；实践培训，主要是推动教师在社会实践活动中进一步了解国情、社情、民情。故此，理论培训和实践培训均是提升任课教师驾驭“课程思政”教学能力的重要学习平台。目前理论培训开展的较多，而实践培训开展的较少，以二者为主要抓手的培训体系和培训

机制尚未成熟建立。

4. 在质量监控上，“课程思政”教学质量评价办法与监控制度欠缺

“课程思政”教学质量评价与监控是发现教学问题、提升教学质量的重要手段，但目前高校普遍存在评价办法欠缺、监控制度不力的问题。究其原因，主要表现在以下3个方面：一是整体质量监控水平的问题，高校普遍存在教学质量监控体系水平不高、督导不实的问题，“课程思政”作为近年来加入的新内容，对其的质量监控更是创新举措有限；二是过程监控较难的问题，与“课程思政”相关的教学内容是融入到全课程中的，其教学内容仅占某一课程全部教学内容的一部分，故日常的听课、教学资料检查、座谈等常规监控手段很难对其进行全面而深入的监控；三是教学效果难以检验的问题，“课程思政”的教学效果应是学生思想上的升华与成熟，对于思想的检验是较难的，一般的问卷、作业等反映出的结论也仅能说明一部分问题，不能代表学生思想上已经完全接受或全面消化理解。综上所述，目前对于“课程思政”教学质量监控的问题，存在客观、主观等多方面原因，对其的研究与改进还有很长的路要走。

5. 在制度保障上，尚未将思政教育水平纳入教师评价制度体系

思政教育水平应作为课程准入、教学质量考核、岗位聘任考核、职称晋升条件等学校管理制度的重要组成部分，纳入学校教学、人事等制度建设之中。当前，很多学校已经充分认识到了思政教育水平的重要性，部分学校已将其写入了相关文件之中，但也只是笼统的概括性描述，没有列出详细且可执行的评价办法，这就导致对思政教育水平的评价没有真正落地，没有实质性的评价相当于没有评价，相当于没有制度保障，很明显思政教育的相关制度建设已经落后于改革实践了。

众所周知，制度是改革的风向标，是指导行动的重要推动力，没有制度的约束与激励，思政教育与专业教育相融合的改革就很难得到可持续的发展。所以，与思政教育有关的制度建设应加快步伐，换句话说思政教育制度体系建设迫在眉睫。

1.1.2.3 本科师资队伍的建设力度亟须加大

师资队伍是办一流本科教育的第一资源，师资队伍建设是提升教书育人能力与水平的核心，大力实施人才强校战略，加强师资队伍的教学能力建设是充分发挥第一资源效用的关键。师资队伍建设的目标是提升教师的师德水平、教学水平、教学研究水平以及教学管理水平，师资队伍建设的保障机制包括教学培训、教学监控与教学督导。

培养、引进、管理、服务是着力打造高素质师资队伍的4个重要环节，其中的培养与管理更是促进师资队伍建设可持续发展的重要保障。教书育人能力

的提升与教师教学发展平台的建设水平直接相关，目前各高校均设立了教师发展中心，但其对教师在道术、学术、技术、艺术、仁术5个方面的培养力度薄弱，对育人能力可持续提升的支撑作用不强，具有全覆盖、个性化特色的教师培育体系尚未建立，相关的体制机制还不完善，教师综合评价体系不甚科学，制度体系还需创新。

1. 教师教学发展的培训平台应升级

教师教学发展培训平台的职能是提升师德水平、教学水平、教学研究水平以及教学管理水平，为高校教师提供在道术、学术、技术、艺术、仁术五个方面的高质量研修体系。

师德培训是关于思想道德的培训。《礼记·学记》曰：人师者，必先正其身，方能教书育人，此乃师德之本也。意思是教师在教书育人中，除了言传，便是身教，用自己的日常行为来影响教育学生，为人师表。关于思想培训，这部分的培训可以与党建工作相结合，但对于一部分非党员的教师群体来说，应如何与时俱进地加强社会主义核心价值观、国内外政治形势等一系列与治国理政相关的思想培训是目前的薄弱环节；关于道德的培训，多年来是不系统的，甚至是缺失的。道是方向、方法、技术的总称，德是素养、品性、品质。道德双修是人生的哲学，是一种社会意识形态，是人们共同生活及其行为的准则与规范。随着国际局势的变迁，社会意识形态在哲学、艺术、宗教、道德、政治、法律、思想方面也发生了很多新变化，对于这些新变化的理解与认知是需要及时对教师进行培训的，教师具有正确的判断后才能更好地以德立身、以德立学、以德施教。

教学能力提升培训，包含育人能力培养和专业能力培养两个方面。在建筑类院校，教师主动参与育人能力培训的积极性不高，这与培训内容不新、内容体系不完善有关，对于教学技法的培训较多，但近年来基本上都是信息技术内容的培训，新意不足，很难能提起教师热情。对于教学心理的培训相对薄弱，这对于开展以学生为中心的教学改革至关重要，如果教师都不知道学生在想什么、困难在哪里是很难激发学生学习主动性的，所以，针对教学心理的培训应是亟须加强和完善的。

教学研究方法培训，是提升教师教学改革能力的培训，用思辨与创新的方法帮助教师提升教学能力，改善教学效果。对于教师而言，如何选题、如何科学地开展教学研究、如何撰写教研论文，都是很多工科专业的教师普遍关心的话题，但是很少有高校能为教师提供系统的教学研究方法培训，这对于提升教学质量是至关重要的。

教学管理培训，主要是针对教学管理理念、方法与能力的培训。教学管理综合运用计划、组织、协调、控制等管理手段，对教学过程加以统筹，使之有序运行。加强对教学管理人员的科学管理理念培训、先进管理工具使用培训、沟通交流能力提升培训等都是非常必要的。

2. 教师综合评价体系不甚科学

教师综合评价体系应包含师德师风评价、教学水平评价、科研水平评价三个方面。其中，师德师风评价、教学水平评价是较难量化的两种评价。目前建筑类高校普遍存在三类问题，导致教师综合评价体系不科学，没有通过评价的约束与激励，将教师正确引导到教书育人的根本任务上来。

（1）师德师风评价不健全。师德师风评价因较难量化，故有些高校存在评价指标过于简单的问题，有些高校则过于刚性，这都没用达成正确引导、科学评价、鼓励先进的作用。师德师风评价，既不能搞成底线式，老师没犯错误就是优秀；也不能搞成科研式，仅强调培训次数、论文数等量化指标，它应侧重于过程评价，要充分注重与本科人才培养的结合，注重考核老师在以德施教过程中的表现和发挥的作用。

（2）教学水平评价与科研水平评价的关系未捋顺。从职称评聘和岗位考核标准来看，科研水平评价是决定性因素，这与多年来重科研轻教学的教育理念有关。自“十九大”以来，本科教育已上升为高校的本质职能，教学水平评价与科研水平评价的关系就应发生新的变化，二者之间不应是你高我低的关系，应是相互补充，互为促进的关系。科研水平评价中应增加考核科研反哺教学的效果评价，教学水平评价中应增加对学科专业前沿最新成果与发展趋势教学内容的效果评价。

（3）教学水平评价不科学。目前大多高校采用学生评教、同行评教、领导专家评教的办法来评价教师的教学水平。从十几年来的运行效果来看，评价数据普遍偏高，评价效用基本失真，很难达成度量教师教学水平的目的。另外，近来还出现了一种新的评价趋势，用类科研式的评价思路来评价教学水平，评价指标包括出版教材、发表论文、教研到校经费、教学研究项目、教学成果获奖等，这种类科研式的变体评价，作为考核聘任、职称评定的指挥棒是否科学，已经成为高校热议的话题，其是否会造成一种重教研的导向，是否夸大了教研的实际作用，是否会造成另一种评价导向的偏离？毕竟教研及教研成果仅是本科人才培养工作的辅助，真正的育人过程还在课堂上，教师真正的教学水平在于他讲授得如何、引导得如何，不在于他写了多少份研究材料。对于教师而言，如果在关乎其个人利益的聘任考核与职称晋升中用类科研式的评价方法来对教师的教学水平进行等级分类，是很不科学的，会严重打击教师向教书育人投入的积极性，这与振兴本科教学的趋势是违背的。一系列的疑问都在萦绕着教学评价这个问题，为什么评价、评价什么、如何评价，确实已成为各高校普遍忧虑的难题。

3. 教师队伍建设的组织体系亟待更新

教师发展是系统工程，涉及提升教学能力、提高教学质量、鼓励教学改革实践、培育创新型教学模式等教师个人职业能力发展的培训，还涉及教学资源建设、教学团队建设，甚至是跨校跨国教学联盟、教学共同体建设等诸多内容，需要校院两级协同建设，需要多部门联合发力，更需要学校的顶层设计与综合统筹，特别是对于建筑类高校而言，因校内普遍缺乏教育学学科的有力支撑，教师队伍建设的组织体系落后一直是多年存在的短板，组织体系普遍存在体制机制不顺，制度建设不完善的问题。

（1）体制机制不顺。教师发展工作一般涉及学院和机关部门两级，机关中与之相联系的部门有教务处、人事处、高等教育研究中心、国际交流处、教师发展中心、团委等。其中，教务处主要负责教学资源建设、教学团队建设、教学质量、教学改革、教学竞赛；人事处主要负责新进教师岗前培训、考核、聘任、人才项目申报；高等教育研究中心主要负责学校教学发展规划、教学联盟、教学共同体建设；国际交流处主要负责教师的出国交流培训；教师发展中心在大多数学校没有独立建制，普遍挂靠在教务处或人事处之下，主要负责师德师风建设、培训；团委主要负责创新创业教育。由此可见，教师发展工作事无巨细，各部门各司其职，各项工作都有婆家。如果以一位教师的视角去审视，不难发现，发生在教师个人身上与其发展有关的事项，需要去找多个部门分别办理；如果从全校全局的视角去审视，也不难发现，学校要想达成一个师资队伍建设的总目标，需要与6个部门进行综合协调，牵一发而动全身，多部门工作的步调很难一致。这就是目前体制机制不顺主要的问题，教师发展中心没有独立建制，导致相关工作割裂开来，事倍功半，运行效率较低。

（2）制度建设不完善。制度建设的内容包括聘任制度、职称制度、荣誉制度、师德教风考核办法、教学竞赛奖励办法、课程建设管理办法、教学改革项目立项管理办法、资助教师参加培训交流活动办法、教师教学能力研修方案与考核办法、新进教师岗前培训方案与考核办法等。目前师德教风考核办法不健全，其他制度不尽完善；从制度建设的初衷而言，现有制度对教师积极主动投入到本科教学的鞭策与激励作用不足；制度建设的整体水平偏低，对振兴本科教育、对提升教学能力的效用不明显。师德考核制度是近年来逐步建立起来的，与其相关的教育、宣传、考核、监督与奖惩的工作制度尚不健全，与之相关的教师个人信用记录、诚信承诺和失信惩戒的落地办法还未能确立，师德建设常态化、长效化尚未上升到制度层面而固化下来。此外，以加大教师对本科教育投入的约束与激励制度亟须构建。当前，聘任制度、职称制度、荣誉制度对本科教学投入的认可与激励作用有限，教学竞赛奖励办法、课程建设管理办法、教学改革项目立项管理办法、资助教师参加培训交流活动办法、教师教学能力研修方案与考核办法等教学培育制度对教师的吸引力亦然不强，导致教师对于本科教育的投入产出比很失望，获得感不强，积极主动性不高。加大教师从事本科教学工作的获得感至关重要，而制度建设就是风向标，是引领教师加大本科教学投入的关键。

1.1.3 促进建设类专业普通高等教育发展的对策建议

1.1.3.1 综合改革，锤炼一流本科教育体系

全面振兴本科教育是扎根中国大地、办好中国特色社会主义大学的立校之本和发展之源。普通高等建设教育应以服务城市战略定位、服务国家建筑业转型升级、服务人类和谐宜居福祉、建设高水平本科教育为人才培养目标定位，主动实施"教风学风联动建设工程""教育教学改革工程""协同育人创新培养工程""教学信息化建设工程""招培就联动改革工程"和"教学质量监控体系建设工程"六个方面改革，积极探寻服务地方建设、谋求特色发展、提升教学质量和提升整体竞争力的教育教学改革路径。

1. 实施教风学风联动建设工程，构筑"教学相长"的人才培养生态

实施教风学风联动建设工程，树立"以立德树人为根本、教育教学为主业、科学研究为支撑"的教风和"又红又专、德才兼备、全面发展"的学风，以良好教风引领良好学风、以良好学风促进良好教风，构筑可持续、"教学相长"的人才培养生态。

完善师德建设长效机制。开展"做新时代'四有'好老师和'四个引路人'"学习实践活动，规范教书育人行为，传播社会主义核心价值观，展现为人师表的教师精神风貌。

优化学生工作体系。坚持"以学生为中心"，围绕"强基固本、落到实处、提质升级"三个基本点，扎实开展党建引领、科教融合、竞赛激励、奖学重教、整规肃纪、卓越学工、安全稳定、教风学风联动、智慧学工九个方面工作。

落实全员育人工作机制。构建大学生思想政治教育全员化模式，发挥全校教职员工传播"讲政治、讲学习、讲正气"的先锋作用，以行动来落实和践行"教育不在于管理，而是在于引导和示范"。

实施本科生导师制。发挥学生的主体作用和教师的主导作用，在言传身教中实现师生间的学术互动，通过启发式、研讨式等教学方法，调动学生的学习主动性，培养学生的科学精神、人文精神、创新精神和专业素养。

2. 实施教育教学改革工程，提升"聚焦内涵"的治学教学能力

高等建设教育的教学改革工作应聚焦国家重大战略需求、地方发展需要和

高校办学特色，坚持调研先行，坚持“问题导向、需求导向”，坚持经常性地问政于师生、问需于师生、问计于师生，将调查研究常态化、将改革创新深入化。

（1）研讨学校的特色发展路径。开展全校性的本科人才培养大研讨是坚持内涵发展、特色发展和差异化发展的重要举措，是学校凝聚发展共识，把握“重改革、重质量”发展契机的重要战略部署。大研讨应实行校领导牵头负责制，以保证研讨实效。每位校领导主抓一个议题，通过问实情、听真话、看真相，来促研究、促改革、促落实，力求在多方面、多角度、多层次的研讨中，加深对师生民意的感悟、对客观情况的了解、对现实需求的认知，直面深层次问题，深挖问题根源，在调研中举全校之力共同探讨改进途径，以务实的举措推进改革取得实效。

（2）锤炼扎实过硬的思想政治教育工作体系。牢固树立“四个意识”，坚定“四个自信”，全面落实意识形态责任制，持续推进习近平新时代中国特色社会主义思想和党的“十九大”精神进教材、进课堂、进头脑，大力推进“思政课程”和“课程思政”建设，加强马克思主义学科带头人建设，推动教学改革示范点建设，守好高校政治阵地。在思想政治教育工作中，重视理论与实践相结合、育德与育心相结合、课内与课外相结合、线上与线下相结合的“四个结合”，健全课程育人运行体制，将思想政治教育贯通于人才培养全过程，将课程育人作为教师思想政治工作的重要环节，纳入教学督导和教师绩效考核的评价范畴，锤炼爱国厚德的师生队伍。

（3）锻造特色鲜明的学科、专业和课程体系。坚持有所为、有所不为的发展原则，全面查摆总结学科、专业和课程体系的优势与不足，加强顶层设计，分层分类加强内涵建设，建立学科 - 专业 - 课程的联动工作机制，集中学校资源做大做强一批优势学科专业，推动学科专业交叉发展，突出成果绩效导向，强化责任落实。同时，发挥优势学科专业辐射作用，持续带动相关专业发展，着力建设适应学校特色发展需要的学科 - 专业 - 课程联动生态体系，逐步形成学校特有的办学高地。

（4）推进“通识教育 + 专业教育 + 创新创业教育”人才培养模式改革。一是强化通识教育，通过培育新课、引进网络课程、聘请外校名师、选修联盟高校公选课等多种形式丰富课程教学资源，全面培养学生的素养基础；二是优化专业教育，梳理在专业设置、培养方案、课程与教学大纲、师资团队、实验实习等方面的改革目标，按照本科教学工作审核评估的整改要求，制定整改方案，启动专业教育整改工作，提升教学质量，铸实学生的专业基础；三是倡导创新创业教育，坚持“创新创业教育与创新创业实践相结合、全面普及提高与重点扶植升级相结合、学校培养与科技经济社会相结合”的总体要求，充分发挥第一课堂与第二课堂的互补作用，探索从“创新创业理论”到“创新创业实训”直至“创新创业实体”的大学生创新创业链条，提升学生的综合社会能力。

(5) 落实“一人一教研、教改全覆盖”行动计划。一是革新教学改革与研究的管理体制，实行校院（部）两级管理模式和教学研究业绩考核制度；二是制定学校教学改革与研究五年发展规划，坚持补齐短板和强本固基两手抓的原则，以“一人一教研”为抓手，从学校、院部（含职能部处）、系（教研室）、教师四个维度出发制定四级任务目标，把脉重点、难点及亟需解决的人才培养问题，争取在五年内通过教研项目的研究与实践，解决学校人才培养的关键问题；三是实现教学改革与研究的信息化管理，实现教学研究立项、中期检查、结题、经费管理、专家库管理、论文征集等全生命周期的信息化服务；四是规范教师培训，每年年初制定全年的培训计划，通过讲座、集中培训、校际调研等多种形式，提升教师的教学组织能力、教学研究水平和教研论文撰写水平。

(6) 确保高质量教材进课堂。一是严格教材选用制度，健全、完善教材评审和选用机制，严把教材质量关，不断更新本科生推荐使用教材名录，把精品教材、高质量的新版教材作为教材选用的主体；二是加强自编教材建设，鼓励教师参与专业教材、哲学社会科学教材的编写，并给予一定的政策和经费支持。

3. 实施协同育人创新培养工程，建立“开放多元”的人才培养路径

协同育人创新培养工程依托学会协会、行业企业、高校联盟的校内外资源优势，促进多渠道融合发展，在学科专业群、协同育人、实习实践、教学资源上深化合作、抱团发展，实质拓展人才培养路径。

(1) 推进学科专业群建设。发挥高校联盟的平台作用，遴选高校间优势学科专业，围绕师资建设、教材建设、课程建设、资源建设等方面推行共建，结对发展，拓展办学视野，在凸显各自教学特点的基础上，合力探索“双一流”建设途径。

(2) 推进产学研用协同育人模式改革。按照“新工科”建设要求，整合校内外虚实结合（即虚拟教学与基地教学相结合）的实践创新平台教育资源，结合地方和行业发展现实需要，建设理工渗透、学科交叉的复合型育人课程体系，着重培养学生的实践创新能力，培育科教、产教融合的育人新模式。

(3) 丰富短期本科人才培养项目。发挥学会协会、行业企业、高校联盟的资源优势，组织实施暑期国际学校、国际工作营、师生互访、学术交流、境内外培训、基地实习实训等，增加学生参与校外培训的机会，提升学生的专业视野和社会交往能力。

(4) 促进教育资源共建共享。促进虚拟教研室建设，加强联盟高校在课程教学、师资培养、教学研究等方面的通力合作；促进优秀教师资源的共享，加

强在教学督导、专家库建设方面的深入合作；促进优质课程资源共建共享，加强对通识课、思政课、基础课、专业课等开放课程资源的整合利用，完善校际之间的学分互认制度。

4. 实施教学信息化建设工程，搭建“互联网 +”的智慧教学平台

智慧教学平台可将信息系统、互联网、手机、云计算、物联网、人工智能等信息技术与本科人才培养相结合，以数字技术为媒介，辅助本科教学在教学内容、教学服务和教学管理等方面实现提质、转型、升级。

（1）建设优质在线开放课程。在线开放课程、核心视频课是当下高校课程建设的重要抓手，规划建设一批核心视频课、MOOC、微课等优质教学课程资源，是提升课程建设水平的有力举措，是打造“金课”的有效途径。

（2）建设国家级虚拟仿真实验教学中心。国家级虚拟仿真实验教学中心是学科专业与信息技术深度融合的产物，是信息化的实验教学资源，学校依托虚拟现实、多媒体、人机交互、数据库和网络通信等技术，构建高度仿真的虚拟建筑实验环境，学生可在虚拟的实验环境中开展现实中难以完成的教学实验，是工程教育开展直观型教学的新型教具。

（3）推进数字教育技术与课堂教学的融合。鼓励教师利用数字教育技术从教学内容和组织形式两个方面辅助教学，推行适度翻转的课堂实践；鼓励教师依托手机应用软件，开展点名、提问、测验等多种教学互动实践，增强教学过程管理，提升课堂教学效果。

（4）深化信息技术与教育管理的融合。优化教务管理信息系统，着力打造简单、友好、智能的信息化平台，是提升教学信息化管理水平的关键，是加强教学管理队伍建设的抓手。构建卓越教务，一是要运用信息化思维，梳理和简化教学管理与服务的工作流程；二是要运用开放、共享的思维，实现教学数据的全校共享和“一张表”工程；三是要运用迭代思维，建设可持续发展的教务平台，在使用和反馈中逐步改进和完善系统功能；四是要运用大数据思维，深化教学数据的应用，为人才培养工作的持续改进提供决策依据。

5. 实施招培就联动改革工程，完善“不拘一格”的分类培养机制

招培就联动改革工程以培养基础扎实、能力突出、德才兼备、富有创新精神与国际视野的高素质建筑行业骨干和领军人才为目标，创新拔尖人才选拔工作机制，尊重和弘扬学生个性，探索不同类型本科人才的多样化发展路径。

（1）实施招培就联动工作机制。主动适应社会对人才的需求变化，结合学校特色和学科专业发展的需要，打招生、培养、就业联动的“组合拳”，实现人才选拔、多样化人才培养和高质量就业的联动。及时根据社会发展和行业转型的变化趋势，客观形成对人才培养类型、质量、效果、满意度等的评估分析，

适度调整招生计划和学科专业布局，以提升学校人才培养与社会需求之间的契合度。以招生促培养、培养促就业、就业促招生，构建人才培养体系的合力，形成招、培、就的良性循环和深入互动。

(2) 完善拔尖创新人才选拔体制。依托实验班、本硕协同培养、访学、工作营、联合培养项目等多种形式，提供丰富的多样化创新人才培养机会，提高学生学习获得感。在选拔体制上，兼顾公平性、科学性、灵活性的原则，实行滚动竞争的选拔机制和动态淘汰的退出机制，对优秀的拔尖创新人才执行政策优惠和奖励机制，对被分流的学生执行学业保护机制，学生可申请转入相近专业普通班。

(3) 拓宽本科生专业选择渠道。实施大类招生，给予本科生更自由的专业选择拓宽渠道，消除高考一考定终身的专业约束，让学生在充分自我认知的条件下，拥有专业再选择或第二专业选择的机会。

(4) 支持本科人才多途径发展。切实保护所有学生的学习权利，对有创业热情、考研计划、出国短训等实际需要的本科学生给予较为人性化的学籍异动支持政策，允许学生在校期间申请休学和延期毕业，支持学生的多途径发展；对于学业特别困难的学生，实行抢救性帮扶计划，在学籍管理规定范围内，试行到相近专业高职高专院校延续学业的转学方案。

6. 实施教学质量监控体系建设工程，健全“持续改进”的过程保障体系

普通高等建设类院校以工程教育为主体，其教学质量监控标准应对标工程教育专业认证标准、教育部专业指导委员会专业规范和住建部专业评估标准，以多维达成度为持续改进的质量控制目标，构建由校、院（部）和第三方组成的三级质量监控体系。要充分发挥学术委员会、督导委员会的权威作用，建立包含12项毕业要求通用标准的多维达成度评价指标，实施对培养全过程的监控与反馈，形成教学质量保障闭环系统，达成对全过程质量监控和持续改进的既定目标。

(1) 优化教学质量监控工作体系。在监控内容上，建立专业层面和学校层面两个维度的质量保障体系。一是学校层面的人才培养质量保障制度，它是针对全校专业、课程、教师、学生质量标准的指导性制度，学院以此制度制定二级专业质量保障制度。通过对标学校建设目标、规划方案和中长期发展规划，坚持聚焦办学特色，持续诊断工作实效，构建“一流大学、一流学科和一流专业”的协同共进质量保障体系；二是学院专业层面的质量保障制度，包括专业建设质量标准、课程建设质量标准、教师教学评价质量标准和学生学业评价质量标准四方面内容，通过专业认证、专业评估主动对接国际标准和国内标准，解决培养过程与培养目标存在偏差和专门人才培养国际等效不足的问题。在人员组

成上，高校应加大在职教授级职称专业教师的参与比例，进一步充实校、院（部）两级教学督导委员会（组）的咨询指导力量。在组织架构上，应强化督导职责，实行校教学督导委员会的主管校长负责制和院（部）教学督导组的组长负责制，院（部）教学督导组组长定期向校教学督导委员会汇报调研、检查、评价、咨询和指导的工作情况。

（2）构建本科教学过程持续改进机制。在教学质量监控体系中注入过程管理的理念，通过构建本科教学过程持续改进机制，加强对教学工作的前瞻性指导、咨询指导和改进指导，优化评价信息系统，革新评价标准，按月反馈评教和评学数据，着重对实际教学过程进行针对性评价，并在此基础上研讨分阶段改进的实操方案，对教学内容、教学组织、教学技法、教学效果、教学资料等进行全方位的调查、研究、预警、纠正与提升，实现对教学过程持续改进的质量监控目标。

（3）开展教学基本状态动态监测。按照教育部高等教育质量监测国家数据平台的要求，进一步明确各项办学指标的内涵，透过数据分析及时发现学校在办学和人才培养中存在的薄弱环节，及时整改，实现对教学状态的动态监测。

（4）强化对教学业绩评价结果的运用。按照教学型、教学研究型、研究型的教师分类模式，将教学质量和育人绩效作为重要指标纳入院（部）考核和教师个人聘任、考核、评优等评价体系，突出教学业绩评价在评聘、考核机制中的重要作用。

1.1.3.2 模式创新，彰显工程教育育人底色

思政教育是关于价值观、人生观、事业观的教育，它是培养合格的社会主义建设者和接班人的教育，是高等工程教育的重要内容。在工程教育中融入思政元素，可以理解为以中国特色社会主义核心价值观为深厚的价值基础，深度融合建筑行业的职业文化、职业道德、职业态度和行为规范，这种有机融合是彰显工程教育育人底色的重要育人模式。

依据工程教育特色，应坚持模式创新，打造“落实为先”“融合战略”“建筑特色”的思政工程教育体系。“落实为先”是指思政教育与专业教育的融合要以落实为出发点，将“课程思政”建设落小、落实、落细，要充分发挥主渠道作用；“融合战略”是指思政教育应与学校育人环节的方方面面相融合，主动发挥其润物细无声的育人功能；“建筑特色”是指工程教育的思政元素要密切联系建设教育特色，积极发挥建筑文化的行业情怀。“落实为先”、“融合战略”、“建筑特色”三者之间是相互依存、互为补充的关系，三者的融合，形成了能够全面彰显建设教育育人底色的新型育人模式。

1.“落实为先”，全面落实“课程思政”建设

北京建筑大学实质推进“课程思政”建设实施方案，将“落实为先”作为

课程建设的核心目标，从教学内容、推进方式、制度激励方面坚持系统规划、稳步推进；坚持以学生为本，从学生的体验和收获出发，提炼课程思想政治教育元素，开展教学设计；坚持教育者先受教育，不断提升教师思想政治素质和道德水平，教师要从真懂质变到真信，要从知识传播者变成价值引导者，确保“课程思政”切实发挥作用，确保上好每一堂课，确保真正当好学生的思想领路人。

（1）在教学内容上，各专业课程充分挖掘和提炼德育元素，依据学科专业特点，找准“课程思政”切入点，挖掘能引发学生共鸣并能与思政课程形成协同效应的教学内容。哲学社会科学类课程，应突出体现马克思主义中国化的最新理论成果，以社会主义核心价值观、中华优秀传统文化教育为灵魂和主线，引导学生不断增强“四个自信”；自然科学类课程，应突出培育科学精神和创新精神，将辩证唯物主义和历史唯物主义理论贯穿渗透，引导学生尊重自然规律，明确人类共同发展进步的历史担当；工程技术类课程，应突出培育求真务实、实践创新、精益求精的工匠精神，讲授专业发展历史、职业道德、伦理文化，培养学生踏实严谨、追求卓越的优秀品质；人文艺术类课程，应突出培育高尚的文化素养、健康的审美情趣和乐观的生活态度，帮助学生树立文化自觉和文化自信；体育类课程要引导学生弘扬体育精神，发展健全人格。

（2）在推进方式上，采用分批推进的方法，先试点后推广。对首批开展试点工作的课程进行教学改革立项支持，要求试点“课程思政”教学团队与来自马克思主义学院的思政指导教师结成课程建设对子，共同探讨思政教学目标，研讨教学组织计划，凝练典型经验和特色做法，逐步形成可推广、可复制的同类课程建设规范，充分发挥“课程思政”改革试点项目的示范引领作用。要求各试点课程教学团队开展专题研讨不少于2次，参加相关“课程思政”培训不少于1次，形成教学大纲、教案、教学组织设计表各1份，形成课程建设成果总结报告或典型案例报告1份，以上建设成果将作为项目结题验收的必备材料提交检查。通过试点课程的立项实践，持续充实德育内涵，总结经验，固化建设成果，完善建立可延续、可复制、可传承的成果案例库，逐步形成课程建设规范和相关指导性文件，不断深化“课程思政”改革。

（3）在制度激励上，优先培育一批“课程思政”育人功能明显、学生口碑好的示范课程，选树先进示范课、教学名师和教学团队，予以校级精品课、教学名师和优秀教学团队的荣誉称号，形成激励效应和示范效应。通过教学有特色、具有亲和力和影响力的教学名师和教学团队，发挥他们的传帮带作用，将“课程思政”的成熟教学经验辐射至育人全过程。

2.“融合战略”，全面融合思政教育资源

沈阳建筑大学以“形成‘三全育人’格局”“打造三大特色育人模式”为

“融合战略”，探索建筑类高校“三全育人”特色模式，取得了润物细无声的良好育人成效。

（1）形成“三全育人”格局。积极探索新时代高校思想政治教育的新途径、新办法，从教学、管理、服务等多角度不断强化大学生思想政治教育工作，以更好地提高大学生的整体思想素质，促进高校健康和谐发展。一是全员育人，全体教职员工均自觉承担起对学生进行思想政治教育的工作职责。教师做到课程育人、科研育人、实践育人；干部、职工做到管理育人、服务育人；党组织做到组织育人、思想育人；各部门协同深化文化育人、网络育人、资助育人和心理育人；二是全过程育人，将育人工作涵盖学生在校期间以及毕业之后的全部过程。做好新生入学成长成才教育工作，让学生感受到学校优良的文化传统与丰富的学习生活；强化学业过程管理，引导大学生制定切合成长不同阶段所需的发展目标；做好大学生就业指导与服务工作，加强学生的职业生涯规划教育、创新创业教育，升华毕业生爱国、爱校情怀；做好学生毕业后跟踪服务工作，打造校友文化，搭建校友母校合作共赢平台；三是全方位育人，建立课内课外、室内室外、网上网下各个空间的育人模式。建立全课程协同育人的思想政治教育体系；积极探索学习与实践相结合的思政教育实践育人模式；建立集物质资助与精神激励于一体的助学系统；完善以心理教师为主体、辅导员和思政教师广泛参与的心理健康教育体系；推行以易班平台为主要抓手的网络互动平台，开展第三课堂的思政教育；推动各级党组织自觉担负起育人育才的主体责任。

（2）打造三大“特色育人”模式。“特色育人”模式为推进“三全育人”综合改革提供强有力的支撑。一是德育教育特色模式，通过搭建“传承雷锋精神、加强国防教育、促进民族团结、创新网络思政”的工作载体，锤炼德育教育特色模式，引导大学生自觉践行社会主义核心价值观；二是文化特色育人模式，将文化建设作为校园整体建设规划的重要组成部分来统筹考虑，从学校新校园规划建设之初便同步开始文化建设，坚持以文化育人为抓手，打造以校园文化为核心的特色文化育人体系，增强师生文化自信，在建设过程中逐渐凝练出“红色文化、校史文化、景观文化、建筑文化、生态文化、状元文化、工匠文化、校友文化、雷锋文化、廉政文化”的十大文化特色模式；三是学科专业育人模式，改变传统的专业课程单纯传授专业知识，与思想政治教育脱节的“痼疾”，转变传统思政必修课“孤军奋战”、与其他思政教育资源缺乏融合的问题，构建起以思想政治理论必修课为核心的“一体四翼”课程思政体系，多渠道整合思政选修课程资源。“一体”即思想政治理论必修课，“四翼”即社会主义核心价值观系列教育、中国系列教育、中华优秀传统文化教育、新时代辽宁精神教育。四个系列的选修课程已经成为思政必修课的有益补充，各类教学资源还在不断扩充完善，以满足学生需求和社会发展需要，拓宽大学生思想政治教育的主渠道，更好地实现“立德树人”“以文化人”“以文育人”的目标。

3.“建筑特色”，全面彰显行业伦理文化

山东建筑大学长于与建筑文化“对话”，新校区中“新老”建筑交相辉映、相得益彰，漫步在依山傍水的校园之中，学生感受的是建筑博物馆带来的建筑文化与建筑伦理，工程教育的育人底色就在这生动的人与建筑之间彰显着、浸润着。多年来，山东建筑大学用保护历史建筑文化遗产的理念与行动，构建了独具特色的建筑博物馆式校园文化景观，为工程教育提供了鲜活的历史建筑教材，塑造了致敬历史、传承文化的建筑特色育人模式。校园里著名的“老”建筑有百年老别墅、德式老房子、全木质流水别墅、胶东原生态民居海草房、泰山地区传统民居岱岳一居和铁路文化园。校园里每一栋古建筑都是一处“活着的博物馆”，蕴涵丰富的建筑记忆与深厚的建筑文化内涵，将这些老房子与其背后的建筑文化相融合，就形成了现在的“建筑平移技术展馆”“地图地契馆”“木结构展览馆”“山东民居馆”“山东乡情馆”和“铁路建筑展馆”，在校园内创新地实现了历史文化与建筑遗产的时空统一，成为活跃在校园的建筑历史教育基地。

老别墅曾经位于济南市经一路357号，是济南优秀的近代建筑之一。经考证，它建于20世纪40年代，是济南商埠地区重要的近代建筑，别墅的原主人是民国时济南第一个在德国注册的建筑师。该建筑结构复杂，比例尺度十分精确，在有限的面积中运用多种建筑处理形式，融合了西方与东方的多种建筑元素。别墅的正入口前是四根陶立克柱式的外廊，东西南有三个入口，内廊布局，西南角为一层半地下室。别墅运用典型的济南近代建筑材料，腰线以下基础是规整的济南青石，墙体是规整的机制红砖。窗台板为整块青石板精雕细琢，铺机制大瓦，整个建筑体现了良好的施工工艺水平。老别墅于2008年列入济南市历史保护建筑。2009年3月1日晚，山东建筑大学加固所将这座长15米左右、宽9米左右、重达200吨的老别墅用两辆运载量为1400吨的液压平板车，历时14小时，行程30公里，从经一路整体平移到新校区，集中展示了建筑物平移技术。老别墅内部完全按原样“修旧如旧”地进行了保护，格局没有任何变化，只是进行了加固和简单装修，基本还保留着“民国”时期的味道。作为国内首家建筑平移技术展馆，老别墅在新校园里成为一道亮丽的景观，丰富了校园的文化底蕴，传袭了建筑的文物价值，成为学生学习中西结合建筑设计的生动范本。

胶东原生态民居海草房再现了胶东民居特色风貌。它的复原建造过程，实践并传承了海草房的营造技艺。海草房是世界上最具代表性的原生态民居之一，在胶东半岛近海边缘，曾经存在着大量这样的村落。目前，在山东威海荣成，现存海草房民居两万多户，分布在荣成317个自然村落中。海草房营造技艺是山东省首批非物质文化遗产项目，为传承这一技艺，真实再现胶东海草房建筑艺术，山东建筑大学邀请了胶东老匠师张起财老先生等人主持建造。过程中，全程录像，每一工艺环节均进行了记录与拍照，做到了理论教学与学生观摩体悟、动手实践的充分融合。

全木质流水别墅是一幢木结构建筑，该建筑将传统建筑技术与现代工业化生产进行有机结合，为木结构建筑的产业化做出了有益探索。作为人类最古老的建筑结构形式之一，木结构蕴含着人类对自然生态的认知经验。该建筑采用传统木质梁柱结构形式，长 19.4 米，宽 11.3 米，高 9.3 米，建筑面积 350 余平方米，所用木材全部为加拿大进口的 SPF 松木，经处理后具有良好的防腐性能，外板涂刷防火层和防水层，若无特殊事故，书苑寿命可长达百年。别墅的“雪山书苑”匾额由著名书法家欧阳中石先生题写。书苑以雪山为天然背景，楼前有亭台流水，置身其中，木质的清香沁人心脾，亭台楼阁映入眼帘，曲廊流水浑然天成，人与自然得到和谐统一。木结构建筑是传统建筑的精华，也是传统文化的载体之一，体现了古人天人合一，与自然共生的自然观和哲学思想。全木质流水别墅的设计从总图、功能，到造型及室内等各个方面，均建立在对木材材料性能的深刻理解的基础上，又传达出传统木质结构建筑的神韵。

铁路文化园在校区博学路以北、文德路以东、生态园的南侧。济南是大陆为数不多的几个驻有铁路局的城市之一，铁路见证了济南开埠的历史，铁路文化是这座城市文化的重要组成部分，铁路文化园将这一城市名片落户校园，打造了一座特色鲜明的铁路工业及建筑展示基地。蒸汽机车头、火车车厢、候车站台、站房建筑，构成了以铁路文化为主题的实地景观，这里集中展示了铁路工业发展历史、铁路建筑文化图像和相关实物资料，是名副其实的“铁路建筑文化博物馆”。2013 年，为探索工业遗产再利用的实践途径，铁路文化园又增加了一个新功能——铁路主题餐厅，同学们都亲切的称它为“火车餐厅”。餐厅由 8 节和 9 节两列车厢组成，车厢是退役的东风 5610 号绿皮火车车厢，车头是 20 世纪六七十年代“建设型”蒸汽机车车头。其中一列的第 9 节车厢，曾经是“齐鲁号”双层火车上的一部分，“齐鲁号”在 20 世纪 90 年代频繁运行在济南至青岛之间，是当时胶济铁路线上最为常见的绿皮火车。火车餐厅的出现，得到了学校师生和济南市民的强烈追捧，这里菜品好吃便宜、环境优雅特别，带有铁路文化味道的餐饮生意十分火爆。

1.1.3.3　多措并举，提升教师教书育人能力

推进高素质教师队伍建设，要以习近平新时代中国特色社会主义思想为指导，抓好培养社会主义建设者和接班人这一根本，定位大局，精准施策，确保立德树人的成效经得起检验。

1. 牢牢坚持正确的政治方向

切实加强教师队伍建设，充分发挥党组织的领导和把关作用，保证中国特色社会主义办学方向，保证教师队伍建设正确的政治方向。落实从严治党要求，加强政治建设，用习近平新时代中国特色社会主义思想武装头脑，增强政治意识、大局意识、核心意识、看齐意识。引导教师树立正确的历史观、民族观、国家观、文化观，坚定中国特色社会主义道路自信、理论自信、制度自信、文化自信。

2. 突出师德师风第一标准

健全师德建设长效机制，推进师德建设常态化、法治化。切实将师德师风建设融入日常、抓在经常，以好师德、好师风引领好教风、好学风。加强师德师风监察监督，强化师德考评，体现奖优罚劣。开展师德师风建设工程，发掘师德典型，弘扬楷模精神，讲好师德故事。

3. 深化教师管理综合改革

（1）打造本科教育命运共同体。让教书育人成为高校教师的第一信念，让本科教育成为高校教师的第一职责，让“以学生为中心”的育人理念成为基本遵循，这样的价值信念上升为高校教师普遍公认的价值观，那么全面振兴本科教育就成功了大半。如何打造价值认同，一定是本科教育与教师之间形成了共创共赢的可持续发展关系，在本科教学中的持续投入与付出，让教师收获了来自物质与精神双方面的获得感，这样“荣辱与共”的价值体系一旦确立，高校、教师、学生三者之间便形成了亲密的“命运共同体”。

（2）升级教师发展平台。教师发展平台升级包括培训内容升级和组织架构升级两个方面。一是培训内容升级，师德培训、教学培训、教学研究培训以及教学管理培训是主要的培训内容，校院两级应分别开展，校级培训应偏重共性的内容，院级培训应偏重有助于学科专业发展的个性内容；二是组织架构升级，建议各高校将教师发展中心单独建制，将与教师发展相关的培训、改革、评价、奖惩等内容划归到一起，形成整合效应，提升效率。

（3）革新教师评价体系。教师评价体系包括师德师风评价、教学水平评价、科研水平评价三个方面，三个评价体系均存在较大的改革与提升空间。在评价原则上，三方面评价均应落实到“为谁培养人、培养什么人、怎样培养人”的本科教育核心目标上，以科学评价促分类指导，以分类指导促教学质量提升。评价的宗旨不是把教师分成三六九等，而是应通过评价帮助教师分析职业能力的不足，帮助教师制定个性化的提升方案，帮助教师更好地实现职业价值，提升个人能力，以最终实现学校和个人的共同发展、共同进步。

（4）捋顺体制机制。高效的体制机制是能够在某一价值体系上将学校、教师、学生结盟成命运共同体的，它所传达的理念是协同共赢，它能充分激发三方的主观能动性。深化校院两级管理模式改革，通过一系列的制度设计，综合运用计划、过程监控、公开考核、资源分配等管理手段，将本科教学、师资培训、科研等不同任务细化成指标，并依次分配至部门、学院、系、教师的层面，让教师与所在部门共同制定实现目标的途径、方法，并为实现这一目标而努力工作，最大限度地提升个人能力，最终通过学院独立考评，按照达成度的情况予以优劳优酬，以实现高质量的人才培养，实现教师工作的乐趣和获得感，实现学校振兴本科教育的目标。

（5）加强制度建设。制度是保障本科教育可持续发展的一揽子文件，其包含的内容十分丰富，按照制度设立的初衷不同，大致可以划分为指导性文件、鞭策性文件和规范性文件三类，就指导性文件而言，应着重加强与本科教育相关的教师队伍建设规划；就鞭策性文件而言，包括聘任制度、职称制度、荣誉制度、师德教风考核办法、教学竞赛奖励办法等，目前聘任制度、职称制度、荣誉制度、师德教风考核办法是各高校重点需要修订的鞭策性文件，这是提升教师获得感的指挥棒，更是关系到本科教育内涵发展的关键性文件，因各高校情况不同其制度内容不能一概而论，但制度原则一定是激励教师投身到本科教育上来；就规范性文件而言，各高校之间可以相互借鉴，以提升规范管理水平，如课程建设管理办法、专业建设管理办法、教学改革项目立项管理办法、资助教师参加培训交流活动办法、教师教学能力研修方案与考核办法、新进教师岗前培训方案与考核办法等，目前课程建设管理办法、专业建设管理办法的修订应是重点内容，应按照“金课”标准、国际等效标准、教指委标准等重新审视与提升，以规范、高质量的文件来指导新工科下专业、课程建设的全面内容。

4. 优化教师队伍建设保障环境

以切实增强为教师服务好、服好务的思想意识和行动自觉来做好教师队伍建设保障工作，做到政治上充分信任、思想上主动引导、工作上创造条件、生活上关心照顾。把尊师文化融入到办学治校理念和教育改革实践中，加强对教师的人文关怀，为教师教育教学、工作生活创造良好的条件，使广大高校教师能安心从教、热心从教、舒心从教、静心从教。

1.2 2017 年高等建设职业教育发展状况分析

1.2.1 高等建设职业教育发展的总体状况

根据国家统计局的统计数据，2017 年全国共有普通高等院校 2631 所，较上年增加了 35 所，增长比例为 1.36%。高职高专院校 1388 所，占普通高等学校的 52.76%；高职高专院校比上年增加 29 所，增长率为 2.13%；高职高专院校毕业生 351.64 万人，招生 350.74 万人，在校生 1104.95 万人。

2017 年，开办专科高等建设职业教育专业的学校为 1184 所，较上年减少了 9 所，减少比例为 0.75%；在校生数 90.09 万人，占高职高专在校生总数的 8.15%，较上年减少了 10.94 万人，减少比例为 10.83%；毕业生 38.59 万人，占高职高专毕业生总数的 10.97%；招生 26.67 万人，占高职高专招生总数的 7.60%。2014～2017 年专科土木建筑类专业开办学校、开办专业、在校生规模变化情况如图 1-7、图 1-8 所示。

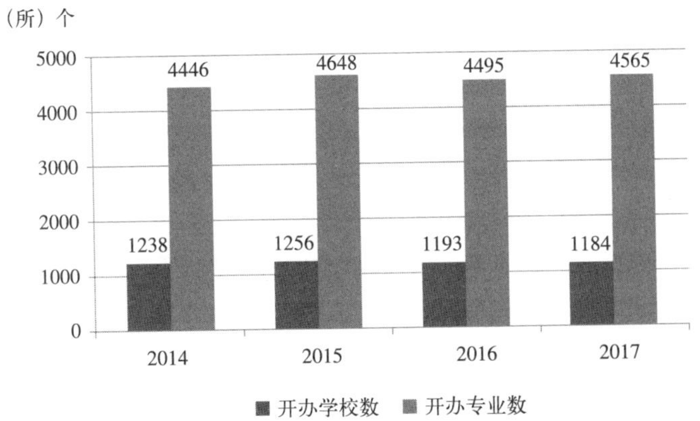

图 1-7　2014～2017 年全国土木建筑类高职开办学校、开办专业情况

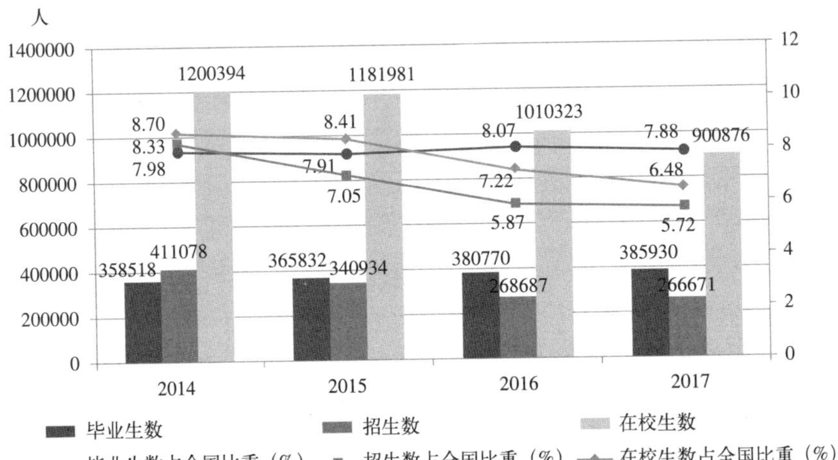

图 1-8　2014～2017 年全国土木建筑类高职学生培养情况

1.2.1.1 土木建筑类专科生按学校类别培养情况

1. 土木建筑类专科生按学校类别分布情况

2017 年土木建筑类专科生按学校类别分布情况列于表 1-17。

2017 年土木建筑类专科生按学校类别分布情况　表 1-17

学校层次		开办学校		开办专业		毕业人数		招生人数		在校人数	
		数量	占比（%）	数量	占比（%）	数量	占比（%）	数量	占比（%）	数量	占比（%）
本科院校	大学	53	4.48	102	2.23	7456	1.93	3937	1.48	15025	1.67
	学院	194	16.39	519	11.37	46990	12.18	21212	7.95	80617	8.95
	独立学院	27	2.28	63	1.38	5943	1.54	3195	1.20	10406	1.16
	小计	274	23.2	684	14.98	60389	15.65	28344	10.63	106048	11.78
高职高专院校	高等专科学校	21	1.77	54	1.18	3397	0.88	2756	1.03	8916	0.99
	高等职业学校	873	73.73	3782	82.85	320077	82.94	234697	88.01	782229	86.83
	小计	894	75.50	3836	84.03	323474	83.82	237453	89.04	791145	87.82
其他普通高教机构	管理干部学院	5	0.42	18	0.39	893	0.23	420	0.16	1718	0.19
	广播电视大学	1	0.08	3	0.07	57	0.01	0	0.00	0	0.00
	教育学院	2	0.17	2	0.04	50	0.01	14	0.01	90	0.01
	职工高校	5	0.42	16	0.35	843	0.22	440	0.16	1522	0.17
	分校、大专班	3	0.25	6	0.13	224	0.06	0	0.00	353	0.04
	小计	16	1.30	45	0.99	2067	0.53	874	0.33	3683	0.40
合计		1184	100.00	4565	100.00	385930	100.00	266671	100.00	900876	100.00

从表 1-17 可以看出，开办专科土木建筑类专业的学校，以高职高专院校（包括高等专科学校、高等职业学校）为绝对主体，开办学校、专业点、毕业生人数、招生人数、在校生数分别占 75.5%、84.03%、83.82%、89.02%、87.82%；本科院校（包括大学、学院、独立学院）除开办院校占比为 23.20% 外，其他指标都在 15% 以下；而其他普通高等教育机构（包括分校、大专班，职工高校，管理干部学院，教育学院，广播电视大学）的各项指标几乎可以忽略。

2017年，全国开办土木建筑类专业的高职高专院校共894所，占全国高职高专院校数的64.41%，较上年减少0.49%。

与上年相比，本科院校开办的土木建筑大类专业点数、在校生数分别减少58个、32976人，降幅分别为7.82%和23.72%；高职高专院校开办的土木建筑大类专业点数、在校生数分别增加131个、−7410人，增加幅度分别为3.54%、−8.63%；其他高教机构开办的土木建筑大类专业点数、在校生数分别减少3个、1761人，降幅分别为6.25%、32.35%。上述分析表明：就专业点数而言，除高职高专院校有3.54%的微小增幅外，本科院校、其他高教机构都较上年减少；就在校生规模而言，各类院校都较上年减少。同时，高职高专院校的专业点数较上年增加，而在校生规模减小，说明各专业点的平均人数减少。

2. 土木建筑类专科生按学校隶属关系分布情况

2017年土木建筑类专科生按学校隶属关系分布情况列于表1-18。

2017年土木建筑类专科生按学校隶属关系分布情况　　表1-18

学校隶属关系	开办学校		开办专业		毕业人数		招生人数		在校人数	
	数量	占比（%）	数量	占比（%）	数量	占比（%）	数量	占比（%）	数量	占比（%）
教育部	2	0.17	3	0.07	180	0.05	66	0.02	233	0.03
工业和信息化部	1	0.08	1	0.02	62	0.02	0	0.00	0	0.00
国务院侨务办公室	1	0.08	1	0.02	24	0.01	0	0.00	3	0.00
中国民用航空总局	1	0.08	1	0.02	0	0.00	31	0.01	31	0.00
省级教育部门	282	23.82	1015	22.23	84992	22.02	63126	23.67	211043	23.43
省级其他部门	223	18.83	1135	24.86	103119	26.72	85639	32.11	270819	30.06
地级教育部门	180	15.20	605	13.25	45118	11.69	29090	10.91	104736	11.63
地级其他部门	109	9.21	410	8.98	28208	7.31	17269	6.48	59299	6.58
县级教育部门	4	0.34	13	0.28	541	0.14	722	0.27	1941	0.22
县级其他部门	5	0.42	19	0.42	551	0.14	400	0.15	1424	0.16
地方企业	25	2.11	87	1.91	7857	2.04	5662	2.12	18651	2.07
民办	351	29.65	1275	27.93	115278	29.87	64666	24.25	232696	25.83
合计	1184	100.00	4565	100.00	385930	100.00	266671	100.00	900876	100.00

据表1-18分析，2017年，土木建筑类专科生按学校隶属关系分布情况如下：

（1）按院校行政隶属关系分，中央部委属院校（包括教育部、工业和信息化部、国务院侨务办公室、中国民用航空总局）5所，占比0.42%；省属院校505所，占比42.65%；地市州属院校289所，占比24.41%；县属院校9所，占比 0.76%；地方企业属院校 25 所，占比 2.11%；民办院校 351 所，占比 29.65%。开办专业数，六类院校从大到小依次为：省属院校 2150 个，占比 47.69%；民办院校 1275 个，占比 27.93%；地市州属院校 1015 个，占比 22.23%；地方企业属院校 87 个，占比 1.91%；县属院校 32 个，占比 0.7%；中央部委属院校 6 个，占比 0.13%。毕业生人数，六类院校从大到小依次为：省属院校 188111 人，占比 48.74%；民办院校 115278 人，占比 29.87%；地市州属院校 73326 人，占比 19.00%；地方企业属院校 7857 人，占比 2.04%；县属院校 1092 人，占比 0.28%；中央部委属院校 266 人，占比 0.08%。招生数，六类院校从大到小依次为：省属院校 148765 人，占比 55.78%；民办院校 64666 人，占比 24.25%；地市州属院校 46359 人，占比 17.39%；地方企业属院校 5662 人，占比 2.12%；县属院校 1122 人，占比 0.42%；中央部委属院校 97 人，0.03%。在校生人数，六类院校从大到小依次为：省属院校 481862，占比 53.49%；民办院校 232696 人，占比 25.83%；地市州属院校 164035 人，占比 18.21%；地方企业属院校 18651 人，占比 2.07%；县属院校 3365 人，占比 0.38%；中央部委属院校 267 人，占比 0.03%。可见，省属院校是土木建筑类专业办学的第一主体，其次是民办院校，两类院校在校生占在校生总数的 79.32%；中央部委属院校所占比例最小，几乎可以忽略不计，并且工业和信息化部、国务院侨务办公室所属院校已停止招生。

（2）土木建筑类专科生的学校隶属关系分为四类：一是隶属教育行政部门，包括教育部、省级教育部门、地级教育部门、县级教育部门；二是隶属行业行政主管部门，包括工业和信息化部、国务院侨务办公室、中国民用航空总局、省级其他部门、地级其他部门、县级其他部门；三是隶属地方企业；四是民办。隶属教育行政部门的院校 468 所，占比 39.52%；隶属行业行政主管部门的院校 340 所，占比 28.72%；隶属地方企业的院校 25 所，占比 2.11%；民办院校 351 所，占比 29.65%。开办专业数，四类院校从大到小依次为：隶属教育行政部门的院校 1636 个，占比 35.84%；隶属行业行政主管部门的院校 1567 个，占比 34.33%；民办院校 1275 个，占比 27.93%；隶属地方企业的院校 87 个，占比 1.91%。毕业生人数，四类院校从大到小依次为：隶属教育行政部门的院校 130831 人，占比 33.90%；隶属行业行政主管部门的院校 131964 人，占比 34.19%；民办院校 115278 人，占比 29.87%；隶属地方企业的院校 7857 人，占比 2.04%。招生人数，四类院校从大到小依次为：隶属行业行政主管部门的院校 103339 人，占比 38.75%；隶属教育行政部门的院校 93004 人，占比 34.88%；民办院校 64666 人，占比 24.25%；隶属地方企业的院校 5662 人，占比 2.12%。在校生人数，隶属行业行政主管部门的院校 331576 人，占比 36.81%；隶属教育行政部门的院校 317953 人，占比 35.29%；民办院校 232696 人，占比 25.83%；隶属地方企业的院校 18651 人，占比 2.07%。可见，隶属行业行政主管部门的院校是土木建筑类专业办学的第一主体，其次是隶属教育行政部门的院校，两类院校在校生人数占在校生总数的 72.10%，占比最小的是隶属地方企业的院校，其在校生仅占 2.07%。与 2016 年相比，在校生规模最大的仍为隶属行业行政主管部门的院校，其次仍为隶属教育行政部门的院校，隶属行业行政主管部门的院校的在校生占比提高了 0.94%，隶属教育行政部门的院校的在校生占比提高了 1.58%。

3. 土木建筑类专科生按学校类型分布情况

土木建筑类专科生按学校类型分布情况见表 1-19。

2017 年土木建筑类专科生按学校类别分布情况　　表 1-19

学校类别	开办学校		开办专业		毕业人数		招生人数		在校人数	
	数量	占比（%）	数量	占比（%）	数量	占比（%）	数量	占比（%）	数量	占比（%）
综合大学	332	28.04	1166	25.54	99345	25.74	63041	23.64	221914	24.63
理工院校	577	48.73	2562	56.12	229242	59.40	163878	61.45	548137	60.84
农业院校	42	3.55	149	3.26	9295	2.41	7471	2.80	22570	2.51
林业院校	13	1.10	74	1.62	6071	1.57	4188	1.57	14641	1.63
医药院校	1	0.08	2	0.04	129	0.03	39	0.01	116	0.01
师范院校	44	3.72	84	1.84	3166	0.82	1846	0.69	7125	0.79
语文院校	16	1.35	45	0.99	2045	0.53	1209	0.45	4985	0.55
财经院校	115	9.71	374	8.19	31268	8.10	21589	8.10	69169	7.68
体育院校	2	0.17	4	0.09	95	0.02	104	0.04	438	0.05
政法院校	8	0.68	15	0.33	603	0.16	531	0.20	1510	0.17
艺术院校	19	1.60	49	1.07	2673	0.69	1856	0.70	6481	0.72
民族院校	2	0.17	2	0.04	155	0.04	45	0.02	460	0.05
其他普通高教机构（含表 1-17 中的后 4 种类别）	13	1.10	39	0.85	1843	0.48	874	0.33	3330	0.37
合计	1184	100.00	4565	100.00	385930	100.00	266671	100.00	900876	100.00

与 2016 年比较，2017 年举办专科土木建筑类专业的学校类型没有发生变化，仍然几乎覆盖了所有类型的院校。同时，在校生人数排列第一位、第二位的院校类型也没有变化，分别为理工院校和综合大学，两类院校在校生占比达 85.47%，较 2016 年增加 0.15%。

1.2.1.2　土木建筑类专科生按地区培养情况

2017 年土木建筑类专科生各大区域分布情况见表 1-20。

2017 年土木建筑类专业专科生按地区分布情况 **表 1-20**

地区		开办学校		开办专业		毕业人数		招生人数		在校人数		招生数较毕业生数增幅（%）
		数量	占比（%）	数量	占比（%）	数量	占比（%）	数量	占比（%）	数量	占比（%）	
华北	北京	25	2.11	53	1.16	2088	0.54	902	0.34	3615	0.40	-56.80
	天津	17	1.44	60	1.31	5466	1.42	4157	1.56	13381	1.49	-23.95
	河北	66	5.57	268	5.87	17951	4.65	9980	3.74	33919	3.77	-44.40
	山西	27	2.28	106	2.32	10696	2.77	6646	2.49	23584	2.62	-37.86
	内蒙古	33	2.79	108	2.37	5981	1.55	3304	1.24	12403	1.38	-44.76
	小计	168	14.19	595	13.03	42182	10.93	24989	9.37	86902	9.65	-40.76
东北	辽宁	31	2.62	109	2.39	8349	2.16	5291	1.98	20092	2.23	-36.63
	吉林	20	1.69	53	1.16	3316	0.86	1108	0.42	4972	0.55	-66.59
	黑龙江	34	2.87	167	3.66	8582	2.22	5394	2.02	18247	2.03	-37.15
	小计	85	7.18	329	7.21	20247	5.25	11793	4.42	43311	4.81	-41.75
华东	上海	11	0.93	40	0.88	2463	0.64	2075	0.78	7145	0.79	-15.75
	江苏	69	5.83	308	6.75	22927	5.94	15520	5.82	57983	6.44	-32.31
	浙江	34	2.87	142	3.11	12698	3.29	9750	3.66	35369	3.93	-23.22
	安徽	52	4.39	188	4.12	16590	4.30	10978	4.12	39560	4.39	-33.83
	福建	45	3.80	178	3.90	12337	3.20	7736	2.90	29259	3.25	-37.29
	江西	56	4.73	203	4.45	24131	6.25	12412	4.65	46276	5.14	-48.56
	山东	72	6.08	277	6.07	29745	7.71	16984	6.37	63923	7.10	-42.90
	小计	339	28.63	1336	29.27	120891	31.32	75455	28.30	279515	31.03	-37.58
中南	河南	95	8.02	359	7.86	28548	7.40	20590	7.72	68926	7.65	-27.88
	湖北	77	6.50	266	5.83	21978	5.69	15138	5.68	44402	4.93	-31.12
	湖南	45	3.80	137	3.00	16092	4.17	12111	4.54	41172	4.57	-24.74
	广东	58	4.90	223	4.88	22509	5.83	19308	7.24	58021	6.44	-14.22
	广西	44	3.72	218	4.78	18746	4.86	17000	6.37	51440	5.71	-9.31
	海南	8	0.68	28	0.61	2479	0.64	1753	0.66	5215	0.58	-29.29
	小计	327	27.62	1231	26.97	110352	28.59	85900	32.21	269176	29.88	-22.16
西南	重庆	36	3.04	166	3.64	16787	4.35	9190	3.45	31948	3.55	-45.26
	四川	75	6.33	290	6.35	29369	7.61	18468	6.93	61073	6.78	-37.12
	贵州	27	2.28	123	2.69	8049	2.09	11213	4.20	31592	3.51	39.31
	云南	28	2.36	136	2.98	10584	2.74	9458	3.55	30741	3.41	-10.64
	西藏	2	0.17	4	0.09	167	0.04	194	0.07	722	0.08	16.17
	小计	168	14.19	719	15.75	64956	16.83	48523	18.20	156076	17.32	-25.30

续表

地区		开办学校		开办专业		毕业人数		招生人数		在校人数		招生数较毕业生数增幅（%）
		数量	占比（%）	数量	占比（%）	数量	占比（%）	数量	占比（%）	数量	占比（%）	
西北	陕西	49	4.14	164	3.59	15378	3.98	8930	3.35	30372	3.37	-41.93
	甘肃	21	1.77	67	1.47	4848	1.26	3642	1.37	12962	1.44	-24.88
	青海	3	0.25	18	0.39	1273	0.33	1257	0.47	3597	0.40	-1.26
	宁夏	7	0.59	32	0.70	1719	0.45	1765	0.66	4986	0.55	2.68
	新疆	17	1.44	74	1.62	4084	1.06	4417	1.66	13979	1.55	8.15
	小计	97	8.19	355	7.78	27302	7.07	20011	7.50	65896	7.31	-26.71
合计		1184	100.00	4565	100.00	385930	100.00	266671	100.00	900876	100.00	-30.90

1. 土木建筑类专科生按各大区域分布特点

（1）开办院校数。从多到少依次为华东、中南、华北、西南（与华北并列）、西北、东北地区，分别为339、327、168、168、97、85所，处于前两位的华东、中南地区共666所，占开办院校总数的56.25%，开办院校数处于最后两位的是西北、东北地区，共有182所，占开办院校总数的15.37%。2016年，开办院校数处于前两位的仍然是华东、中南地区，两地区开办院校666所，占开办院校总数的55.83%，即2017年该比例较上年增加了0.42%；开办院校数处于最后两位的仍然是西北、东北地区，开办院校190所，占开办院校总数的15.92%，即2017年该比例较上年减少了0.55%。

（2）专业点数。从多到少依次为华东、中南、西南、华北、西北、东北，分别为1336、1231、719、595、355、329个，处于前两位的华东、中南地区共2567个，占专业点总数的56.23%，而最后两位的东北、西北合计仅691个，占14.99%。2016年，专业点数处于前两位的仍然是华东、中南地区，两地区共有专业点2501个，占专业点总数的55.64%，即2017年该比例较上年增加了0.59%；专业点数处于最后两位的仍然是西北、东北地区，共有专业点691个，占专业点总数的15.37%，即2017年该比例较上年减少了0.38%。

（3）毕业生数。从多到少依次为华东、中南、西南、华北、西北、东北，分别为120891、110352、64956、42182、27302、20247人，分别占总数的31.32%、28.59%、16.83%、10.93%、7.07%、5.25%，处于前两位的华东、中南地区共231243人，占毕业生总数的59.91%，而最后两位的西北、东北仅47547人，占12.32%。2016年，毕业生数处于前两位的仍然是华东、中南地区，两地区共有毕业生220821人，占毕业生总数的58.00%，即2017年该比例较上年增加了1.91%；毕业生数处于最后两位的仍然是西北、东北地区，共有毕业生54083人，占毕业生总数的 14.21%，即 2017 年该比例较上年减少了 1.89%。

（4）招生数。从多到少依次为中南、华东、西南、华北、西北、东北，分别为 85900、75455、48532、24989、20011、11793 人，分别占总数的 32.21%、28.30%、18.20%、9.37%、7.50%、4.42%，处于前两位的中南、华东地区共 161355 人，占招生总数的 60.51%，而最后两位的西北、东北仅 31804 人，占 11.92%。2016 年，招生数处于前两位的仍然是中南、华东地区，共招生 162285 人，占招生总数的 60.40%，即 2017 年该比例增加了 0.11%；而招生数位于最后两位的仍然是西北、东北地区，共招生 33905 人，占招生总数的 12.62%，即 2017 年该比例减少了 0.70%。

（5）在校生数。从多到少依次为华东、中南、西南、华北、西北、东北，分别为 279515、269176、156076、86902、65896、43311 人，分别占总数的 31.03%、29.88%、17.32%、9.65%、7.31%、4.81%。在校生人数处于前两位的为华东、中南地区，共 548691 人，占在校生总数的 60.91%；处于最后两位的为西北、东北地区，共 109207 人，占 12.12%。2016 年，在校生人数处于前两位的仍然为华东、中南地区，共 608054 人，占在校生总数的 60.19%，即 2017 年该比例增加了 0.72%；处于最后两位的仍然为西北、东北地区，共 125152 人，占在校生总数的 12.38%，即 2017 年该比例减少了 0.26%。

（6）招生数较毕业生数的增幅。各大区域均为负数，降幅从大到小依次为：东北 41.75%、华北 40.76%、华东 37.58%、西北 26.71%、西南 25.30%、中南 22.16%。2016 年，降幅最大者为华北，为 46.01%；东北次之，为 39.42%；降幅最小者为西南，为 19.35%；其次为中南，为 22.38%。表明东北、华北是近两年降幅处于前两位的地区，西南、中南是降幅处于后两位的地区。

可见，不论是院校数、专业点数，还是毕业生数、招生人数、在校生数，华东、中南两地区都处于前两位，院校数、专业点数约占总数的 56%，毕业生数、招生人数、在校生数约占总数的 60%；而西北、东北地区均处于最后两位，院校数、专业点数约占总数的 15%，毕业生数、招生人数、在校生数约占总数的 12%。这与地区人口数量、经济发展水平以及高等教育发展水平是一致的。

2. 土木建筑类专科生按省级行政区分布特点

（1）开办院校数。开办院校数位居前五位的省级行政区依次为：第一河南，95 所，占全国总数的 8.02%；第二湖北，为 77 所，占全国总数的 6.50%；第三四川，75 所，占全国总数的 6.33%；第四山东，72 所，占全国总数的 6.08%；第五江苏，69 所，占全国总数的 5.83%。开办院校数后五位的省级行政区是：第一西藏，2 所，占全国总数的 0.17%；第二青海，3 所，占全国总数的 0.25%；第三宁夏，7 所，占全国总数的 0.59%；第四海南，8 所，占全国总数的 0.68%；第五上海，11 所，占全国总数的0.93%。与2016年比较，31个省级行政区的开办院校数有10个增加、8个持平、13个减少；东北全域减少。

（2）专业点数。专业点数位居前五位的省级行政区依次为：第一河南，359个，占全国总数的7.86%；第二江苏，308个，占全国总数的6.75%；第三四川，290个，占全国总数的6.35%；第四山东，277个，占全国总数的6.07%；第五河北，268个，占全国总数的5.87%。专业点数位居后五位的省级行政区依次为：第一西藏，4个，占全国总数的0.09%；第二青海，18个，占全国总数的0.39%；第三海南，28个，占全国总数的0.61%；第四宁夏，32个，占全国总数的0.70%；第五上海，40个，占全国总数的0.88%。与2016年比较，31个省级行政区的专业点数有18个增加、4个持平、9个减少；中南全域增加。

（3）毕业生数。毕业生数位居前五位的省级行政区依次为：第一山东，29745人，占全国总数的7.71%；第二四川，29369人，占全国总数的7.61%；第三，河南，28548人，占全国总数的7.40%；第四江西，24131人，占全国总数的6.25%；第五江苏，22927人，占全国总数的5.94%。除上述5个省级行政区外，广东（5.83%）、湖北（5.69%）两省的毕业生数也超过了全国总数的5%。毕业生数位居后五位的省级行政区依次为：第一西藏，167人，占全国总数的0.04%；第二青海，1273人，占全国总数的0.33%；第三宁夏，1719人，占全国总数的0.45%；第四北京，2088人，占全国总数的0.54%；第五上海，2463人，占全国总数的0.64%。与2016年比较，31个省级行政区的毕业生数有15个增加、16个减少；东北、华东全域减少。

（4）招生数。招生数位居前五位的省级行政区依次为：第一河南，20590人，占全国总数的7.72%；第二广东，19308人，占全国总数的7.24%；第三四川，18463人，占全国总数的6.93%；第四广西，1700人，占全国总数的6.37%；第五山东，16984人，占全国总数的6.37%。除上述5个省级行政区外，江苏（5.82%）、湖北（5.68%）两省的招生数也超过了全国总数的5%。招生数位居后五位的省级行政区依次为：第一西藏，194人，占全国总数的0.07%；第二北京，902人，占全国总数的0.34%；第三吉林，1108人，占全国总数的0.42%；第四青海，1257人，占全国总数的0.47%；第五海南，1753人，占全国总数的0.66%。与2016年比较，31个省级行政区的招生数有16个增加、15个减少；中南、西南全域增加，东北、华东全域减少。

（5）在校生数。在校生数位居前五位的省级行政区依次为：第一河南，68926人，占全国总数的7.65%；第二山东，63923人，占全国总数的7.10%；第三四川，61073人，占全国总数的6.78%；第四广东，58021人，占全国总数的6.44%；第五江苏，57983人，占全国总数的6.44%。除上述5个省级行政区外，江西（5.14%）、广西（5.71%）两省、区的在校生数也超过了全国总数的5%。在校生数招生数位居后五位的省级行政区依次为：第一西藏，722人，占全国总数的0.08%；第二青海，3597人，占全国总数的0.40%；第三北京，3615人，占全国总数的0.40%；第四吉林，4972人，占全国总数的0.55%；第五宁夏，4986人，占全国总数的0.55%。与2016年比较，31个省级行政区的在校生数有5个增加、26个减少；华北、东北、华东、中南全域减少。

（6）招生数与毕业生数相比，有27个省级行政区减少，仅有4个增加。减少幅度位居前五位的省级行政区依次为：第一吉林66.59%，第二北京56.80%，第三江西48.56%，第四重庆45.26%，第五内蒙古44.76%。除上述5个省级行政区外，下列3个省级行政区的减少幅度也超过了50%：河北（44.40%）、山东（42.90%）、陕西（41.93%）。招生数较毕业生数增加的4个省级行政区，按增加幅度从大到小依次为贵州（39.31%）、西藏（16.17%）、新疆（8.15%）、宁夏（2.68%），均处于西部地区，其中贵州、西藏上年的增幅也处于第一位和第二位，这和西部地区的开发相对于东、中部滞后，对于土木建筑类专业人才需求相对滞后有关。

1.2.1.3 土木建筑类专科生按专业培养情况

1. 土木建筑类专科生按专业类分布情况

2017年全国高等建设职业教育7个专业类的学生培养情况见表1-21。

2017年全国高等建设职业教育分专业类学生培养情况 **表1-21**

专业类别	专业点		毕业人数		招生人数		在校人数		招生数较毕业生数增幅（%）
	数量	占比（%）	数量	占比（%）	数量	占比（%）	数量	占比（%）	
建筑设计类	991	21.71	55589	14.40	63251	23.72	181032	20.10	13.78
城乡规划与管理类	74	1.62	2047	0.53	1533	0.57	5359	0.59	−25.11
土建施工类	859	18.82	113424	29.39	66210	24.83	242736	26.94	−41.63
建筑设备类	485	10.62	17382	4.50	14051	5.27	45046	5.00	−19.16
建设工程管理类	1493	32.71	175248	45.41	104054	39.02	370286	41.10	−40.62
市政工程类	245	5.37	8715	2.26	7852	2.94	24962	2.77	−9.90
房地产类	418	9.16	13525	3.50	9720	3.64	31455	3.49	−28.13
合计	4565	100.00	385930	100.00	266671	100.00	900876	100.00	−30.90

由表1-21可知，2017年土木建筑类专科生按专业类分布情况如下：

（1）专业点数。土木建筑类专业的7个专业类共有专业点4560个，专业点数从大到小依次为：建设工程管理类（1493个，占32.71%）、建筑设计类（991个，占21.71%）、土建施工类（859个，占18.82%）、建筑设备类（485个，占10.62%）、房地产类（418个，占9.16%）、市政工程类（245个，占5.37%）、城镇规划与管理类（74个，占1.62%）。与2016年相比，各专业类专业点数排列顺序没有变化；7个专业类专业点总数增加了70个，增幅1.56%；各专业类专业点数变化情况为：建设工程管理类增加21个（增幅1.43%），建筑设计类增加66个（增幅7.14%），土建施工类减少1个（减幅0.12%），建筑设备类减少7个（减幅1.42%），房地产类减少26个（减幅5.86%），市政工程类增加20个（增幅8.89%），城镇规划与管理类减少3个（减幅3.90%）。

（2）毕业生数。7个专业类共有毕业生385930人，毕业生数从多到少依次为：建设工程管理类（175248人，占45.41%）、土建施工类（113424人，占29.39%）、建筑设计类（55589人，占14.40%）、建筑设备类（17382人，占4.50%）、房地产类（13525人，占3.50%）、市政工程类（8715人，占2.26%）、城镇规划与管理类（2047人，占0.53%）。与2016年相比，各专业类毕业生数排列顺序没有变化；7个专业类毕业生数增加了5160人，增幅1.36%；各专业类毕业生数变化情况为：建设工程管理类增加4672人（增幅2.74%），土建施工类减少2150人（减幅1.86%），建筑设计类增加2907人（增幅5.52%），建筑设备类增加615人（增幅3.67%），房地产类减少1757人（减幅11.50%），市政工程类增加1116人（增幅14.69%），城镇规划与管理类减少267人（减幅11.54%）。

（3）招生数。7个专业类共招生266671人，招生数从多到少依次为：建设工程管理类（104054人，占39.02%）、土建施工类（66210人，占24083%）、建筑设计类（63251人，占23.72%）、建筑设备类（14051人，占5.27%）、房地产类（9720人，占3.64%）、市政工程类（7852人，占2.94%）、城镇规划与管理类（1533人，占0.57%）。与2016年相比，各专业类招生数排列顺序没有变化；7个专业类招生数减少了2016人，减幅0.75%；各专业类招生数变化情况为：建设工程管理类减少3811人（减幅3.53%），土建施工类减少1472人（减幅2.17%），建筑设计类增加4534人（增幅7.72%），建筑设备类减少240人（减幅1.68%），房地产类减少688人（减幅6.61%），市政工程类减少285人（减幅3.50%），城镇规划与管理类减少54人（减幅3.40%）。

（4）在校生数。7个专业类共有在校生900876人，在校生数从多到少依次为：建设工程管理类（370286人，占41.10%）、土建施工类（242736人，占26.95%）、建筑设计类（181032人，占20.10%）、建筑设备类（45046人，占5.00%）、房地产类（31455，占3.49%）、市政工程类（24962人，占2.77%）、城镇规划与管理类（5359 人，占 0.59%）。与 2016 年相比，各专业类在校生数排列顺序没有变化；7 个专业类在校生数减少了 109447 人，减幅 10.83%；各专业类在校生数变化情况为：建设工程管理类减少 67382 人（减幅 15.40%），土建施工类减少 41588 人（减幅 14.63%），建筑设计类增加 9719 人（增幅 5.67%），建筑设备类减少 3563 人（减幅 7.33%），房地产类减少 4997 人（减幅 13.71%），市政工程类减少 1089 人（减幅 4.21%），城镇规划与管理类减少 725 人（减幅 11.92%）。

（5）招生数与毕业生数相比，7 个专业类中，只有建筑设计类增加，增幅 13.78%；其余 6 个专业类均减少，减幅从大到小依次为：土建施工类（41.63%）、建设工程管理类（40.62%）、房地产类（28.13%）、城乡规划与管理类（25.11%）、建筑设备类（19.16%）市政工程类（9.90%）。

综合前面分析可见，建设工程管理类、建筑设计类、土建施工类是土木建筑大类的主体。3 个专业类的专业点数、毕业生数、招生数、在校生数分别占总数的 73.24%、88.90%、85.57%、88.14%。

2. 土木建筑类专科生按专业分布情况

（1）建筑设计类专业

2017 年全国高等建设职业教育建筑设计类专业学生培养情况见表 1-22。

2017 年全国高等建设职业教育建筑设计类专业学生培养情况　　表 1-22

专业	专业点		毕业人数		招生人数		在校人数	
	数量	占比（%）	数量	占比（%）	数量	占比（%）	数量	占比（%）
建筑设计	131	13.22	8276	14.89	7298	11.54	22506	12.43
建筑装饰工程技术	335	33.80	18721	33.68	17523	27.70	53833	29.74
古建筑工程技术	17	1.72	493	0.89	485	0.77	1548	0.86
建筑室内设计	230	23.21	16695	30.03	26586	42.03	70272	38.82
园林工程技术	173	17.46	9112	16.39	6899	10.91	23030	12.72
风景园林设计	59	5.95	532	0.96	2557	4.04	5100	2.82
建筑动画与模型制作	24	2.42	445	0.80	739	1.17	2084	1.15
建筑设计类其他专业	22	2.22	1315	2.37	1164	1.84	2659	1.47
合计	991	100.00	55589	100.00	63251	100.00	181032	100.00

2017 年，建筑设计类 7 个目录内专业均有院校开设，并开设了若干目录外专业（即表 1-22 中建筑设计类其他专业）。

开办院校数。7 个目录内专业从多到少依次为：建筑装饰工程技术（335 所，占比 33.80%）、建筑室内设计（230 所，占比 23.21%）、园林工程技术（173 所、占比 17.46%）、建筑设计（131 所，占比 13.22%）、风景园林设计（59 所，占比 5.95%）、建筑动画与模型制作（24 所，占比 2.42%）、古建筑工程技术（17 所，占比 1.72%），排列顺序与上年相同。占比超过 20% 的专业有 2 个，依次为建筑装饰工程技术（33.80%）和建筑室内设计专业（23.21%），与上年相同；两个专业合计占比达 57.01%，较上年减少 0.39%。

毕业生数。7 个目录内专业从多到少依次为：建筑装饰工程技术（18721 人，占比 33.68%）、建筑室内设计（16695 人，占比 30.03%）、园林工程技术（9112 人、占比 16.39%）、建筑设计（8276 人，占比 14.89%）、风景园林设计（532 人，占比 0.96%）、古建筑工程技术（493 人，占比 0.89%）、建筑动画与模型制作（445 人，占比 0.80%），排列顺序与上年相同。占比超过 20% 的专业有 2 个，依次为建筑装饰工程技术（33.68%）和建筑室内设计专业（30.03%），与上年相同；两个专业合计占比达 63.71%，较上年增加了 0.7%。

招生数。7 个目录内专业从多到少依次为：建筑室内设计（26586 人，占比 42.03%）、建筑装饰工程技术（17523 人，占比 27.70%）、建筑设计（7298 人，占比 11.54%）、园林工程技术（6899 人、占比 10.91%）、风景园林设计（2557 人，占比 4.04%）、建筑动画与模型制作（739 人，占比 1.17%）、古建筑工程技术（485 人，占比 0.77%）。占比超过 20% 的专业有 2 个，依次为建筑室内设计（42.03%）和建筑装饰工程技术专业（27.70%），与上年相同；两个专业合计占比为 69.73%，较上年增加 1.23%。

在校生数。7 个目录内专业从多到少依次为：建筑室内设计（70272 人，占比 38.82%）、建筑装饰工程技术（53833 人，占比 29.74%）、园林工程技术（23030 人、占比 12.72%）、建筑设计（22506 人，占比 12.43%）、风景园林设计（5100 人，占比 2.82%）、建筑动画与模型制作 2084 人，占比 1.15%）、古建筑工程技术（1548 人，占比 0.86%）。占比超过 20% 的专业有 2 个，依次为建筑室内设计（38.82%）和建筑装饰工程技术专业（29.74%），与上年相同；两个专业合计占比达 68.56%，较上年增加 3.33%。

综上分析，建筑室内设计和建筑装饰工程技术是建筑设计类专业的主体，两个专业的开办院校数、毕业生数、招生数、在校生数分别占总数的 57.01%、63.71%、69.73%、68.56%。

（2）城镇规划与管理类专业

2017 年全国高等建设职业教育城镇规划与管理类专业学生培养情况见表 1-23。

2017 年全国高等建设职业教育城乡规划与管理类专业学生培养情况　　表 1-23

专业	专业点		毕业人数		招生人数		在校人数	
	数量	占比（%）	数量	占比（%）	数量	占比（%）	数量	占比（%）
城乡规划	60	81.08	1808	88.32	1260	82.19	4746	88.56
城市信息化管理	5	6.76	54	2.64	201	13.11	306	5.71
村镇建设与管理	4	5.41	46	2.25	32	2.09	129	2.41
城乡规划与管理类其他专业	5	6.76	139	6.79	40	2.61	178	3.32
合计	74	100.00	2047	100.00	1533	100.00	5359	100.00

2017 年，城乡规划与管理类 3 个目录内专业均有院校开设，并开设了若干目录外专业（即表 1-23 中城乡规划与管理类其他专业）。

开办院校数。3 个目录内专业从多到少依次为：城乡规划（60 所，占比 81.08%），城市信息化管理（5 所，占比 6.76%），村镇建设与管理（4 所，占比 5.41%）。占比超过 20% 的专业只有城乡规划专业（占比 81.08%），与上年相同；占比较上年增加 2.04%。

毕业生数。3 个目录内专业从多到少依次为：城乡规划（1808 人，占比 88.32%）、城市信息化管理（54 人，占比 12.64%）、村镇建设与管理（46 人，占比 2.25%）。占比超过 20% 的专业只有城乡规划专业（88.32%），与上年相同；占比较上年增加 3.88%。

招生数。3 个目录内专业从多到少依次为：城乡规划（1260 人，占比 82.19%）、城市信息化管理（201 人，占比 13.11%）、村镇建设与管理（32 人，占比 2.09%），排列第二位、第三位较上年发生了变化。占比超过 20% 的专业只有城乡规划专业（82.19%），与上年相同；占比较上年减少 11.57%。

在校生数。3 个目录内专业从多到少依次为：城乡规划（4746 人，占比 88.56%）、城市信息化管理（306 人，占比 5.71%）、村镇建设与管理（129 人，占比 2.41%），排列第二位、第三位较上年发生了变化。占比超过 20% 的专业只有城乡规划专业（88.56%），与上年相同；占比较上年减少 0.94%。

综上分析，城乡规划与管理类专业分布极不均衡，城乡规划专业是其绝对主体，不论是开办院校数，还是毕业生数、招生数、在校生数均呈一花独放格局。

（3）土建施工类专业

2017 年全国高等建设职业教育土建施工类专业学生培养情况见表 1-24。

2017年全国高等建设职业教育土建施工类专业学生培养情况 表1-24

专业	专业点		毕业人数		招生人数		在校人数	
	数量	占比(%)	数量	占比(%)	数量	占比(%)	数量	占比(%)
建筑工程技术	730	84.98	108331	95.51	59677	90.13	227408	93.69
建筑钢结构工程技术	29	3.38	1257	1.11	742	1.12	2567	1.06
地下与隧道工程技术	51	5.94	2289	2.02	2439	3.68	6297	2.59
土木工程检测技术	30	3.49	1070	0.94	1690	2.55	4331	1.78
土建施工类其他专业	19	2.21	477	0.42	1662	2.51	2133	0.88
合计	859	100.00	113424	100.00	66210	100.00	242736	100.00

2017年，土建施工类4个目录内专业均有院校开设，并开设了若干目录外专业（即表1-24中土建施工类其他专业）。

开办院校数。4个目录内专业从多到少依次为：建筑工程技术（730所，占比84.98%）、地下与隧道工程技术(51所，占比5.94%)、土木工程检测技术(30所，占比3.49%)、建筑钢结构工程技术（29所，占比3.38%），排列第三位、第四位较上年有变化。占比超过20%的专业只有建筑工程技术专业（84.98%），与上年相同；占比较上年减少了1.3%。

毕业生数。4个目录内专业从多到少依次为：建筑工程技术（108331人，占比95.51%）、地下与隧道工程技术（2289人，占比2.02%）、建筑钢结构工程技术（1257人，占比1.11%）、土木工程检测（1070人，占比0.94%），排列顺序与上年相同。占比超过20%的专业只有建筑工程技术专业（95.51%），与上年相同；占比较上年减少了0.49%。

招生数。4个目录内专业从多到少依次为：建筑工程技术专业（59677人，占比90.13%）、地下与隧道工程技术专业（2439人，占比3.68%）、土木工程检测技术专业（1690人，占比2.55%）、建筑钢结构工程技术专业（742人，占比1.12%），排列顺序与上年相同。占比超过20%的专业只有建筑工程技术专业(90.13%)，与上年相同；占比较上年减少2.60%。

在校生数。4个目录内专业从多到少依次为：建筑工程技术专业(227408人，占比93.69%)、地下与隧道工程技术专业（6297人，占比2.59%）、土木工程检测技术专业（4331人，占比1.78%）、建筑钢结构工程技术专业（2567人，占比1.06%）。占比超过20%的专业只有建筑工程技术专业(93.69%)，与上年相同；占比较上年减少了1.09%。

综上分析，土建施工类专业分布极不均衡，建筑工程技术专业是其绝对主体，不论是开办院校数，还是毕业生数、招生数、在校生数均呈一花独放格局。

（4）建筑设备类专业

2017年全国高等建设职业教育建筑设备类专业学生培养情况见表1-25。

2017年全国高等建设职业教育建筑设备类专业学生培养情况　　表1-25

专业	专业点		毕业人数		招生人数		在校人数	
	数量	占比（%）	数量	占比（%）	数量	占比（%）	数量	占比（%）
建筑设备工程技术	87	17.94	3411	19.62	2451	17.44	8217	18.24
供热通风与空调工程技术	71	14.64	3073	17.68	1901	13.53	7043	15.64
建筑电气工程技术	103	21.24	3844	22.11	2244	15.97	8422	18.70
消防工程技术	22	4.54	392	2.26	579	4.12	1546	3.43
建筑智能化工程技术	191	39.38	6099	35.09	6422	45.70	18653	41.41
工业设备安装工程技术	7	1.44	344	1.98	171	1.22	620	1.38
建筑设备类其他专业	4	0.82	219	1.26	283	2.01	545	1.21
合计	485	100.00	17382	100.00	14051	100.00	45046	100.00

2017年，建筑设备类7个目录类专业除环境卫生工程技术专业外，其余6个专业均有院校开设，并开设了若干目录外专业（即表1-25中建筑设备类其他专业）。

开办院校数。6个目录内专业从多到少依次为：建筑智能化工程技术专业（191所，占比39.38%）、建筑电气工程技术专业（103所，占比21.24%）、建筑设备工程技术专业（87所，占比17.94%）、供热通风与空调工程技术专业（71所，占比14.64%）、消防工程技术专业（22所，占比4.54%）、工业设备安装工程技术专业（7所，占比1.44%），排列顺序与上年相同。占比超过20%的专业有2个，即建筑智能化工程技术专业（占比39.38%）和建筑电气工程技术专业（占比21.24%），与上年相同；两个专业合计占比为60.62%，较上年增加0.05%。

毕业生数。6个目录内专业从多到少依次为：建筑智能化工程技术专业（6099人，占比35.09%）、建筑电气工程技术专业（3844人，占比22.11%）、建筑设备工程技术专业（3411，占比19.62%）、供热通风与空调工程技术专业（3073人，占比17.68%）、消防工程技术专业（392人，占比2.26%）、工业设备安装工程技术专业（344人，占比1.98%），除第一、第二位外，其余位次发生了变化。占比超过20%的专业2有2个，即建筑智能化工程技术专业（占比35.09%）和建筑电气工程技术专业（占比22.11%），与上年相同；2个专业合计占比57.20%，较上年减少了2.58%。

招生数。6个目录内专业从多到少依次为：建筑智能化工程技术专业（6422

人，占比45.70%）、建筑设备工程技术专业（2451人，占比17.44%）、建筑电气工程技术专业（2244人，占比15.97%）、供热通风与空调工程技术专业（1901人，占比13.53%）、消防工程技术专业（579人，占比4.12%）、工业设备安装工程技术专业（171人，占比1.22%），除第一位外，其余位次较上年发生了变化。占比超过20%的专业只有建筑智能化工程技术专业（45.70%），与上年相同；占比较上年增加了2.52%。

在校生数。6个目录内专业从多到少依次为：建筑智能化工程技术专业（18653人，占比41.41%）、建筑电气工程技术专业（8422人，占比18.70%）、建筑设备工程技术专业（8217人，占比18.24%）、供热通风与空调工程技术专业（7043人，占比15.56%）、消防工程技术专业（1546人，占比3.43%）、工业设备安装工程技术专业（620人，占比1.38%），排列顺序与上年相同。占比超过20%的专业只有建筑智能化工程技术专业（占比41.41%），上年为建筑智能化工程技术专业和建筑电气工程技术专业。

综上分析，建筑设备类专业分布较为均衡，建筑智能化工程技术和建筑电气工程技术是该类专业的主体，两个专业的开办院校数、毕业生数、招生数、在校生数分别占总数的60.62%、57.20%、61.67%、60.11%。

（5）建设工程管理类专业

2017年全国高等建设职业教育建设工程管理类专业学生培养情况见表1-26。

2017年全国高等建设职业教育建设工程管理类专业学生培养情况 **表1-26**

专业	专业点		毕业人数		招生人数		在校人数	
	数量	占比（%）	数量	占比（%）	数量	占比（%）	数量	占比（%）
建设工程管理	355	23.78	30386	17.34	17031	16.37	61958	16.73
工程造价	759	50.84	127976	73.03	76235	73.26	272511	73.59
建筑经济管理	61	4.09	4099	2.34	2296	2.21	8380	2.26
建设工程监理	266	17.82	11204	6.39	5834	5.61	22566	6.09
建设项目信息化管理	27	1.81	159	0.09	832	0.80	1460	0.39
建设工程管理类其他专业	25	1.67	1424	0.81	1826	1.75	3411	0.92
合计	1493	100.00	175248	100.00	104054	100.00	370286	100.00

2017年，建设工程管理类5个目录内专业均有院校开设，并开设了若干目录外专业（即表1-26中建设工程管理类其他专业）。

开办院校数。5个目录内专业从多到少依次为：工程造价专业（759所，占比50.84%）、建设工程管理专业（355所，占比23.78%）、建设工程监理专业（266

所，占比 17.82%）、建筑经济管理专业（61 所，占比 4.09%）、建设项目信息化管理专业（27 所，占比 1.81%），排列顺序与上年相同。占比超过 20% 的专业有 2 个，即工程造价专业（占比 50.84%）、建设工程管理专业（占比 23.78%），与上年相同的；两个专业合计占比 74.62%，较上年增加了 0.5%。

毕业生数。5 个目录内专业从多到少依次为：工程造价专业（127976 人，占比 73.03%）、建设工程管理专业（30386 人，占比 17.34%）、建设工程监理专业（11204 人，占比 6.39%）、建筑经济管理专业（4099 人，占比 2.34%）、建设项目信息化管理专业（159 人，占比 0.09%），排列顺序与上年相同。占比超过 20% 的专业只有工程造价专业（占比 73.03%）与上年相同；占比增加了 0.35%。

招生数。5 个目录内专业从多到少依次为：工程造价专业（76235 人，占比 73.26%）、建设工程管理专业（17031 人，占比 16.372%）、建设工程监理专业（5834 人，占比 5.61%）、建筑经济管理专业（2296 人，占比 2.21%）、建设项目信息化管理专业（832 人，占比 0.80%）。占比超过 20% 的专业只有工程造价专业（占比 73.26%），与上年相同；占比增加了 0.79%。

在校生数。5 个目录内专业从多到少依次为：工程造价专业（272511 人，占比 73.59%）、建设工程管理专业（61958 人，占比 16.73%）、建设工程监理专业（22566 人，占比 6.09%）、建筑经济管理专业（8380 人，占比 2.26%）、建设项目信息化管理专业（1460 人，占比 0.39%），排列顺序与上年相同。占比超过 20% 的专业只有工程造价专业（占比 73.59%），与上年相同；占比增加了 0.8%。

综上分析，建设工程管理类专业分布不均衡，工程造价专业是名副其实的主体专业，其开办院校数、毕业生数、招生数以及在校生数，都位居该类专业首位，且除开办院校数占比为 50.84% 外，其余占比都超过 70%。

（6）市政工程类专业

2017 年全国高等建设职业教育市政工程类专业学生培养情况见表 1-27。

2017 年全国高等建设职业教育市政工程类专业学生培养情况　　表 1-27

专业	专业点		毕业人数		招生人数		在校人数	
	数量	占比（%）	数量	占比（%）	数量	占比（%）	数量	占比（%）
城市燃气工程技术	29	11.84	1203	13.80	609	7.76	2576	10.32
给水排水工程技术	72	29.39	2574	29.54	2168	27.61	7045	28.22
市政工程技术	141	57.55	4753	54.54	4828	61.49	14957	59.92
市政工程类专业	3	1.22	185	2.12	247	3.15	384	1.54
合计	245	100.00	8715	100.00	7852	100.00	24962	100.00

2017 年，市政工程类各目录内专业均有院校开设，并开设了若干目录外专

业（即表1-27中市政工程类其他专业）。

开办院校数。3个目录内专业从多到少依次为：市政工程技术专业（141所，占比57.55%）、给水排水工程技术专业（72所，占比29.39%）、城市燃气工程技术专业（29所，占比11.84%），排列顺序与上年相同。占比超过20%的专业有2个，即市政工程技术专业（占比57.55%）、给水排水工程技术专业（占比29.39%），与上年相同；两个专业的合计占比为86.94%，较上年减少了0.62%。

毕业生数。3个目录内专业从多到少依次为：市政工程技术专业（4753人，占比54.54%）、给水排水工程技术专业（2574人，占比29.54%）、城市燃气工程技术专业（1203人，占比13.80%），排列顺序与上年相同。占比超过20%的专业有2个，即市政工程技术专业（占比54.54%）、给水排水工程技术专业（占比29.54%）与上年相同；两个专业的合计占比为84.08%，较上年减少了2.97%。

招生数。3个目录内专业从多到少依次为：市政工程技术专业（4828人，占比61.49%）、给水排水工程技术专业（2168人，占比27.61%）、城市燃气工程技术专业（609人，占比7.76%），排列顺序与上年相同。占比超过20%的专业有2个，即市政工程技术专业（占比61.49%）、给水排水工程技术专业（占比27.61%），与上年相同；两个专业的合计占比为89.10%，较上年减少了0.25%。

在校生数。3个目录内专业从多到少依次为：市政工程技术专业（14957人，占比59.92%）、给水排水工程技术专业（7045人，占比28.22%）、城市燃气工程技术专业（2576人，占比10.32%），排列顺序与上年相同。占比超过20%的专业有2个，即市政工程技术专业（占比59.92%）、给水排水工程技术专业（占比28.22%），与上年相同；两个专业的合计占比为88.14%，较上年增加了1.18%。

综上分析，市政工程技术和给水排水工程技术专业是市政工程类专业的主体专业，两个专业的开办院校数、毕业生数、招生数、在校生数分别占总数的86.94%、84.08%、89.10%、88.14%。

（7）房地产类专业

2017年全国高等建设职业教育房地产类专业学生培养情况见表1-28。

2017年全国高等建设职业教育房地产类专业学生培养情况　　表1-28

专业	专业点		毕业人数		招生人数		在校人数	
	数量	占比（%）	数量	占比（%）	数量	占比（%）	数量	占比（%）
房地产经营与管理	171	40.91	5697	42.12	3999	41.14	12660	40.25
房地产检测与估价	43	10.29	1085	8.02	602	6.19	1920	6.10
物业管理	190	45.45	6023	44.53	4931	50.73	16050	51.03
房地产类其他专业	14	3.35	720	5.32	188	1.93	825	2.62
合计	418	100.00	13525	100.00	9720	100.00	31455	100.00

2017年，房地产类各目录内专业均有院校开设，并开设了若干目录外专业（即表1-28中房地产类其他专业）。

1）开办院校。3个目录内专业从多到少依次为：物业管理专业（190所，占比45.45%）、房地产经营与管理专业（171所，占比40.91%）、房地产检测与估价专业（43所，占比10.29%），排列顺序与上年相同。占比超过20%的专业有2个，即物业管理专业（占比45.45%）、房地产经营与管理专业（占比40.91%），与上年相同；两个专业的合计占比为86.36%，较上年减少了1.03%。

2）毕业生数。3个目录内专业从多到少依次为：物业管理专业（6023人，占比44.53%）、房地产经营与管理专业（5697人，占比42.12%）、房地产检测与估价专业（1085人，占比8.02%），排列顺序与上年相同。占比超过20%的专业有2个，即物业管理专业（占比44.53%）、房地产经营与管理专业（占比42.12%）与上年相同；两个专业的合计占比为86.65%，较上年减少了0.26%。

3）招生数。3个目录内专业从多到少依次为：物业管理专业（4931人，占比50.73%）、房地产经营与管理专业（3999人，占比41.14%）、房地产检测与估价专业（602人，占比6.19%），排列顺序与上年相同。占比超过20%的专业有2个，即物业管理专业（占比50.73%）、房地产经营与管理专业（占比41.14%），与上年相同；两个专业的合计占比为91.87%，较上年减少了1.31%。

4）在校生数。3个目录内专业从多到少依次为：物业管理专业（16050人，占比51.03%）、房地产经营与管理专业（12660人，占比42.25%）、房地产检测与估价专业（1920人，占比6.10%），排列顺序与上年相同。占比超过20%的专业有2个，即物业管理专业（占比51.03%）、房地产经营与管理专业（占比42.25%），与上年相同；两个专业的合计占比为93.28%，较上年增加了3.55%。

综上分析，房地产经营与估价和物业管理是房地产类专业的主体专业，两个专业的开办院校数、毕业生数、招生数、在校生数分别占总数的86.36%、86.65%、91.87%、93.28%。

1.2.2　高等建设职业教育发展面临的问题

在“质量工程”“高等职业教育创新发展三年行动计划（2015～2017年）”“院校内部质量保证体系”“现代学徒制”“课程思政”等制度和机制的推动下，我国各高等建设职业教育院校对立德树人、内涵建设、体制机制建设、校企深度融合的重视程度不断提高。对行业发展动态的关注度进一步增强，对企业及岗位需求与人才培养的关系进一步理顺，对先进职教理念与专业进入课程的重要性认识进一步提升，积极应对我国建筑行业转型升级的新形势、新要求、新机遇、新挑战，主动服务行业、企业，主动适应岗位要求的能力和自觉性有所增强。但在发展中仍存在诸多亟待解决的问题，与政府、行业、企业及学生的要求仍有一定的差距，这在一定程度上制约了高等建设职业教育的健康发展。特别是近几年高等建设职业教育在招生规模、办学点数量方面的缩减，其深层原因值得认真分析和研究。

1.2.2.1　政策利好、理念先进，更需要有“落地”的措施和方法

2018年9月，国家召开了全国教育大会，习近平总书记在会上作了重要讲话。这是继2014年全国职教会议以来，进一步突出了教育在民族振兴、社会进步的基石作用，进一步明确了教育是国之大计、党之大计的重要会议。近年来，国家和教育行政部门陆续出台了多项促进职业教育发展的政策，加大了对职业教育投入的力度，院校建设成效显著，职业教育在社会的影响力有所提高，职业教育和院校的发展建设进入了良性发展黄金时期。教育部《关于开展现代学徒制试点工作的意见》《高等职业教育创新发展三年行动计划（2015～2017年）》等指导性行动计划的发布，对今后一个时期职业教育的发展制定了明确的规划与路线图。党的“十九大”报告和习近平总书记重要讲话对职业教育在体系建设和服务领域提出的新要求，也为今后职业教育发展提供了更为系统的要求和更为广阔的空间。从职业教育发达国家的成功案例来看，职业教育的生存与发展均离不开政府引导与扶持、行业企业的关注与参与，职业教育是一种“院校与企业融合、知识与技能融合、育人与成才融合”的教育，具有典型的“跨界”特色。由于高职教育从教育属性来说兼顾“教育与职业，教育与培训”的双重色彩，毕业生的“专业与素养、应用性与可持续”是衡量人才培养质量的重要尺度，毕业生规格与职业岗位“无缝对接”是高职教育得以立足与发展的基本条件。院校教育对企业和社会资源参与教育的依赖程度较高，单靠职业院校的自身力量通常很难完成人才培养的全部任务。

近年来，推进职业教育发展的理论研究成果丰硕，顶层设计日渐完善，体系构建不断推进，多项促进职业教育发展的政策、规定也陆续出台。但这些政策在“落地与发挥实效”上仍然不够有力，有的是缺乏具体的实施细则，有的是积极的推进制度与机制相对滞后，在统筹协调方面没有形成“合力”，仍没有形成“多家参与、多方协力、齐抓共管”的机制。在行业企业参与职业教育法律与政策、校企深度融合制度建立与机制形成、调动企业参与人才培养积极性的配套激励政策、校外实训基地建设的体制机制、学生获取职业岗位证书有效途径的可行性研究、企业专家参与学校专业设计及教学活动的模式与激励制度等方面，均存在教育行政部门出台的政策得不到真正贯彻的问题。从实际的需要看，政府要真正从国家的层面认真研究、出台必要的法律和规则，在政策层面积极推进、在机制方面认真设计、在落实方面狠抓落实，把构建中国特色职

业教育体系看成是建设新时期中国特色社会主义的有机组成部分，通过锲而不舍的努力，制定真正能够有效实施的政府、行业、企业、院校齐心协力抓职业教育的制度，形成良性发展的氛围，最终形成促进我国职业教育良性发展的机制与文化。日前成立的国务院职业教育工作部际联席会议，应该成为破解以上难题的有利载体，值得期望。

1.2.2.2 社会认同度已成为新的制约因素，需要认真分析和应对

近年来，部分高职院校（尤其是行业外院校及地市级院校）高等建设职业教育新生录取分数已经触碰到当地高职招生录取的最低控制线，生源数量不足、难以完成招生计划、生源质量逐年下降。由于学历层次的限制和大量民办高职院校升格为本科，且招生分数逐年降低，高等建设职业教育面临生源数量不足的现象日益加重。受招生政策的制约，高职院校在与“三本”及民办本科高校在竞争时常常处于劣势，留给高职的生源数量明显不足。不断扩大的单独招生比例及技能高考的推进在吸引生源的同时又进一步加大了社会对高职教育认识的偏差和生源质量的下降，这种政策能否成为推进高职招生“保质量、成规模、可持续”动力，还需要时间的检验。

2015 年以来，高等建设职业教育招生规模从峰值开始下降，目前这个趋势仍在持续，这已经成为制约高等建设职业教育发展和自信心的制约因素之一。除上述原因之外，主要是社会对从事基本建设行业工作的认同度较低，尤其是一线及沿海城市的考生不愿意报考土建类专业，部分面向一线生产及施工岗位的专业也不受学生及家长青睐，更多的学生和家长不愿意从事“五加二、白加黑，风里来、雨里去”的艰苦工作。但同时建筑企业对技术技能型人才的需求仍很旺盛，普遍存在“企业有需求、有岗位，进口难、出口旺”的结构性失衡问题。

高等职业教育作为我国高等教育的一种类型，长期以来受到学历层次局限在专科水平的限制。学历上的缺陷使学生在就业谋职、落户安家、薪酬待遇、转岗提高等方面受到了较多的限制和歧视，这已成为制约部分优秀高职院校继续发展的瓶颈之一。

1.2.2.3 应用型本科和中职教育对高职教育发展提出了新挑战

随着 600 所本科院校转型，越来越多的本科院校开始关注技术应用领域的人才培养，越来越多的本科院校开始研究并应用“行动导向”课程模式，越来越多的本科院校开始把“怎么做”的知识作为课程的终极目标之一，越来越多的本科毕业生到建筑生产一线的技术及管理岗位就职。随着国家重视建筑生产一线人员的技能水平，建筑业转型升级把打造一支建筑产业工人队伍作为建设目标之一，加之我国在世界技能大赛屡创佳绩的推动，中职院校土建类专业对

专业核心能力的关注度逐渐向技能方面转移，办学特色更加鲜明。这种“上层重心下移，下层基础稳固”的局面使高等建设职业教育的传统空间有进一步被挤压的趋势，特别是建筑技术创新对高职就业岗位重心下移的需求增加，对高职在新形势下如何持续发展提出了新课题、新挑战。

1.2.2.4　专业布局需要进一步优化

改革开放以来，我国建筑业持续高速发展，市场人才需求也一直旺盛，高等建设职业教育一直呈现“规模持续扩张、全社会广泛参与”的局面。这其中既有市场需求旺盛的因素，也有盲目跟风的选择，在总体规模持续扩展的同时(这种局面在2015年起得到缓解)，结构性失衡的问题也比较突出。

据统计，2017年高等建设职业教育在校学生人数为900876人。《2015版高职高专专业目录》中，土建专业大类分为建筑设计类、城镇规划与管理类、土建施工类、建筑设备类、工程管理类、市政工程类、房地产类7个专业类，共设置32个专业。其中工程管理类在校生占比41.10%、土建施工类在校生占比26.94%、建筑设计类在校生占比20.10%，这3个专业类占整个土建类高职在校生总量的88.14%。分属于这3个专业类的工程造价、建筑工程技术、建筑装饰工程技术专业的在校生人数分别达到272511人、227408人、53883人，办学点数量分别为759个、730个、335个。而与国家倡导和行业转型需求对接度较高的村镇建设与管理专业、钢结构工程技术专业、城市信息化管理专业的在校生人数分别为129人、2567人、306人，办学点数量分别为4个、29个、5个。不论是从规模，还是从发展速度上，均与行业需求严重脱节。

专业设置过于向“热门专业”集中的问题仍然没有从根本上解决，当前在校生整体规模缩减的同时，仍有相当数量的新开设办学点，这既有主干与传统专业适应岗位数量多、就业面广、市场需求量大和市场认同度高的客观反应，也有部分院校“盲目跟风、仓促上马、无序竞争”的乱象。参与高等建设职业教育办学院校的背景繁杂、比较混乱。有些院校只是为了解决办学规模和招生的问题，没有经过细致的市场调研和论证，不顾自身行业、专业背景、适应市场及资源的实际，匆忙开办高职土建类专业，甘于在“低投入、粗加工”的背景下办学，“重包装、轻内涵”缺乏可持续发展的动力。部分院校前期调研不充分，不关注行业发展、技术进步和企业需求的实际，专业设置缺乏长远眼光，热衷于“抢市场、打快锤”的短期行为，缺乏创新意识、长远观点和积极投入的胆识，对具有潜在发展前景的新兴专业关注不够。在专业设置上盲目布点，没有形成以核心专业为引领的专业集群，很难形成相互支撑的发展团队，缺乏规模效益，不易实现资源共享，存在院校办学与企业需求不对称，信息不通畅，沟通不力的现象。

1.2.2.5 人才培养质量参差不齐，对整体形象有影响

据统计，2017 年开设高等建设职业教育专业的院校数量为 1184 个，办学点数量略有缩减（2016 年为 1193 个）。大多数院校在专业准确定位、理性面对人才市场、人才培养方案设计与优化、合理资源配置、校企深度融合机制的探索、新技术融入、努力提高人才培养质量方面做了积极的努力，办学整体质量有所提高。其中国家及省级示范校、骨干校在其中发挥了积极的引领、示范与骨干作用。但也存在部分高职院校在办学理念、专业设置、培养目标、适应岗位、课程体系及资源配置方面与市场要求存在偏差与脱节。仍习惯于眼光向内、关门办学，不关注我国建筑业转型升级的动态和趋势，不研究人才知识技能的更新，人才规格与行业企业需求严重脱节。还存在专业培养目标定位不准、描述不清，适应的岗位及岗位群轮廓不够清晰、合理，院校教育与岗位知识技能要求对接不上的现象。部分院校还沉浸在“低成本办学”的现状，在队伍建设、基地建设、资源建设方面投入很少或盲目投入，还习惯沉浸于“旺盛的市场需求，掩盖教育的不足”的局面当中。培养的人才多属于粗放的“毛坯型”，与培养“毕业即就业，能上岗、能顶岗”的成品型人才的目标存在相当大差距，学校没有真正完成“教书育人”的任务，把相当多的岗前培训和继续教育的责任留给了用人单位。课程体系创新不力、衔接不紧密，课程设置与培养目标契合度不高，课程内容和教学手段相对陈旧，仍然存在“随意设课、因师设课”的现象，对信息化技术的应用研究不到位，往往把其作为减轻教师劳动付出的工具。没有引入人才质量行业认证的理念与做法，制定的课程标准、评价指标体系没有企业专家参与，评价结论不够科学、准确。

1.2.2.6 真正实现“校企深度融合”的路还很长

近年来，教育行政部门在“校企合作”的基础上进一步提出了“校企深度融合”的新要求，这为土建类高职办学描绘出了新的、更高的前景。“协同创新”、“现代学徒制”等新理念的实施，为校企深度融合注入了新活力，也为土建类高职人才培养拓展了新空间。校企深度融合是职业教育突出特色，积极利用行业企业资源是院校完成人才培养的有力保障和必要途径。“综合实践与顶岗实习”是实践教学的核心环节，也是校企深度融合的核心任务之一。高等建设职业教育担负着为建筑生产一线培养适应基层技术及管理岗位要求的高素质技术技能型人才的责任，在现阶段，单靠学校的资源和力量很难完成这个任务。自从我国大力发展高职教育以来，在国家政策的引领下，在经过不长的探索和比对期之后，大多数高职院校均把“校企合作、工学结合”作为人才培养的主攻方向，创建了“2+1”“2.5+0.5”及“411”等多种人才培养模式，在实践中也取得了一定的成效，得到了各方面的认同。但在实践的“破冰期”之后，这种模式在

不同程度上遇到了合作水平提升不力、合作领域扩展不大、合作机制建设滞后、管理不够精细、学生配合不力、企业支撑不力的“天花板”。

目前，多数高职院校仍然停留在靠校友和感情维系校企合作、提供低成本劳动力来吸引企业参与的阶段，缺乏制度保障与可持续发展的推动力，也缺乏“利益共享、风险共担”的法律机制。校企合作动力和热情不均等，“学校热、企业冷”的现象普遍存在，“互动、共赢”的局面仍未真正形成。校企合作多数局限在学生顶岗实习这一环节，合作领域尚没有遍布教学全过程，与“双主体教学，双身份育人”的目标存在较大距离，合作水平也有待提升。在顶岗实习阶段，企业提供的岗位与学生的实习教学需求（岗位的对口率、轮岗的要求）仍然存在一定的矛盾与偏差。严密顶岗实习过程管理、科学设计评价指标方面还有许多工作要做。对学生企业实习实践的评价主体多为院校教师，企业专家的参与度不高。现代学徒制提出的“双主体、双身份”育人理念有可能成为破解以上问题的有效办法，但目前仍存在诸多法律、制度、体制和机制方面的问题，需要各方面协力攻关。

1.2.2.7 专业发展和水平不均衡，内涵建设亟待加强

目前仍有相当数量的院校在专业定位、内涵建设方面投入的精力不够，尤其是在人才培养方案编制方面投入的思考不多，缺乏准确定位和顶层设计，对课程体系关注多，对课程的价值和实效关注少。市场调研和论证不够充分，满足于“拿来主义”，自身特色体现的不够充分，“同质化”的现象比较普遍。缺乏对行业发展和岗位变迁的细分研究，与市场需求对接的不紧密。校本教学文件多处于“有无”阶段，与人才培养方案配套的课程标准存在缺失或执行不严的现象，院校教学质量内部监控体系建设相对滞后，对教学设计、教学过程及教学结果的评价仍处于粗放型阶段，没有真正形成“过程评价”体系；存在重课堂教学、轻实践教学的现象；教学督导体系的功能发挥不够充分，许多时候只是解决了“有没有”的问题，“重督轻导”的局面没有真正改观。部分院校在制定人才培养方案时没有认真关注行业的发展动态，仍然按照自身的行业背景和自身对专业的理解去设置课程体系。课程设置不够合理、内容陈旧，在一定程度上存在课程之间合作、衔接、支撑不够，课程体系存在缺失和空挡，“链条效应”不够鲜明，“相互支撑”不力的问题。

在我国建筑业转型升级的新形势下，部分院校对行业关注度不够，对我国建筑业倡导的建筑信息化、装配式建筑、新型城镇化、绿色建筑及智慧城市的意义与内涵领会不深，在教学过程中体现得不够充分。教学手段相对滞后，多数仍在采用传统的教学模式。理论研究的成果没有在教学活动中得到有效实施，课程改革的效应仍然没有真正惠及广大学生。一线教师，尤其是“双师素质”

教师的数量存在缺口，企业兼职教师的数量不足、也不够稳定。教师的教育理念、教学方法和职业操守有待进一步提高，在教学中没有充分体现教师为主导、学生为主体的教学思想，“因材施教”的理念在日常教学中没有得到真正的应用。对信息化教学手段的积极意义和对职业教育促进作用价值认识较为浮浅，经常把信息化教学手段当成减轻教师工作负担的工具，往往处于“表象化”的层面，注重表现、忽视内涵，没有从课程实效与学生需求的角度来有机应用。

1.2.2.8 院校实力差异较大，相当数量办学点实力有待提高

经过不断的建设和积累，当前国家及省级示范校、骨干校以及行业内高职院校的办学实力及资源配置相对齐整，部分院校已达到国内先进水平。越来越多的院校对内涵建设和资源配置的重视程度显著提高，但仍有相当数量的院校存在办学实力较弱，资源严重匮乏的现象。主要表现有以下几方面：一是缺乏合格的专业带头人。个别专业带头人业务能力和对专业建设的把控能力不强，甚至不具备本专业的教育背景，没有企业工作经历或经历浅薄，自身实力较差。有些院校存在把专业带头人“行政化”的现象，不论专业背景和业务能力，随意调岗、轮岗，在一定程度上影响了专业的可持续发展；二是师资数量不足、质量不高。普遍存在教师年龄和性别结构不够合理、专任教师数量不足的现象。教师的专业方向不能覆盖专业的教学核心环节，企业实践经历不足，不足以适应教学需求；三是研究水平不高、实践能力不强。专任教师多是“出了本科院校门，就进了高职院校门”，学校在引进专任教师时也把学历、专业和毕业院校作为核心要素，对综合素质关注度不够。许多新教师对职业教育特色和内涵缺乏切身体会及深入研究，通常没有经过充分的学习和企业实践就“仓促上阵”，导致一些应用型课程的教学效果受到影响；四是配套教学资源相对匮乏、质量不高。个别院校仍然依靠通用机房、定额、图集、参考书和少数低端仪器等简陋的辅助资源作为教学的支撑，而且更新不及时。教师“照本宣科”、学生“纸上谈兵”的现象普遍存在。有些院校虽然拥有部分校内教学资源，但缺乏整体设计、配套水平低、共享度差、系统性不强、应用效果不够理想。受出版界竞争的影响，许多教师热衷于使用“自编教材”，导致教材的质量整体不高，教学辅助功效降低；五是存在投入不足或盲目投入的问题。少数院校仍然热衷于“白手起家、低成本办学”，在师资队伍建设和教学资源配置方面投入不足。有些院校对有限的建设资金使用的合理论证不够，资金的使用效率不高，使用效果不理想，存在“形象工程、摆设工程，新建即落后、粗放建设”的现象。

1.2.2.9 仍然存在“关门办学”的现象，与行业脱节、与同行失联

2017 年，涉足高等建设职业教育的院校与办学点达到 1184 个，遍布国内各个省区市，办学主体、办学体制也存在较大差异。总的说来，行业内院校与

建设行业对接较为紧密，院校之间的沟通也较为频繁、有效。但院校之间交流互动仍然普遍存在“面不广、量不大”的现象，部分院校仍然处于“自娱自乐、关门办学”的状态，缺乏眼光向外、抱团取暖、协同发展的意识和行动。

在全国有1000余所院校开设有土建类高职专业的现状下，目前参与中国建设教育协会高等职业与成人教育专业委员会活动的会员单位只有不到200个，这其中还包括40余家本科继续教育学院、出版单位及科技企业。据统计，全国住房和城乡建设职业教育教学指导委员会能够有效联系到的高职院校也只有500余所，这其中多为行业内院校和办学规模大、办学历史长的省级高职院校。大多数开设有土建类专业的高职院校，尤其是边远省区、地市级及民办院校仍然游离在专业指导机构或学术社团的视线之外，没有与这些组织建立联系，也缺少和兄弟院校沟通的欲望，习惯处于“单打独斗、自我发展”的境地。这种局面导致院校之间信息不畅、沟通不力、互动交流不够，行业动态、人才新需求、专业建设与发展的前沿信息、新规范、新技术和最新的研究成果往往不能及时传递到全部院校，导致专业指导机构、行业社团和核心院校的指导与引领作用无法发挥，也不利于形成团队的合力与共同发声的良好环境。

1.2.2.10 专任教师队伍建设仍需加强，兼任教师队伍功效有待发挥

当前，高职院校师生比不合理的现象仍没有得到根本的缓解，受到学校编制、用人门槛的限制，专任教师，尤其是优秀的专任教师数量严重不足。由于本科及以上层次的教育与高职教育属于不同的类型，从这些院校引进的教师面临着比较繁重的“岗前培训、转观念、再教育”的任务，但实际上在高职院校新进的“大学生”教师往往没有经过认真的培训和再学习就承担了满额的教学任务，过早的成为“成熟的教学型教师”，没有去企业实习、参与工程实践的机会，也缺少工作压力。许多青年教师对积累工程实践经验的价值和紧迫感存在认识上的偏差，不愿意沉下去积累对今后工作有益的东西，习惯于“自己不会，但却指挥别人”，在一定程度上影响了人才培养质量，也不利于他们自身的发展。

从企业引进兼职教师参与院校教学，尤其是工程与实践类课程教学，这是一个解决当前师资问题的积极办法，也是探索校企深度融合的有效途径。但是在实施的时候经常遇到行业企业一流专家很难承担日常教学任务，院校所在地企业资源相对匮乏和薪酬缺乏吸引力的问题，导致行业企业专家主要是参与专业论证、专题讲座等阶段性教学工作，参与日常教学的比例较低，功效不突出。

1.2.2.11 对行业转型带来的新机遇、新挑战反应不一

当前，我国建筑业正处于转型升级的新时期，诸多新目标、新理念、新技术的课题有待解决，行业的转型必然会对从业人员的岗位构成、岗位内涵、岗位职责带来新的变化，也会对从业人员的知识技能提出新的要求。现阶段，大

部分院校对建筑业技术创新和管理创新（BIM、装配式建筑、综合管廊、绿色建筑、智慧城市等）的关注度较高，但也有少数院校对这个方面关注不够、投入不大、缺乏应对的策略。还普遍存在对新技术内涵领会不准确，应用程度肤浅、惠及面不大的问题。

1.2.3 促进高等建设职业教育发展的对策建议

针对目前高等建设职业教育普遍存在的主要问题，在政府不断出台扶持政策的支持与推动下，主要应在以下九个方面着重进行理论研究、积极实践和自身建设。

1.2.3.1 把握机遇、顺势而上，促进高等建设职业教育创新发展

把握住党的十九大建设新时代中国特色社会主义的时代定位，把握住全国教育大会的有利契机，把握住当前我国职业教育仍处于发展黄金时期的难得机遇，把握住国家倡导培养“大国工匠”的时代需求，认真学习、深入领会习近平总书记在全国教育大会重要讲话的精神，认真贯彻国务院《关于加快发展现代职业教育的决定》和全国职教会议确定发展职业教育的路线图，在《高等职业教育创新发展三年行动计划（2015～2017年）》收官之年，把以上利好政策和措施作为促进高等建设职业教育发展的有力抓手。在认真学习和领会职业教育发展顶层设计核心内涵的同时，更要把政策“尽快落地、有效实施、发挥功效”当成亟待完成的重要任务。

政府部门要创新工作思路和方法，在调查研究、倾听基层呼声的基础上出台配套的政策和规则，院校也要积极反映对政策期望的诉求。在政府的倡导下、在行业企业的扶持下，让有关政策和先进的职教理念得到配套制度的有力支持，使之早日进入学校，进入课堂，让学生受益。行业主管部门应继续保持和发扬重视教育，重视人才培养，重视队伍建设的优良传统，加大对高等建设职业教育的关注、指导和扶持力度，从有利于为党的事业培养合格接班人和为住建行业输送又好又多合格人才的高度来关注政策的落实。积极发挥国务院职业教育工作部际联席会议的职能和功效，协调有关部门，厘清相互的管理责任，开拓工作思路，出台能够真正调动企业积极性，有利于校企合作、共同培养人才而且能真正实施的政策与制度。在职教集团、混合所有制、现代学徒制、学分银行、校内外实训基地建设、各层级教育互通衔接、学生企业实践、学生在毕业时获取相应岗位证书或证书培训与学生在校学习相互衔接等方面为院校办学提供更加有力的政策支持。只有这些有利于高等建设职业教育发展的政策真正“落地并有效实施”，才能够实现有利于院校发展、有利于人才培养、有利于提升社会认同度，实现高等建设职业教育可持续发展的目标。

1.2.3.2　主动适应行业转型发展，注入新内涵、拓展新空间

近年来，在中央城市工作会议的重要精神的推动下，促进行业发展的政策不断出台，主要有：住建部发布的《住房城乡建设事业"十三五"规划纲要》、《中共中央国务院关于进一步加强城市规划建设管理工作的若干意见》、国务院办公厅《关于大力发展装配式建筑的指导意见》、住建部《2016-2020年建筑业信息化发展纲要》等一系列重要文件。这些文件对今后一个时期我国住房和城乡建设事业提出了转型发展的目标、任务、技术路线提出了明确的要求。

以BIM技术应用为核心的建筑信息化，以构建建筑工业化体系为目标的装配式建筑，以实现农村人口转移为标志的新型城镇化，以提高管理水平和宜居程度为目的智慧城市、城市综合管廊与海绵城市，以实现建筑可持续发展为前景的绿色建筑等新概念、新技术和新的管理模式正在成为我国住房和城乡建设领域可持续发展的新动力、新内容，建筑业管理模式的改革也为我国住房和城乡建设的发展提出了新要求。各院校应当密切关注、积极学习、主动适应这些新政策、新事物、新环境，并结合人才培养设计教学方案。把握住发展新机遇，并做好应对挑战的准备。在对传统主干专业进行优化调整的同时，更要认真研究伴随行业转型出现新岗位的需求，主动适应，早作谋划，尽快进入状态。

1.2.3.3　突出职教特色，立德树人、全面发展

正确面对当前高等建设职业教育面临的生源数量不足、生源质量不高、办学水平不一的现实。认真剖析行业企业对高职技术技能型人才规格、关键指标和发展预期的期望。在突出学生技术应用能力的同时，要下大气力研究培养学生职业操守、道德品质、团队意识、创新能力、健康心理的有效途径。借助国家倡导"课程思政"的契机，把育人理念融入院校教育的全过程，探索出一条适应我国高等建设职业教育人才培养实际需求的育人手段。

1.2.3.4　突出技术技能特色，扩大影响、创新发展

长期以来，建筑业一直是我国的国民经济支柱产业之一，在拉动经济发展、解决就业、造福民生的同时，旺盛的人才需求也为高等建设职业教育提供了广阔的发展空间。全国住房和城乡建设职业教育教学指导委员会、中国建设教育协会应在住建部、教育部的指导和统领下，利用各种渠道和媒介宣传、通报、推介建筑业的发展动态和趋势，使各院校了解、领会和掌握行业、企业对人才的需求。要主动宣传建筑转型对提高建筑技术含量、实现建筑产业化、对从业人员知识技能等方面的新变化、新需求，发展的新理念、新前景，消除社会对建筑业在认识上的疑虑和偏差，吸引更多的学生投身建筑业。

各院校要对认真学习、深入领会我国住房和城乡建设事业转型升级的内涵，尤其要密切关注新技术、新材料、新的施工方式的发展动态，做出合理的预判，

并在人才培养过程中加以体现。要理性面对建筑业技术创新对一线技术技能型人才知识技能的新要求，准确定位、合理把控，把新技术的核心与院校教育教学紧密结合。在准确领会行业转型升级的深远意义、技术路径、核心价值的基础上，要合理开设新专业、及时优化老专业和传统专业，大胆开拓、积极创办新专业。要创新人才培养方案、创新课程模式、构建优质教育教学资源，培养出更好、更多的创新创业人才，更好地为行业服务、为企业服务、为地方经济服务。

1.2.3.5 开阔视野、精准定位，提高服务能力和水平

高等建设职业教育应理性面对当前及今后一个时期仍然会存在的招生、生源质量、资源配置等方面存在的困难，根据普遍存在的“生源不同、层次不一”的实际，积极开展“因材施教，分层教学 ”方面的探索。要积极创新思维，从发挥社会服务职能、为行业人才培养服务的角度出发，积极拓展渠道，在完成学历教育的同时，眼光向外，转变观念，加大对业内人士培养培训的工作力度、提升服务能力。真正把为行业服务、为地方经济服务作为今后院校发展新的增长点，把社会服务能力作为助推学历教育水平提升的助推动力。在打造一支胜任教育培训需要,具备工程服务能力的“双师素质”专任教师队伍方面有所作为，使院校的服务领域逐步从全日制人才培养向教育培训、标准及工法研究、工程咨询与社会服务的领域扩展。通过服务能力的提高、服务领域的扩大、服务手段的更新来扩大院校的市场、提升院校的社会认同度，促进院校的发展。

认真研究建筑产业化对一线岗位的设置、职责、知识和技能的新变化、新要求，把进一步突出高职学生技能水平、就业岗位重心可能进一步下移作为人才培养的重要任务，理性面对、准确定位、积极引导。

1.2.3.6 发挥核心院校引领作用，促进办学水平整体提高

要继续充分发挥国家和省级示范校、骨干校和行业内核心院校在人才培养方面的引领、骨干作用。整合优势院校的优质资源，归纳和优化先进院校办学的成功经验，并利用各种媒介加以推广。发挥全国住房和城乡建设职业教育教学指导委员会、中国建设教育协会的专家机构与社团组织的作用，及时向各院校传递行业发展动态和企业对人才需求方面的信息，制定有关的教学指导文件，并通过多种形式进行宣贯，通过会议、论坛、竞赛、成果奖评等形式推广和交流先进的职教理念、教育教学模式。引领各院校根据自身的条件、资源、市场实际开展具有特色的建设，进一步提高规范办学和院校正规化建设的水平。借助教育行政部门在职业院校推进内部质量保证体系的契机，引导规范办学、突出自律、精益求精促发展的理念。

1.2.3.7 提高办学自律性、继续强化内涵建设

把加强内涵建设、特色建设作为院校发展建设的持续动力，调动各方面的积极性，结合院校发展的整体规划，在办学的全过程树立“质量第一、抓好内涵、创建品牌、持续发展”的理念。在世界主流教育思想的引领下，有机吸收国外（境外）的先进职教经验，并有所创新。积极探索在高等建设职业教育领域实施行动导向课程、现代学徒制、CDIO教育模式、极限学习、分类分层教学等新型人才培养和课程模式的有效途径，通过行之有效的人才培养过程来达到培养高质量创新创业人才的目标。

认真学习和领会教育部《院校人才培养质量“诊改”制度》文件的内涵和做法，借鉴本科院校实施土建类专业评估的成功经验，积极开展在高职院校引入人才培养质量行业评价制度的研究，并争取早日实施。通过行业评价，提升优秀院校的社会认同度和影响力，形成标杆、做出模板。依托住房和城乡建设行业，用行业和企业的用人标准、人才规格、业务要求、知识与技能水平作为评价人才培养质量的标尺，规范院校的办学行为，对不同院校进行分类指导，实现优胜劣汰，保证人才培养质量。

1.2.3.8 借助信息化技术，助推教学手段创新

在原有的基础上，继续认真落实教育部《教育信息化“十三五”规划》精神，积极推进信息化技术融入专业、融入课程，实现“人人皆学、时时可学、处处能学”的氛围。通过信息化技术的应用，探索适应高等建设职业教育特点、适应高职学生学习习惯、有利于教师教学和学生学习的有效途径。要积极推介行之有效的信息化教学方法与手段，使之“既好看、又好用”。鼓励教师与有关技术公司协同攻关，借助技术优势早日实现“仿真度高、人机互动、过程可控、感知性强”的实训环境。

充分利用当前职业教育发展的黄金时期和国家加大对职业教育投入的有利时机，以内涵建设为核心，搞好师资队伍、实训基地、教学资源配置的建设，把资源配置与教学需要有机结合。关注和应对我国住房和城乡建设转型升级的整体态势，在建筑信息化、装配式建筑、新型城镇化建设、绿色建筑新技术应用于教学方面进行积极的探索和实践。不断更新教学手段，探索适应高职生源实际和学习兴趣的教学情境和教学方法，因材施教，努力提高教学的增量效益。

1.2.3.9 畅通渠道、促进校际及校企合作

在住建部、教育部的统领下，充分发挥全国住房和城乡建设职业教育教学指导委员会“研究、指导、咨询、服务”的职能，发挥中国建设教育协会是住建部主管的行业社团组织的优势，广泛联系企业人力资源部门、院校、地方协会与培训机构的优势，把拓展工作覆盖领域、提高工作效能、增强活动吸引力

作为重点。通过细致的工作和活动，搭建不同背景、不同体制、不同地域、不同规模院校之间的互动与交流平台。通过创造性的思维，助推“校企深度融合”理念的贯彻实施，畅通校企合作的渠道，提高校企合作的水平。实现先进引领、协同发展、共同提高，为我国建筑业多做贡献的目标。

认真收集、及时整理、积极推广职业院校开展国际教育合作的成功案例，并加以推广。认真思考、积极探索高等建设职业教育参与“一带一路”的有效途径，在国际工程人才培养和国际化教育合作方面有所作为。

1.3 2017年中等建设职业教育发展状况分析

1.3.1 中等建设职业教育发展的总体状况

据教育部年度统计，2017年全国共有中等职业学校10671所，较上年的10893所减少222所，减少比例为2.04%。全国高中阶段教育的学校数为24618所，中等职业学校占高中阶段教育学校总数的43.35%。2017年全国中职教育在学规模1592.5万人，较2016年的1599.0万人减少约6.5万人，减少比例为0.41%。2017年全国中职教育在学规模数占高中阶段教育在学规模数3971.0万人的比例为40.10%。

2017年，开办中职教育土木建筑类专业的学校为1667所，占全国中职学校总数的15.62%，开办数较2016年的1735所减少68所，减少比例为3.92%。开办土木建筑类专业点数2772个，较2016年的2860个减少88个，减少比例为3.08%；毕业生数18.46万人，较2016年的20.25万人减少1.79万人，减少比例为8.84%；招生人数14.45万人，较2016年的15.11万人减少0.66万人，减少比例为4.37%；在校生规模达40.82万人，较2016年的47.16万人减少6.34万人，减少比例为13.44%。

图1-9、图1-10分别示出2014～2017年全国土木建筑类中等职业教育开办学校、开办专业情况和学生培养情况。

1.3.1.1 土木建筑类中职教育学生按学校类别培养情况

1. 土木建筑类中职教育学生按学校类别分布情况

2017年开办中职教育土木建筑类的学校分为六类，即：调整后中等职业学校（原普通中等专业学校）、职业高中学校、中等技术学校、成人中等专业学校、附设中职班和其他中职机构。与2016年相比，开办的学校类别未发生变化。

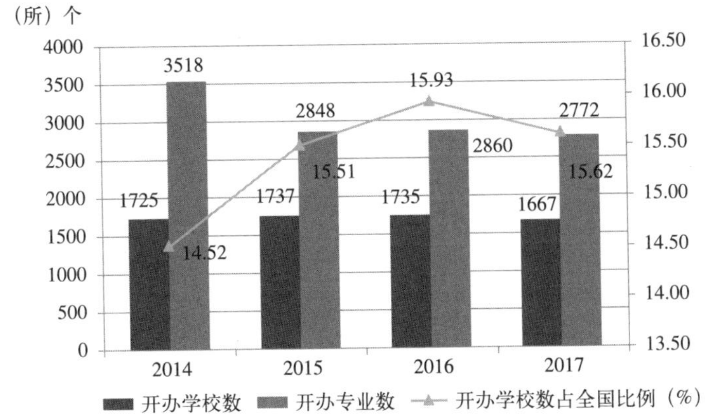

图 1-9　2014～2017 年全国土木建筑类中等职业教育开办学校、开办专业情况

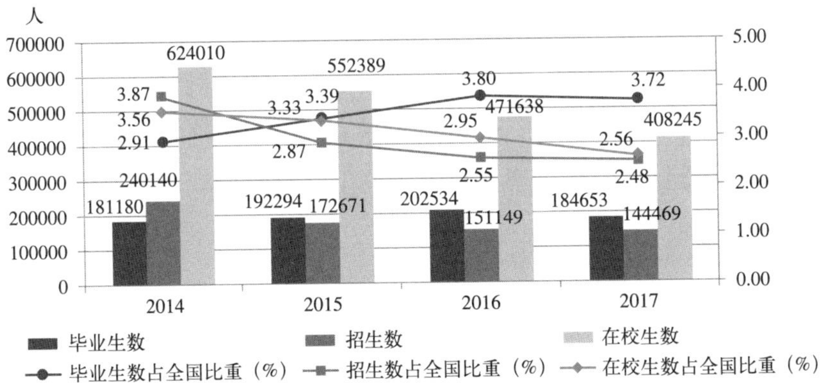

图 1-10　2014～2017 年全国土木建筑类中等职业教育学生培养情况

2017 年土木建筑类中职教育学生按学校类别的分布情况列于表 1-29。

2017 年土木建筑类中职教育学生按学校类别分布情况　　表 1-29

学校类别	开办学校		开办专业		毕业人数		招生人数		在校人数	
	数量	占比（%）	数量	占比（%）	数量	占比（%）	数量	占比（%）	数量	占比（%）
调整后中等职业学校	229	13.74	410	14.79	33392	18.08	25003	17.31	73917	18.11
职业高中学校	590	35.39	765	27.60	50807	27.51	45406	31.43	114418	28.03
中等技术学校	440	26.39	847	30.56	62861	34.04	49144	34.02	142782	34.97
成人中等专业学校	47	2.82	80	2.89	5405	2.93	6172	4.27	15519	3.80
附设中职班	329	19.74	622	22.44	29794	16.14	17257	11.95	56653	13.88
其他中职机构	32	1.92	48	1.74	2394	1.29	1487	1.03	4956	1.21
合计	1667	100.00	2772	100.00	184653	100.00	144469	100.00	408245	100.00

按表1-29分析，2017年土木建筑类中职教育学生按学校类别的分布情况如下：

在全国3346所调整后中等职业学校中，229所开办土木建筑类专业，占调整后中等职业学校总数的6.84%，占开办土木建筑类专业中等职业学校总数的13.74%。调整后中等职业学校开办的专业点410个、毕业生数33392人、招生人数25003人、在校人数73917人，分别占土木建筑类专业中职教育总数的14.79%、18.08%、17.31%、18.11%。

在全国3617所职业高中学校中，590所开办土木建筑类专业，占职业高中学校总数的16.31%，占开办土木建筑类专业中等职业学校总数的35.39%。职业高中学校开办的专业点765个、毕业生数50807人、招生人数45406人、在校人数114418人，分别占土木建筑类专业中职教育总数的27.60%、27.51%、31.43%、28.03%。

全国2490所中等技术学校中，440所开办土木建筑类专业，占中等技术学校总数的17.67%，占开办土木建筑类专业中等职业学校总数的26.39%。中等技术学校开办的专业点847个、毕业生数62861人、招生人数49144人、在校人数142782人，分别占土木建筑类专业中职教育总数的30.56%、34.04%、34.02%、34.97%。

在全国1218所成人中等专业学校中，47所开办土木建筑类专业，占成人中等专业学校总数的3.86%，占开办土木建筑类专业中等职业学校总数的2.82%。成人中等专业学校开办的专业点80个、毕业生数5405人、招生人数6172人、在校人数15519人，分别占土木建筑类专业中职教育总数的2.89%、2.93%、4.27%、3.80%。

在全国1221个附设中职班中，329个开办土木建筑类专业，占附设中职班总数的26.95%，占开办土木建筑类专业中等职业学校总数的19.74%。附设中职班开办的专业点622个、毕业生数29794人、招生人数17257人、在校人数56653人，分别占土木建筑类专业中职教育总数的22.44%、16.14%、11.95%、13.88%。

在全国312个其他中职机构中，32个开办土木建筑类专业，占其他中职机构总数的10.26%，占开办土木建筑类专业中等职业学校总数的1.92%。其他中职机构开办的专业点48个、毕业生数2394人、招生人数1487人、在校人数4956人，分别占土木建筑类专业中职教育总数的1.74%、1.29%、1.03%、1.21%。

按表1-29的统计数据分析，调整后中等职业学校、职业高中学校和中等技术学校等3个学校类别的开办学校数为1259所，占开办中职教育土木建筑类专业学校总数的75.52%；开办专业数为2053个，占开办土木建筑类专业点总数的74.06%；毕业生人数达147060人，占土木建筑类专业毕业生总数的79.64%；招生人数达119553人，占比达82.75%；在校生人数达331117人，占比达81.11%，每所学校平均在校生数为263人。

与2016年相比，土木建筑类中职生按学校类别分布情况的变化如下：

调整后中等职业学校的开办数、开办的土木建筑类专业点数、招生数、在校生数分别减少7所、9个、2462人、13657人，下降幅度分别为2.97%、2.15%、8.96%、15.59%；毕业生数增加2190人，增加幅度为7.02%。

职业高中学校的开办数、开办的土木建筑类专业点数、毕业生数、在校生数分别减少29所、31个、6425人、12121人，下降幅度分别为4.68%、3.89%、11.23%、9.58%；招生数增加1588人，增加幅度为3.62%。

中等技术学校的开办数、开办的土木建筑类专业点数、毕业生数、招生数、在校生数分别减少16所、36个、12662人、4049人、21398人，下降幅度分别为3.51%、4.08%、16.77%、7.61%、13.03%。

职业高中学校的开办数、开办的土木建筑类专业点数、毕业生数分别减少5所、12个、1847人，下降幅度分别为9.62%、13.04%、25.47%；招生数、在校生数分别增加876人、330人，增加幅度分别为16.54%和2.17%。

附设中职班的开办数、招生数、在校生数分别减少6所、2367人、15600人，下降幅度分别为1.79%、12.06%、21.59%；开办的土木建筑类专业点数、毕业生数分别增加8个、2241人，增加幅度分别为1.30%和8.13%。

其他中职机构的开办数、开办的土木建筑类专业点数、毕业生数、招生数、在校生数分别减少5所、8个、1378人、266人、947人，下降幅度分别为13.51%、14.29%、36.53%、15.17%、16.04%。

2. 土木建筑类中职教育学生按学校隶属关系分布情况

2017年，土木建筑类中职教育学生的学校隶属关系分为四类：一是隶属教育行政部门，包括省级教育部门、地级教育部门和县级教育部门；二是隶属行业行政主管部门，包括国务院国有资产监督管理委员会、中央其他部门、省级其他部门、地级其他部门和县级其他部门；三是隶属企业，包括中国建筑工程总公司、中国石油天然气集团公司、地方企业；四是民办。与2016年比较，2017年土木建筑类中职教育学生的学校隶属关系没有变化。

2017年全国土木建筑类中等职业教育学生按学校隶属关系的分布情况列于表1-30。

2017 年土木建筑类中职教育学生按学校隶属关系分布情况　　表 1-30

学校隶属关系		开办学校		开办专业		毕业人数		招生人数		在校人数	
		数量	占比（%）	数量	占比（%）	数量	占比（%）	数量	占比（%）	数量	占比（%）
教育行政部门	省级教育部门	94	5.64	187	6.75	16131	8.74	11070	7.66	33213	8.13
	地级教育部门	313	18.78	588	21.21	36573	19.81	28732	19.89	80080	19.62
	县级教育部门	635	38.09	828	29.87	57338	31.05	47012	32.54	128720	31.53
	小计	1042	62.51	1603	57.83	110042	59.60	86814	60.09	242013	59.28
行业行政主管部门	国务院国有资产监督管理委员会	1	0.06	1	0.04	117	0.06	30	0.02	254	0.06
	中央其他部门	1	0.06	2	0.07	40	0.02	147	0.10	342	0.08
	省级其他部门	179	10.74	446	16.09	36233	19.62	23684	16.39	74000	18.13
	地级其他部门	115	6.90	213	7.68	13258	7.18	10461	7.24	30966	7.59
	县级其他部门	12	0.72	24	0.87	1398	0.76	1207	0.84	2706	0.66
	小计	308	18.48	686	24.75	51046	27.64	35529	24.59	108268	26.52
企业	中国建筑工程总公司	1	0.06	8	0.29	555	0.30	221	0.15	651	0.16
	中国石油天然气集团公司	1	0.06	1	0.04	77	0.04	0	0.00	0	0.00
	地方企业	15	0.90	27	0.97	1628	0.88	1727	1.20	5098	1.25
	小计	17	1.02	36	1.30	2260	1.22	1948	1.35	5749	1.41
民办		300	18.00	447	16.13	21305	11.54	20178	13.97	52215	12.79
合计		1667	100.00	2772	100.00	184653	100.00	144469	100.00	408245	100.00

按表 1-30 分析，2017 年土木建筑类中职教育学生按学校隶属关系的分布情况如下：

开办中职教育土木建筑类专业的学校中，隶属教育行政部门的学校为 1042 所，占开办中职教育土木建筑类专业学校总数的 62.51%，其开办的专业点 1603 个、毕业生人数 110042 人、招生人数 86814 人、在校生人数 242013 人，分别占土木建筑类专业中职教育总数的 57.83%、59.60%、60.09%、59.28%。

开办中职教育土木建筑类专业的学校中，隶属行业行政主管部门的学校为 308 所，占开办中职教育土木建筑类专业学校总数的 18.48%，其开办的专业点 686 个、毕业生人数 51046 人、招生人数 35529 人、在校生人数 108268 人，分别占土木建筑类专业中职教育总数的 24.75%、27.64%、24.59%、26.52%。

开办中职教育土木建筑类专业的学校中，隶属企业的学校为 17 所，占开办中职教育土木建筑类专业学校总数的1.02%，其开办的专业点36个、毕业生人数2260人、招生人数1948人、在校生人数5749人，分别占土木建筑类专业中职教育总数的1.30%、1.22%、1.35%、1.41%。

开办中职教育土木建筑类专业的学校中，民办学校共300所，占开办中职教育土木建筑类专业学校总数的18.00%，其开办的专业点447个、毕业生人数21305人、招生人数20178人、在校生人数52215人，分别占土木建筑类专业中职教育总数的16.13%、11.54%、13.97%、12.79%。

按在校生规模，四类隶属关系的学校从大到小依次为：隶属教育行政部门的学校（占比59.28%）、隶属行业行政主管部门的学校（占比26.52%）、民办学校（占比12.79%）、隶属企业的学校（占比1.41%）。我国开办土木建筑类专业中职教育学校的举办者主要是教育行政部门和行业行政主管部门，在校生规模合计占比达85.80%。如将中职教育学校按公办学校、民办学校作分类统计，则我国开办土木建筑类专业的中职教育学校主要为公办学校，其在校生规模合计占87.21%，民办学校仅占12.79%。

与2016年相比，土木建筑类中职学生按学校隶属关系分布情况的变化如下：

隶属教育行政部门的学校开办数、开办的土木建筑类专业点数、毕业生数、招生数、在校生数分别减少35所、49个、15396人、5416人、40288人，下降幅度分别为3.25%、2.97%、12.27%、5.87%、14.27%。

隶属行业行政主管部门的学校开办数、开办的土木建筑类专业点数、毕业生数、招生数、在校生数分别减少17所、28个、2353人、1790人、19311人，下降幅度分别为5.23%、3.92%、4.41%、4.80%、15.14%。

隶属企业的学校开办数、开办的土木建筑类专业点数、招生数、在校生数分别减少2所、1个、171人、547人，下降幅度分别为10.53%、2.70%、8.07%、8.69%。毕业生数增加25人，增加幅度为1.12%。企业办学的在校生规模进一步减小。

民办学校开办数、开办的土木建筑类专业点数、毕业生数、在校生数分别减少14所、10个、157人、3247人，下降幅度分别为4.46%、2.19%、0.73%、5.85%。招生数增加697人，增加幅度为3.58%。

按在校生规模，四类隶属关系的学校从大到小的顺序未变，占比变化为：隶属教育行政部门的学校占比下降0.58%，隶属行业行政主管部门的学校占比下降0.53%，民办学校占比增加1.03%，隶属企业的学校占比增加0.08%。民办学校开办土木建筑类中等职业教育规模的比重逐步增大。

1.3.1.2 土木建筑类中职教育学生按地区培养情况

1. 土木建筑类中职教育学生按各大区域分布情况

根据华北（含京、津、冀、晋、蒙）、东北（含辽、吉、黑）、华东（含沪、苏、浙、皖、闽、赣、鲁）、中南（含豫、鄂、湘、粤、桂、琼）、西南（含渝、川、贵、云、藏）、西北（含陕、甘、青、宁、新）等6个区域板块划分，2017年土木建筑类中职教育学生按各大区域板块分布情况，见表1-31所示。

2017年土木建筑类中职教育学生按区域板块分布情况　　表1-31

地区	开办学校		开办专业		毕业人数		招生人数		在校人数		招生数较毕业生数增幅（%）
	数量	占比（%）	数量	占比（%）	数量	占比（%）	数量	占比（%）	数量	占比（%）	
华北	233	13.98	346	12.48	18670	10.11	14768	10.22	41999	10.29	−20.90
东北	123	7.38	219	7.90	5716	3.09	4488	3.11	13010	3.19	−21.48
华东	477	28.61	837	30.19	57662	31.23	46015	31.85	131487	32.21	−20.20
中南	343	20.57	577	20.82	43741	23.69	36536	25.29	104156	25.51	−16.47
西南	315	18.90	535	19.30	46553	25.21	33113	22.92	90326	22.12	−28.87
西北	176	10.56	258	9.31	12311	6.67	9549	6.61	27267	6.68	−22.44
合计	1667	100.00	2772	100.00	184653	100.00	144469	100.00	408245	100.00	−21.76

据表1-31分析，2017年土木建筑类中职教育学生按各大区域分布的特点如下：

开办学校数从多到少依次为：华东、中南、西南、华北、西北、东北地区，分别为477、343、315、233、176、123所。处于前两位的华东、中南地区共820所，近六大区域总数的一半，占总数的49.19%。处于后两位的西北、东北地区共299所，占总数的17.94%。

专业点数从多到少依次为：华东、中南、西南、华北、西北、东北地区，分别为837、577、535、346、258、219个。处于前两位的华东、中南地区共1414个，超过六大区域总数的一半，占总数的51.01%。处于后两位的西北、东北地区共477个，占总数的17.21%。

毕业生人数从多到少依次为：华东、西南、中南、华北、西北、东北地区，分别为57662、46553、43741、18670、12311、5716人，分别占总数的31.23%、25.21%、23.69%、10.11%、6.67%、3.09%。处于前两位的华东、西南地区共104215人，超过六大区域总数的一半，占总数的56.44%。处于后两位的西北、东北地区共18027人，占总数的9.76%。

招生人数从多到少依次为：华东、中南、西南、华北、西北、东北地区，分别为46015、36536、33113、14768、9549、4488人，分别占总数的31.85%、25.29%、22.92%、10.22%、6.61%、3.11%。处于前两位的华东、中南地区共

82551人，超过六大区域总数的一半，占总数的57.14%。处于后两位的西北、东北地区共14037人，占总数的9.72%。

在校生人数从多到少依次为：华东、中南、西南、华北、西北、东北地区，分别为131487、104156、90326、41999、27267、13010人，分别占总数的32.21%、25.51%、22.12%、10.29%、6.68%、3.19%。处于前两位的华东、中南地区共235643人，超过六大区域总数的一半，占总数的57.72%。处于后两位的西北、东北地区共40277人，占总数的9.87%。

从统计分析可见，各大区域的开办学校数、专业点数、招生人数、在校生人数等四项数据，华东和中南地区均处于前两位，中南地区仅毕业生人数处于第三位。华东和中南地区的表中数据，其数量之和都接近或超过六大区域总数的一半，达到49.19%～57.72%。可以看出，中等建设职业教育的区域发展情况，与区域人口规模、经济发展水平和中等建设职业教育的发展水平等方面是一致的。

与2016年相比，2017年土木建筑类中职教育学生按各区域分布变化有以下特点：

开办学校数均为减少。2016年各大区域的开办学校数从多到少依次为：华东497所、中南364所、西南325所、华北238所、西北177所、东北134所。2017年各大区域按开办学校数减少幅度从大到小依次为：东北减少11所，降幅8.21%；中南减少21所，降幅5.77%；华东减少20所，降幅4.02%；西南减少10所，降幅3.08%；华北减少5所，降幅2.10%；西北减少1所，降幅0.56%。

在校生规模继续减少。2016年各大区域在校生人数从多到少依次为：华东149821人、中南115784人、西南111037人、华北47160人、西北33046人、东北14790人。2017年各大区域按在校生规模减小幅度从大到小依次为：西南减少20711人，降幅18.65%；西北减少5779人，降幅17.49%；华东减少18334人，降幅12.24%；东北减少1780人，降幅12.04%；华北减少5161人，降幅10.94%；中南减少11628人，降幅10.04%。

招生数较毕业生数增幅指标继续为负值。2016年各大区域的招生数较毕业生数增幅指标分别为：中南地区为−14.17%、华北地区为−22.79%、华东地区为−25.41%、西北地区为−29.81%、西南地区−32.50%、东北地区−36.66%。2017年各大区域按招生数较毕业生数增幅指标从大到小依次为：中南地区为−16.47%、华东地区−20.20%、华北地区−20.90%、东北地区−21.48%、西北地区−22.44%、西南地区−28.87%。

2. 土木建筑类中职教育学生按省级行政区分布情况

2017年土木建筑类中职教育学生按省级行政区分布情况，见表1-32。

2017 年土木建筑类中职教育学生按地区分布情况　　表 1-32

地区	开办学校		开办专业		毕业人数		招生人数		在校人数		招生数较毕业生数增幅（%）
	数量	占比（%）	数量	占比（%）	数量	占比（%）	数量	占比（%）	数量	占比（%）	
北京	16	0.96	31	1.12	1056	0.57	509	0.35	2058	0.50	-51.80
天津	5	0.30	15	0.54	812	0.44	1366	0.95	3529	0.86	68.23
河北	98	5.88	127	4.58	8206	4.44	7576	5.24	20590	5.04	-7.68
山西	45	2.70	71	2.56	4584	2.48	3040	2.10	9337	2.29	-33.68
内蒙古	69	4.14	102	3.68	4012	2.17	2277	1.58	6485	1.59	-43.25
辽宁	33	1.98	59	2.13	2123	1.15	1642	1.14	3907	0.96	-22.66
吉林	47	2.82	76	2.74	1632	0.88	1438	1.00	4504	1.10	-11.89
黑龙江	43	2.58	84	3.03	1961	1.06	1408	0.97	4599	1.13	-28.20
上海	8	0.48	26	0.94	1710	0.93	1569	1.09	5440	1.33	-8.25
江苏	90	5.40	164	5.92	12450	6.74	9187	6.36	26509	6.49	-26.21
浙江	60	3.60	124	4.47	8953	4.85	7887	5.46	24057	5.89	-11.91
安徽	85	5.10	130	4.69	10285	5.57	11549	7.99	25828	6.33	12.29
福建	83	4.98	170	6.13	9372	5.08	6053	4.19	19178	4.70	-35.41
江西	45	2.70	73	2.63	4559	2.47	2551	1.77	8524	2.09	-44.04
山东	106	6.36	150	5.41	10333	5.60	7219	5.00	21951	5.38	-30.14
河南	153	9.18	247	8.91	17870	9.68	15625	10.82	42244	10.35	-12.56
湖北	38	2.28	62	2.24	4133	2.24	3287	2.28	10552	2.58	-20.47
湖南	61	3.66	95	3.43	5607	3.04	5562	3.85	15118	3.70	-0.80
广东	47	2.82	83	2.99	7393	4.00	4882	3.38	16603	4.07	-33.96
广西	36	2.16	67	2.42	8066	4.37	6408	4.44	17836	4.37	-20.56
海南	8	0.48	23	0.83	672	0.36	772	0.53	1803	0.44	14.88
重庆	51	3.06	77	2.78	8086	4.38	3579	2.48	12798	3.13	-55.74
四川	109	6.54	158	5.70	18644	10.10	12681	8.78	31059	7.61	-31.98
贵州	61	3.66	113	4.08	8397	4.55	6772	4.69	18554	4.54	-19.35
云南	88	5.28	175	6.31	11140	6.03	9759	6.76	26912	6.59	-12.40
西藏	6	0.36	12	0.43	286	0.15	322	0.22	1003	0.25	12.59
陕西	46	2.76	61	2.20	2289	1.24	1314	0.91	3846	0.94	-42.60
甘肃	52	3.12	70	2.53	3105	1.68	2678	1.85	6718	1.65	-13.75
青海	11	0.66	17	0.61	644	0.35	596	0.41	2117	0.52	-7.45
宁夏	15	0.90	29	1.05	1490	0.81	1299	0.90	3645	0.89	-12.82
新疆	52	3.12	81	2.92	4783	2.59	3662	2.53	10941	2.68	-23.44
合计	1667		2772		184653		144469		408245		-21.76

据表1-32分析，2017年土木建筑类中职教育学生按省级行政区分布的特点如下：

开办学校数最多的前五位是河南153所、四川109所、山东106所、河北98所、江苏90所，分别占全国总数的9.18%、6.54%、6.36%、5.88%、5.40%。开办学校数在末三位的是海南8所、西藏6所、天津5所，分别占全国总数的0.48%、0.36%、0.30%。

专业点数最多的前五位是河南247个、云南175个、福建170个、江苏164个、四川158个，分别占全国总数的8.91%、6.31%、6.13%、5.92%、5.70%。专业点数在末三位的是青海17个、天津15个、西藏12个，分别占全国总数的0.61%、0.54%、0.43%。

毕业生人数超万人有6个省，分别是四川18644人、河南17870人、江苏12450人、云南11140人、山东10333人、安徽10285人，分别占全国总数的10.10%、9.68%、6.74%、6.03%、5.60%、5.57%。毕业生人数在末三位的是海南672人、青海644人、西藏286人，分别占全国总数的0.36%、0.35%、0.15%。

招生人数超万人有3个省，分别是河南15625人、四川12681人、安徽11549人，分别占全国总数的10.82%、8.78%、7.99%。其次是云南9759人、江苏9187人，分别占全国总数的6.67%、6.36%。招生人数在末三位的是青海596人、北京509人、西藏322人，分别占全国总数的0.41%、0.35%。0.22%。

在校生人数超4万人的有河南42244人，占全国总数的10.35%；超3万人的有四川31059人，占全国总数的7.61%；超2万人有6个省，分别是云南26912人、江苏26509人、安徽25828人、浙江24057人、山东21951人、河北20590人，分别占全国总数的6.59%、6.49%、6.33%、5.89%、5.38%、5.04%。在校生人数在末三位的是北京2058人、海南1803人、西藏1003人，分别占全国总数的0.50%、0.44%、0.25%。

招生数较毕业生数增幅指标，有28个省级行政区为负值，招生数小于毕业生数；仅有3个省级行政区为正值，招生数大于毕业生数。招生数较毕业生数减少幅度大于50%的有2个，依次为北京（51.8%）、重庆（55.74%）；减少幅度为50%～40%的有3个，依次为江西（44.04%）、内蒙古（43.25%）、陕西（42.60%）；减少幅度为40%～30%的有5个，依次为福建（35.41%）、广东（33.96%）、山西（33.68%）、四川（31.98%）、山东（30.14%）；减少幅度为30%～20%的有6个，依次为黑龙江（28.20%）、江苏（26.21%）、新疆（23.44%）、辽宁（22.66%）、广西（20.56%）、湖北（20.47%）；减少幅度为20%～10%的有7个，依次为贵州（19.35%）、甘肃（13.75%）、宁夏（12.82%）、河南（12.56%）、云南（12.40%）、浙江（11.91%）、吉林（11.89%）；减少幅度在10%以下的有4个，依次为上海（8.25%）、河北（7.68%）、青海（7.45%）、湖南（0.80%）。招生数较毕业生数相比有增幅的3个省级行政区依次为天津（68.23%）、西藏（12.59%）、安徽（12.29%）。

与2016年相比，2017年土木建筑类中职教育学生按省级行政区分布情况变化如下：

开办学校数。在31个省级行政区中，有9个增加，3个持平，19个减少。数量增加的9个省级行政区及其增量依次为广西5所，重庆、云南、西藏、新疆各2所，北京、天津、河北、江西各1所。持平的3个省级行政区为上海、甘肃、青海。数量减少超过5所的省级行政区有9个，依次为贵州（10所）、内蒙古（7所）、辽宁（7所）、福建（7所）、湖北（7所）、河南（6所）、四川（6所）、安徽（5所）、广东（5所）。

在校生规模。2016年在校生规模较上年有所增加的省级行政区为天津、广东、西藏，2017年为天津、安徽、西藏，28个省级行政区的在校生规模持续减少。2017年较2016年在校生规模的降幅超过20%的有6个，依次为陕西（34.68%）、重庆（29.28%）、内蒙古（27.31%）、北京（25.19%）、江西（21.58%）、四川（20.14%）；降幅为20%～10%的有12个，依次为福建（19.49%）、贵州（18.44%）、江苏（17.99%）、广东（17.13%）、山东（16.53%）、甘肃（16.45%）、黑龙江（15.13%）、新疆（14.24%）、辽宁（13.79%）、宁夏（12.17%）、广西（11.66%）、云南（11.21%）。

1.3.1.3 土木建筑类中职教育学生按专业培养情况

中等建设职业教育以《中等职业学校专业目录（2010年修订）》土木水利类（代码0400）设置的建筑工程施工等18个专业为主，并包括各省级行政区开设专业目录外的土木水利类专业或专业（技能）方向。

2017年土木建筑类中等职业教育学生按专业分布情况，见表1-33。

2017年土木建筑类中职教育学生按专业分布情况　　表1-33

专业	开办学校		毕业人数		招生人数		在校人数	
	数量	占比（%）	数量	占比（%）	数量	占比（%）	数量	占比（%）
建筑工程施工	1135	40.95	104156	56.41	70620	48.88	201890	49.45
建筑装饰	412	14.86	20956	11.35	22015	15.24	61215	14.99
古建筑修缮与仿建	7	0.25	96	0.05	141	0.10	315	0.08
城镇建设	20	0.72	916	0.50	646	0.45	1887	0.46
工程造价	438	15.80	24853	13.46	19748	13.67	55018	13.48
建筑设备安装	46	1.66	1971	1.07	1238	0.86	3371	0.83

续表

专业	开办学校		毕业人数		招生人数		在校人数	
	数量	占比(%)	数量	占比(%)	数量	占比(%)	数量	占比(%)
楼宇智能化设备安装与运行	102	3.68	2029	1.10	2353	1.63	7263	1.78
供热通风与空调施工运行	12	0.43	300	0.16	296	0.20	868	0.21
建筑表现	18	0.65	601	0.33	618	0.43	1760	0.43
城市燃气输配与应用	8	0.29	351	0.19	497	0.34	1405	0.34
给排水工程施工与运行	21	0.76	515	0.28	554	0.38	1587	0.39
市政工程施工	48	1.73	1906	1.03	1748	1.21	4472	1.10
道路与桥梁工程施工	112	4.04	6383	3.46	5069	3.51	15060	3.69
铁道施工与养护	33	1.19	3340	1.81	2947	2.04	7528	1.84
水利水电工程施工	80	2.89	4927	2.67	3245	2.25	11011	2.70
工程测量	137	4.94	5932	3.21	6703	4.64	17262	4.23
土建工程检测	24	0.87	804	0.44	685	0.47	1910	0.47
工程机械运用与维修	69	2.49	2765	1.50	3245	2.25	8478	2.08
土木水利类专业	50	1.80	1852	1.00	2101	1.45	5945	1.46
合计	2772	100.00	184653	100.00	144469	100.00	408245	100.00

按表1-33分析，2017年土木建筑类中职教育学生按专业分布情况如下：

从开办学校数分析，开办学校数超百所的共6个专业，从多到少依次为：建筑工程施工（1135所，占40.95%）、工程造价（438所，占15.80%）、建筑装饰（412所，占14.86%）、工程测量（137所，占4.94%）、道路与桥梁工程施工（112所，占4.04%）、楼宇智能化设备安装与运行（102所，占3.68%），6个专业合计占比达84.27%。开办学校数较少的专业是城市燃气输配与应用（8所，占0.29%）、古建筑修缮与仿建（7所，占0.25%）。

从毕业生数分析，毕业生数超10万的专业有建筑工程施工（104156，占56.41%），超1万的专业有工程造价（24853人，占13.46%）、建筑装饰（20956人，占11.35%）。毕业生数排后续三位的专业为：道路与桥梁工程施工（6383人，占3.46%）、工程测量（5932人，占3.21%）、水利水电工程施工（4927人，占2.67%）。毕业生数较少的专业是供热通风与空调施工运行（300人，占0.16%）、古建筑修缮与仿建（96人，占0.05%）。

从招生数分析，招生人数排前三位的专业为建筑工程施工（70620，占48.88%）、建筑装饰（22015人，占15.24%）、工程造价（19748人，占13.67%）。招生数排后续三位的专业为工程测量（6703人，占4.64%）、道路与桥梁工程施工（5069 人，占 3.51%）、水利水电工程施工和工程机械运用与维修两个专业并列（3245 人，占 2.25%）。招生数较少的专业是供热通风与空调施工运行（296 人，占 0.20%）、古建筑修缮与仿建（141 人，占 0.10%）。

从在校生人数分析，在校生数排前三位的专业为建筑工程施工（201890，占 49.45%）、建筑装饰（61215 人，占 14.99%）、工程造价（55018 人，占 13.48%）。在校生数排后续三位的专业为工程测量（17262 人，占 4.23%）、道路与桥梁工程施工（15060 人，占 3.69%）、水利水电工程施工（11011 人，占 2.70%）。在校生数较少的专业是供热通风与空调施工运行（868 人，占 0.21%）、古建筑修缮与仿建（315 人，占 0.08%）。

从招生数较毕业生数增幅指标分析，有 8 个目录内专业的招生数大于毕业生数，按增幅指标从大到小依次为：古建筑修缮与仿建（46.88%）、城市燃气输配与应用（41.60%）、工程机械运用与维修（17.36%）、楼宇智能化设备安装与运行（15.97%）、工程测量（13.00%）、给排水工程施工与运行（7.57%）、建筑装饰（5.05%）、建筑表现（2.83%）。土木水利类目录外专业的招生数也大于毕业生数，增幅为 13.44%。有 10 个目录内专业的增幅指标为负值，即招生数小于毕业生数，按降幅从大到小依次为：建筑设备安装（37.19%）、水利水电工程施工（34.14%）、建筑工程施工（32.20%）、城镇建设（29.48%）、道路与桥梁工程施工（20.59%）、工程造价（20.54%）、土建工程检测（14.80%）、铁道施工与养护（11.77%）、市政工程施工（8.29%）、供热通风与空调施工运行（1.33%）。

依据 2017 年按专业分布的数据统计可以看出，建筑工程施工、工程造价、建筑装饰专业的开办学校数、毕业生数、招生数和在校生数，继续分别排列前三位。3 个专业的开办学校数合计为 1985 所（占 71.61%），毕业生数合计为 149965 人（占 81.22%），招生数合计 112383 人（占 77.79%）；在校生数合计为 318123 人（占 77.92%）。

与 2016 年相比，2017 年土木建筑类中职教育学生按专业分布情况的变化如下：

建筑工程施工专业：2016 年的开办学校数、毕业生数、招生数、在校生数依次为 1190 所、120145 人、75262 人、248045 人，2017 年的数值变化和变化幅度依次为减少 55 所（−4.62%）、减少 15989 人（−15.35%）、减少 4642 人（−6.17%）、减少 46155 人（−18.61%）。

建筑装饰专业：2016 年的开办学校数、毕业生数、招生数、在校生数依次为 405 所、19944 人、22987 人、61533 人，2017 年的数值变化和变化幅度依次为增加 7 所（1.73%）、增加 1012 人（5.07%）、减少 972 人（−4.23%）、减少 318 人（−0.52%）。

古建筑修缮与仿建专业：2016年的开办学校数、毕业生数、招生数、在校生数依次为6所、97人、153人、205人，2017年的数值变化和变化幅度依次为增加1所（16.67%）、减少1人（-1.03%）、减少12人（-7.84%）、增加110人（53.66%）。

城镇建设专业：2016年的开办学校数、毕业生数、招生数、在校生数依次为28所、1200人、774人、3210人，2017年的数值变化和变化幅度依次为减少8所（-28.57%）、减少284人（-23.67%）、减少128人（-16.54%）、减少1323人（-41.21%）。

工程造价专业：2016年的开办学校数、毕业生数、招生数、在校生数依次为452所、26581人、19539人、63157人，2017年的数值变化和变化幅度依次为减少14所（-3.10%）、减少1728人（-6.50%）、增加209人（1.07%）、减少8139人（-12.89%）。

建筑设备安装专业：2016年的开办学校数、毕业生数、招生数、在校生数依次为48所、1209人、1295人、4533人，2017年的数值变化和变化幅度依次为减少2所（-4.17%）、增加762人（63.03%）、减少57人（-4.40%）、减少1162人（-25.63%）。

楼宇智能化设备安装与运行专业：2016年的开办学校数、毕业生数、招生数、在校生数依次为102所、1836人、2572人、6770人，2017年的数值变化和变化幅度依次为持平、增加193人（10.51%）、减少219人（-8.51%）、增加493人（7.28%）。

供热通风与空调施工运行专业：2016年的开办学校数、毕业生数、招生数、在校生数依次为9所、368人、544人、1092人，2017年的数值变化和变化幅度依次为增加3所（33.33%）、减少68人（-18.48%）、减少248人（-45.59%）、减少224人（-20.51%）。

建筑表现专业：2016年的开办学校数、毕业生数、招生数、在校生数依次为18所、809人、730人、1899人，2017年的数值变化和变化幅度依次为持平、减少208人（-25.71%）、减少112人（-15.34%）、减少139人（-7.32%）。

城市燃气输配与应用专业：2016年的开办学校数、毕业生数、招生数、在校生数依次为7所、407人、383人、1223人，2017年的数值变化和变化幅度依次为增加1所（14.29%）、减少56人（-13.76%）、增加114人（29.77%）、增加182人（14.88%）。

给排水工程施工与运行专业：2016年的开办学校数、毕业生数、招生数、在校生数依次为24所、526人、475人、1575人，2017年的数值变化和变化幅度依次为减少3所（-12.50%）、减少11人（-2.09%）、增加79人（16.63%）、增加12人（0.76%）。

市政工程施工专业：2016年的开办学校数、毕业生数、招生数、在校生数依次为50所、2099人、1666人、4628人，2017年的数值变化和变化幅度依次为减少2所（-4.00%）、减少193人（-9.19%）、增加82人（4.92%）、减少156人（-3.37%）。

道路与桥梁工程施工专业：2016年的开办学校数、毕业生数、招生数、在校生数依次为108所、6713人、5232人、16876人，2017年的数值变化和变化幅度依次为增加4所（3.70%）、减少330人（-4.92%）、减少163人（-3.12%）、减少1816人（-10.76%）。

铁道施工与养护专业：2016年的开办学校数、毕业生数、招生数、在校生数依次为27所、2687人、3070人、8558人，2017年的数值变化和变化幅度依次为增加6所（22.22%）、增加653人（24.30%）、减少123人（-4.01%）、减少1030人（-12.04%）。

水利水电工程施工专业：2016年的开办学校数、毕业生数、招生数、在校生数依次为91所、5341人、4718人、14124人，2017年的数值变化和变化幅度依次为减少11所（-12.09%）、减少414人（-7.75%）、减少1473人（-31.22%）、减少3113人（-22.04%）。

工程测量专业：2016年的开办学校数、毕业生数、招生数、在校生数依次为136所、6101人、6640人、17862人，2017年的数值变化和变化幅度依次为增加1所（0.74%）、减少169人（-2.77%）、增加63人（0.95%）、减少600人（-3.36%）。

土建工程检测专业：2016年的开办学校数、毕业生数、招生数、在校生数依次为32所、985人、620人、2047人，2017年的数值变化和变化幅度依次为减少8所（-25.00%）、减少181人（-18.38%）、增加65人（10.48%）、减少137人（-6.69%）。

工程机械运用与维修：2016年的开办学校数、毕业生数、招生数、在校生数依次为77所、3755人、2767人、8875人，2017年的数值变化和变化幅度依次为减少8所（-10.39%）、减少990人（-26.36%）、增加478人（17.28%）、减少397人（-4.47%）。

土木水利类专业（目录外）：2016年的开办学校数、毕业生数、招生数、在校生数依次为50所、1731人、1722人、5426人，2017年的数值变化和变化幅度依次为持平、增加121人（6.99%）、增加379人（22.01%）、增加519人（9.57%）。

2016年按专业分布的数据统计排列前三位的建筑工程施工、工程造价、建筑装饰等专业，开办学校数合计为2047所，2017年合计减少62所，减少幅度为3.03%；毕业生数合计为166670人，2017年合计减少16705人，减少幅度为10.02%；招生数合计为117788人，2017年合计减少5405人，减少幅度为4.59%；在校生数合计为372735人，2017年合计减少54612人，减少幅度为14.65%。

依据2017年按专业分布的变化情况分析，在专业目录内的土木水利类18个专业中，开办学校数增幅前三位的是：供热通风与空调施工运行（增幅33.33%）、铁道施工与养护（增幅22.22%）、城市燃气输配与应用（增幅4.29%）；增幅末三位的是：水利水电工程施工（降幅12.09%）、给排水工程施工与运行（降幅12.50%）、城镇建设（降幅28.57%）。

在专业目录内的土木水利类18个专业中，毕业生数增幅前三位的是：建筑设备安装（增幅63.03%）、铁道施工与养护（增幅24.30%）、楼宇智能化设备安装与运行（增幅10.51%）；增幅末三位的是：城镇建设（降幅23.67%）、建筑表现（降幅25.71%）、工程机械运用与维修（降幅26.36%）。

在专业目录内的土木水利类18个专业中，招生数增幅前三位的是：城市燃气输配与应用（增幅29.77%）、工程机械运用与维修（增幅17.28%）、给排水工程施工与运行（增幅16.63%）；增幅末三位的是：城镇建设（降幅16.54%）、水利水电工程施工（降幅31.22%）、供热通风与空调施工运行（降幅45.59%）。

在专业目录内的土木水利类18个专业中，在校生数增幅前三位的是：古建筑修缮与仿建（增幅53.66%）、城市燃气输配与应用（增幅14.88%）、楼宇智能化设备安装与运行（增幅7.28%）；增幅末三位的是：水利水电工程施工（降幅22.04%）、建筑设备安装（降幅25.63%）、城镇建设（降幅41.21%）。

1.3.2　中等建设职业教育发展面临的问题

《中国建设教育发展年度报告（2016）》中剖析了中等建设职业教育发展所面临的主要问题是：中等职业教育专业设置布局需进一步优化，专业人才的培养规格和职业能力要求与企业实际需求存在一定差距；专业教师企业实践培训不够，在建设工程专业技术、工程管理、生产工艺等方面培训相对较弱；双师型教师队伍建设尚未形成行业企业的工程技术人员与学校专业教师之间的互派互学，企业工程技术人员、高技能人才到建设职业院校担任专兼职教师等尚未形成实质性进展；专业教师“一专多能”，跨专业或跨学科开展教学科研工作和教学工作的能力不够。

中等建设职业教育发展还面临以下问题：

1.3.2.1　关于人才培养目标与人才培养模式改革

中等建设职业教育坚持面向生产一线培养技能型人才，以企业需求为切入点，强化校内外实操实训、师傅带徒、顶岗实习，有效地增强了学生的职业能力。

以就业为导向的人才培养模式，是职业教育最根本的特征，理应坚持目标不动摇。但实际运行过程中，不少地区和学校为摆脱职业教育的普教化，往往会过度强调职业教育的技能化，容易造成追求知识的单一性或技能的专一性，或重专业业务轻人文素养，导致学生的专业职业能力狭窄、缺乏应对行业和社会变化的综合能力。归根到底，是对建设职业教育人才培养目标与人才培养模式的误解，坚持牢牢把握立德树人总体要求、牢牢抓住培养社会主义建设者和接班人这个根本任务，牢牢面向市场、服务发展、促进就业，始终是中等建设职业教育发展的主方向。

1.3.2.2　关于中等建设职业教育基础性标准研究

中等建设职业教育科研体系尚不完善，现有组织机构力量相对薄弱，现有科研成果中来自行业的屈指可数，且短时间内还很难得到有效支撑。此外，中等建设职业教育科研也缺乏集中度，包括就业需求调研、职业资格标准和专业标准优化及专业建设指导等基础性标准研究，还有待及时并扎实推进。

1.3.2.3　关于中等建设职业教育学校管理及能力提升

2015～2017年，中等建设职业教育通过办学基础能力建设、专业布局结构调整、示范性品牌专业建设等，在办学条件改善、人才培养模式创新、师资队伍建设、校企合作运行机制和学校内部管理机制建设等方面均有显著提升。然而，与“加快推进学校治理能力现代化”要求相比，不少学校在管理理念、管理能力和管理成效等方面仍有差距。一是能充分体现学校现代职教思想、职业特质、学校特色、可传承发展的校风、教风、学风等学校核心文化有待进一步凝练；二是学校现有规划目标、管理制度与工作标准、考核与评价等质量保证和内控体系不完善，管理体制机制改革创新有待进一步深化，管理队伍能力建设有待进一步加强；三是学校现有质量管控措施相对分隔和独立，教职工参与学校管理和提升工作质量的意识不强，学校内部质量保证工作还处于被动推进局面。

1.3.3　促进中等建设职业教育发展的对策建议

1.3.3.1　坚持依法办学不动摇

中等建设职业教育的发展必须坚持借助政府力量，加强系列政策研究、学习和落实力度。继续推进对学校专业设置优化调整（宏观调控），教育行政部门应健全专业设置备案程序（强化行业企业有效参与、科学论证环节），继续加强对学校专业设置（准入条件）把控，规避同类专业在大多数学校重复开设，统筹并集中人力、物力、财力，办好各校特色优势专业。继续推进中等建设职业学校与企业的合作，进一步明确校企合作相关政策措施，真正落实人才培养目标。继续推进建设职业教育的多层次衔接，及时总结人才培养方面已经取得的实质性成果，为培养建设行业高素质的技术技能人才开拓有效途径，不断提高中等建设职业教育的吸引力。

1.3.3.2 坚持内涵建设不动摇

中等建设职业教育必须进一步优化教师资源配置。通过拓宽师资来源渠道，面向社会招聘高水平教师；通过探索制度创新，加强区域内开设同专业学校间合作交流，互聘、联聘教师；通过贯彻落实《职业学校校企合作促进办法》，由“政府主导”转为“校企主导”，优化工作协调机制，根据实际需求，大胆聘任、高薪特聘企业兼职教师。

中等建设职业教育必须加快教材建设与课程改革。认真研究学习即将出台的《国家职业教育改革实施方案》，积极参与真正体现职业教育内涵和特色的各类教材建设，并主动对接职业教育即将实施的“1+X”证书制度改革，配合地方落实课程改革各项措施。

1.3.3.3 坚持提升管理能力和管理水平不动摇

中等建设职业教育应进一步完善现代学校制度，不断规范办学行为，增强办学活力，提高办学质量。建立并完善依法治校、自主办学、民主管理的运行机制；建立并完善多元参与的质量评价与保障体系。不断提高学校自身吸引力、核心竞争力和社会美誉度，并具体体现在如下三个方面。一是落实政策法规到位。国家职业教育有关法规、制度及标准得到落实，质量意识普遍增强，学校常规管理，特别是学生、学籍、课程教学、实习、校园安全等重点领域的管理有效加强。二是管理能力显著提升。建立学校章程，治理结构不断完善，管理队伍专业化水平大幅提升，信息化管理手段广泛应用，管理工作的薄弱环节全面改善，办学活力显著增强，管理规范。三是质量保障机制更加完善。学校管理状态“大数据”初步建成，学校人才培养工作的自我诊断、反馈、改进机制基本形成，政府、行业、企业及社会等多方参与学校评价的机制更加健全，学校教育质量年度报告制度完善。

2

2017年建设继续教育和职业培训发展状况分析

2.1 2017年建设行业执业人员继续教育与培训发展状况分析

2.1.1 建设行业执业人员继续教育与培训的总体状况

2.1.1.1 执业人员概况

1992年6月，建设部发布了《监理工程师资格考试和注册试行办法》（建设部第18号令），标志着我国工程建设领域第一个执业资格制度正式建立。随着改革开放与社会主义市场经济建设进程的不断深化，建设部及有关部门在事关国家公众生命财产安全的工程建设领域相继又设立了房地产估价师、注册建筑师、造价工程师、注册城市规划师、勘察设计注册工程师、房地产经纪人、建造师和物业管理师（根据国发〔2015〕11号，国务院决定取消物业管理师注册执业资格认定）等8项执业资格制度，积极推进我国建设行业与国际市场接轨，形成了覆盖工程建设各专业领域的执业资格制度体系，有效提升了相关人员的整体从业水平。最新统计数据显示，截至2017年底，全国住房城乡建设领域取得各类执业资格人员共约159.5万人（不含二级），注册人数约132万人。

2.1.1.2 执业人员考试与注册情况

1. 执业人员考试情况

根据《中华人民共和国城乡规划法》有关规定，在总结原注册城市规划师职业资格制度实施情况的基础上，人力资源社会保障部和住房城乡建设部联合印发了《注册城乡规划师职业资格制度规定》和《注册城乡规划师职业资格考试实施办法》，自2017年5月22日起实施。2017年注册城乡规划师考试如期进行。因行政审批改革和考试定位调整等原因，注册建筑师于2015年和2016年暂停组织资格考试。为进一步加强注册建筑师队伍建设，保证建筑工程设计质量，人社部和住房和城乡建设部在2016年8月联合下发通知，明确一级和二级注册建筑师考试于2017年5月正常举行，由全国注册建筑师管理委员会负责一级注册建筑师执业资格考试、注册等具体实施工作。

住房城乡建设部相关部门、有关行业学（协）会及各省（市、区）建设主管部门高度重视执业资格制度改革与考试考务工作。一是加大学习研究力度，利用学习研究成果指导专题调研，通过调研实践推动工作落实。积极开展国内外执业资格考试大纲与制度研究，根据我国建设行业实际需求，加强考试和制度改革研究工作。部执业资格注册中心组团赴美开展了“美国注册建筑师制度下的考试及执业管理模式研究”，收集了大量美国建筑师资格考试和行业监管等相关信息，为后续深化考试与制度改革奠定了坚实基础；二是深化考试结果数据分析与后评价工作。部执业资格注册中心借力《我国注册建筑师制度改革与发展研究》部级课题等相关研究，通过对历年考试数据的量化分析，为命题专家提供数据支撑，不断优化试题质量，确保考试通过率维持相对稳定；三是多举并措，效率优先，全力配合人社部门做好考试大纲修订、资格审查、命题、阅卷等考试考务工作；四是切实加强考试组织管理工作，强化命题专家和考试工作人员的保密教育，建立健全保密管理制度，真抓实干落实保密责任，确保各类执业资格考试工作规范有序开展。

2017年，全国共有约109万人次报名参加住房城乡建设领域执业资格全国统一考试（不含二级），当年共有约18.9万人通过考试并取得资格证书。其中参考人数最多的是一级建造师，约72.5万人次参加考试，当年取得资格人数约12.82万人。据不完全统计，全国共有约125.22万人参加了二级注册结构工程师和二级建造师考试，约22.55万人取得资格证书。

2017年建设领域注册师资格取得情况如表2-1所示。

2017年建设领域注册师取得资格情况统计表 **表2-1**

序号	专业	2017年取得资格人数	比例（%）
1	一级建造师	128249	69.51
2	一级注册结构工程师	1829	1.00
3	二级注册结构工程师	1031	0.56
4	注册土木工程师（岩土）	2556	1.39
5	注册城乡规划师	2923	1.58
6	造价工程师	14983	8.12
7	房地产估价师	2803	1.52
8	房地产经纪人	8255	4.47
9	监理工程师	21867	11.85
合计		184496	100

2. 执业人员注册情况

2017年，住房城乡建设部相关部门及各省（市、区）住房城乡建设主管机构严格依照《行政许可法》和注册管理有关规定，按照“阳光透明、高效便捷”的原则，不断完善注册管理信息化建设，进一步简化审批流程，大幅提高了工作效率和服务水平。一是坚持“服务于执业人员”的工作理念，不断提高工作效率，严格按照规范程序与时限开展注册审批工作；二是积极落实电子化注册审批改革，及时上线电子化注册申报与审批系统，切实减轻注册管理机构与执业人员工作负担；三是进一步加大对违规注册行为的查处力度，严格依照各专业注册管理规定，加强对投诉举报情况的受理与核查工作。

根据住房城乡建设部对北京、天津、河北、山西、内蒙古等27个省（市、区）的调查，2017年累计约有17.09万人完成二级注册结构工程师和二级建造师执业资格的初始注册。根据住房城乡建设部人事司《关于由住房和城乡建设部执业资格注册中心承担监理工程师注册审查相关工作的通知》（建人综〔2017〕66号），部执业资格注册中心自2017年5月26日起承担注册监理工程师注册审查相关工作。同时，根据住房城乡建设部办公厅《关于简化监理工程师执业资格注册申报材料有关事项的通知》（建办市〔2017〕61号），为进一步推进简政放权、放管结合、优化服务改革，部办公厅决定自2017年11月1日起简化监理工程师注册申报材料。

截至2017年底，住房城乡建设领域执业人员（不含二级）部分专业累计取得资格人数和注册人数情况如表2-2所示。

2017年住房城乡建设领域执业资格人员（不含二级）部分专业分布及注册情况统计表

表2-2

序号	类别	取得资格人数	注册人数
1	一级注册建筑师	34569	33023
2	勘察设计注册工程师	171616	125067
3	一级建造师	694453	666112
4	监理工程师	291523	189684
5	造价工程师	191663	174672
6	房地产估价师	58920	53452
7	房地产经纪人	65656	32701
8	注册城乡规划师	23191	21615
总计		1531591	1296326

2.1.1.3 执业人员继续教育情况

根据国务院《关于第一批清理规范89项国务院部门行政审批中介服务事项的决定》（国发〔2015〕58号）和住房和城乡建设部建筑市场监管司《关于勘察设计工程师、注册监理工程师继续教育有关问题的通知》（建市监函〔2015〕202号）有关精神，各地住房城乡建设主管部门及相关机构都在不断优化调整执业人员继续教育组织管理方式，切实落实中央政策文件，致力于为执业人员提供更为便捷、高效、优质的继续教育服务。广东省建设执业资格注册中心发布了《广东省建设执业资格注册中心关于规范我省住房城乡建设领域执业资格专业技术人员继续教育的通知》（粤建注发〔2017〕11号），提出进一步深化建筑业“放管服”改革，持续推进简政放权、放管结合、优化服务，激发企业创新发展活力，规范省内住房城乡建设领域执业资格专业技术人员继续教育活动，对培训主体、教学质量、问责机制、收费监督机制等做出了明确规定。2017年，河北、山西、内蒙古等23省（市、区）共开展各类二级执业资格注册人员继续教育40.29万人，江苏、浙江、安徽、福建、山东、广东参训人数均突破3万人，其中山东培训人数达7.5万余人。各类二级执业资格注册人员中参训人数最多的是二级建造师，约占总参训总人数的99.15%。

2017年度全国23省（市、区）二级执业资格注册人员继续教育参训人数分布情况如表2-3所示。

2017年23省（区、市）二级注册执业人员继续教育情况统计表 表2-3

地区	二级结构师	二级建造师	合计
河北	89	18162	18251
山西	56	0	56
内蒙古	70	—	70
辽宁	92	18725	18817
吉林	—	8755	8755
江苏	200	54720	54920
浙江	0	35709	35709
安徽	210	31207	31417
福建	364	35450	35814
山东	335	74957	75292
河南	206	27369	27575
湖北	112	—	112
湖南	399	—	399
广东	280	39048	39328
广西	91	9018	9109
海南	—	7300	7300
重庆	39	0	39
云南	80	4780	4860
西藏	13	1386	1399
陕西	644	11010	11654
甘肃	0	19450	19450
青海	68	950	1018
宁夏	97	1500	1597
合计	3445	399496	402941

建设行业执业人员继续教育是实施建设领域专业技术人才知识更新的重要措施，主要围绕住房城乡建设部重点工作及建筑业最新政策，涉及国内外建设领域技术、经济、规范、管理等方面的最新发展与研究成果，旨在帮助执业人员及时更新知识储备，促进工程质量和执业水平稳定提升，更好地服务于新时代下建筑业的发展需要。随着建设工程技术的飞速发展，执业人员需要面对许多全新的工作领域，如装配式建筑、综合管廊、海绵城市、垃圾分类等，这些都需要通过继续教育的方式帮助执业人员获得相关知识与技能的更新。2017 年，在住房城乡建设部的领导下，全国各省（市、区）有关单位、行业学（协）会积极筹措，深化落实，在加强制度建设、理顺培训机制、完善顶层设计、构建多元化培训平台等方面做了一些有益的探索。

1. 加强制度建设，规范继续教育培训活动

各级住房城乡建设主管部门及相关机构积极应对行政审批改革要求，适应不断更新的教育培训市场需要，紧紧围绕“服务于执业人员”的工作理念，切实推进制度改革落地实施。在继续教育过渡性管理办法的基础上，各地相继出台了适应本地区行业特点的执业人员继续教育组织管理工作管理办法，对培训主体、收费管理、培训质量、监督管理等方面做出了明确规定，着力推动继续教育工作朝着规范有序、保质保量的方向发展，切实保障执业人员参训利益。辽宁省住房和城乡建设厅执业资格注册中心相继发布了《关于调整辽宁省建设行业执业人员继续教育组织管理工作的通知（试行）》（辽住建注〔2017〕6 号）和《辽宁省建设执业人员继续教育考试管理暂行规定》（辽住建注〔2017〕11 号），对省内建设行业执业人员继续教育组织管理和考试管理工作做出调整。

2. 理顺培训机制，多举并措服务实际需求

2017 年，各省（市、区）执业人员继续教育管理部门结合执业人员工作实际，始终秉持“便捷、高效、创新”的指导思想，通过增加培训班次、改革考试组织形式、灵活认定继续教育学时等手段，持续激发企业与执业人员活力，进一步理顺执业人员继续教育培训机制。山东省面临着辖区范围大、执业人员多、区域分布广的特点，省建设执业资格注册中心及相关培训主体全年共组织建设领域各专业执业人员继续教育培训班 217 期，其中二级建造师建筑工程专业继续教育必修课培训班共 126 期，为执业人员及时参加培训学习提供了便利。辽宁省住房和城乡建设厅执业资格注册中心按照考培分离原则，委托相关机构设立符合继续教育考试要求的固定考场，采用无纸化计算机现场测试，并建立了工作日全天循环考试制度，方便参学人员随时参与结业测试。同时，省注册中心积极转变继续教育培训工作思路，从执业人员实际需求出发，共开展了 9 批次业绩替代继续教育选修课学时认定工作。

3. 完善顶层设计，持续提升培训质量

《国务院办公厅关于促进建筑业持续健康发展的意见》(国办发〔2017〕19号)明确提出要进一步提高从业人员素质，加快培养建筑人才，加强相关领域专业技术人员的教育培训。2017年，住房城乡建设部结合国务院关于促进建筑业持续健康发展的要求与执业人员继续教育的实际需要，组织成立了部国家级专业技术人员继续教育基地建设工作领导小组，由全国市长研修学院（部干部学院）作为基地的承建单位，着手深化行业继续教育事业顶层制度建设，统筹协调，以点带面，加强各省（市、区）相关部门对继续教育工作的重视，不断提高培训质量。同年4月，住房城乡建设部办公厅印发了《住房城乡建设部国家级专业技术人员继续教育基地培训规划（2017～2020年）》，明确提出要加强顶层规划设计，做好“十三五”时期住房城乡建设领域专业技术人员继续教育工作，行稳致远，将人才强业、人才优先发展战略落到实处。

4. 构建多元化培训平台，便利执业人员自由选择

2017年，全国各省（市、区）继续探索“互联网+”与继续教育培训工作的契合点，持续推动网络化、移动端教育平台建设，创新学习方式方法，为执业人员提供更多选择，着力缓解工学矛盾。广西住房和城乡建设厅培训中心发布了《关于启用广西住建厅培训中心继续教育网络学习手机APP的通知》，在原有PC端网络教育系统基础上，上线了继续教育网络学习手机APP，勘察设计类执业人员（选修课）、二级注册建造师（含必修课和选修课）等均可在手机端软件中完成继续教育课程学习。为加强西藏自治区建造师队伍建设，提高建造师执业能力，强化建设工程项目管理水平，区住房和城乡建设执业资格注册中心发布了《关于开展西藏自治区二级建造师继续教育有关事宜的通知》，委托三家网络教育平台作为继续教育培训主体，采取网络学习教育与测试方式，方便执业人员根据自身情况与工作需要自行选择培训平台参培。

2.1.2 建设行业执业人员继续教育与培训存在的问题

2017年，工程建设领域执业人员继续教育与培训工作重点深化了制度机制建设，并在培训教学水平提升方面取得了一定的成绩，但仍存在不少问题和困难，需要各方进一步加强研究。

2.1.2.1 优质教育资源稀缺

(1) 优质培训师资分布不均。各地经济社会发展存在很大差异，加之部分地区人才外流严重，师资水平存在地区与地区、单位与单位、行业与行业之间的差别，严重制约了培训效果的发挥。

(2) 优质教育培训硬件设施建设有待完善。硬件配套是提高教育培训质量

与效果的重要因素，虽然部分省（市、区）已经开始着手搭建专业化的教育培训与考试场地，但宏观而言，有关机构对相关方面的认识仍存在不足，有待转变传统思维，借力硬件设备等外部环境因素提高教学培训效果。

2.1.2.2　教育培训内容脱节

（1）教育培训内容更新速度慢。传统教育培训课程材料更新周期长，一份教学材料持续培训 2～3 年（一个注册期）的情况在部分专业中仍然存在，难以适应建设行业高速的发展节奏。

（2）培训课程前瞻性与前沿性理念不足。继续教育的根本目标是促进执业人员不断丰富专业知识，提高执业能力，对于培训内容的“新”与“瞻”有着较高的要求。现阶段部分地区的培训课程仍以既有辅导教材为主，教学内容存在过时、滞后等问题，难以最大限度发挥继续教育促进执业人员掌握最新技术知识的效果。

2.1.2.3　培训监管难度增大

（1）培训质量监督管理实施难度增大。根据国务院行政审批改革和住房和城乡建设部执业人员继续教育工作的有关精神，继续教育培训应遵循市场化原则，培训主体多元化、分散化趋势明显，监管机构难以全方位、立体化覆盖全部培训过程。

（2）培训质量考核评价体系有待完善，培训主体准入与退出机制尚未建立。

（3）事中事后监管经验不足。根据相关文件精神，继续教育学时认定规则等方面发生了较大变化，相关管理机构与部门需要投入更多人力、物力开展审查、认定等工作，相关业务流程与衔接机制仍有待完善。

2.1.2.4　培训组织方式落后

（1）面授仍是执业人员继续教育培训班次的主要模式。现场面授课程多采取固定地点、连续授课的方式开展，难以确保执业人员及时、高效、高质地掌握行业内的最新发展成果，不断更新知识结构，适应工作实际需求。

（2）多元化培训端口研发速度有待提升。在微课、慕课等新教育形式借力手机 APP 迅速普及的趋势下，建设领域执业人员继续教育平台与端口的多元化建设仍略显滞后。

2.1.3　促进建设行业执业人员继续教育与培训发展的对策建议

随着国务院“放管服”改革逐步向落地实施见效发力，执业人员继续教育工作市场化转向已步入改革深水区，既迎来了全新的发展机遇，同时也面临着不同的问题，相关工作的组织管理面临着全新的挑战。同时，随着建设行业技术与建筑理念的革新，装配式建筑、综合管廊、海绵城市、垃圾分类等对执业人员的综合素质和专业能力提出了更高、更新的要求。执业人员继续教育工作应重点在加强优质资源培育、调整培训组织形式、完善培训监管机制和推进多元平台建设等方面狠下功夫，充分发挥继续教育应有之作用，为建设事业的平稳发展提供有力支撑。

2.1.3.1 加强优质资源培育，夯实教育培训基础

顺应继续教育改革核心理念，着力推进优质教育培训资源的培育，持续优化继续教育培训效果。根据住房城乡建设部的工作部署，充分发挥国家级继续教育基地的示范效应，积极推动各级、各地建设行业执业人员继续教育培训基地建设，通过组织高水平的师资培训、筹建具备现代化标准的教育和考试场地等手段，夯实优质师资队伍力量，引入AR/VR/MR等现代化沉浸式教学环境，同步提升继续教育教学培训软硬件水平，夯实相关工作开展基础，切实改善执业人员继续教育的培训效果。

2.1.3.2 调整培训组织形式，提高继续教育实效

进一步理顺继续教育培训业务流程，切实服务执业人员工作需要。

（1）加快各类执业人员继续教育培训内容更新频率，充分反映建设领域中心任务和最新发展成果。转变原有继续教育培训工作组织流程，在同一注册期内为执业人员提供多种培训内容组合形式，持续更新最新技术与知识相关信息。

（2）加强教材制度建设，优化继续教育培训内容审定工作方式，在原既有教材直接选用的基础上，充分利用高校、科研单位、骨干企业的专家队伍，对入选继续教育培训课程的资源进行审定、组合与编订，去粗取精，形成富有行业特色、能够反映最新技术成果的培训教材，充分适应继续教育对课程内容前瞻性、针对性、实用性和时效性的需要。

2.1.3.3 完善培训监管机制，规范培训主体行为

适应继续教育市场化改革，加强对各类培训主体的常态化监管，有针对性地加强教育评估体系建设，依照既定奖励与退出机制开展后续工作，不断积累新形势下的监管工作经验。

（1）通过培训主体考核信息公示、派驻监督、业务抽查等方式，加强对继续教育培训机构的日常监督与管理，敦促其依照相关管理规定，严格开展教育培训工作。

（2）遵循评估业务流程，系统收集培训机构的培训业务信息，定期开展定性、定量分析，对相关培训主体的培训效果和状态作出客观评估，全面反映相关机构的师资力量、管理水平、课程建设和培训效果等综合情况，适时推进奖励与退出工作机制落地实施。

2.1.3.4 推进多元平台建设，适应现代教育发展

继续深化“互联网+”与继续教育培训工作的融合，搭建综合性监管体系，适应教育现代化的实际情况，落实多元化继续教育平台建设。

（1）进一步加强执业人员继续教育信息化建设，整合执业资格制度各关键

节点的监管信息，充分利用互联网、大数据、云计算等信息技术，推动综合管理平台建设，在为执业人员提供便利的同时，优化管理机构协同办公效率。

（2）积极探索多元化继续教育培训平台建设，积极筹措，大胆创新，以手机端 APP 系统建设为契机，促进慕课、微课、SPOC（Small Private Online Course，小规模限制性在线课程）等碎片化、网络化学习理念与传统教育组织方式深度融合，既方便培训主体及时更新最新知识与技术成果，又可保证执业人员可以系统化学习掌握相关技能，持续提高执业能力。

2.2　2017 年建设行业专业技术人员继续教育与培训发展状况分析

2.2.1　建设行业专业技术人员继续教育与培训的总体状况

2017 年，全国 27 省（区、市）共有约 398.13 万人次参加各类专业技术人员继续教育与培训，其中各类培训约 268.9 万人、继续教育 129.22 万人。福建、安徽培训人数突破 20 万人，福建人数最多，突破 100 万人，达到 149.03 万人。突破 10 万人次的省市包括北京、河南、湖北、重庆等省份。培训人数突破 5 万人次的省市有河北、山西、浙江、湖南、陕西。

2017 年 27 省（区，市）各类培训和继续教育人数占比情况如图 2-1 所示，各类培训和继续教育人数如图 2-2 所示，专业技术人员培训和继续教育开展情况如图 2-3 所示。

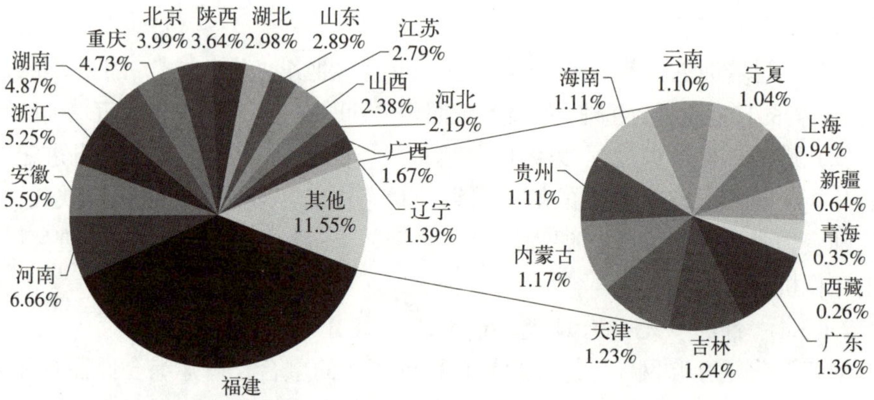

图 2-1　2017 年 27 省（区、市）各类培训和继续教育人数占比情况

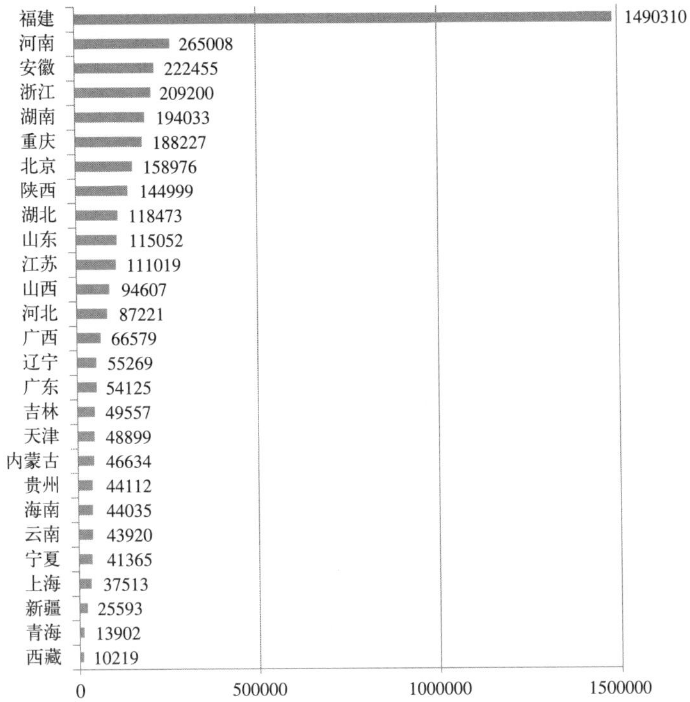

图 2-2 2017 年 27 省（区、市、兵团）专业技术人员培训和继续教育总人数

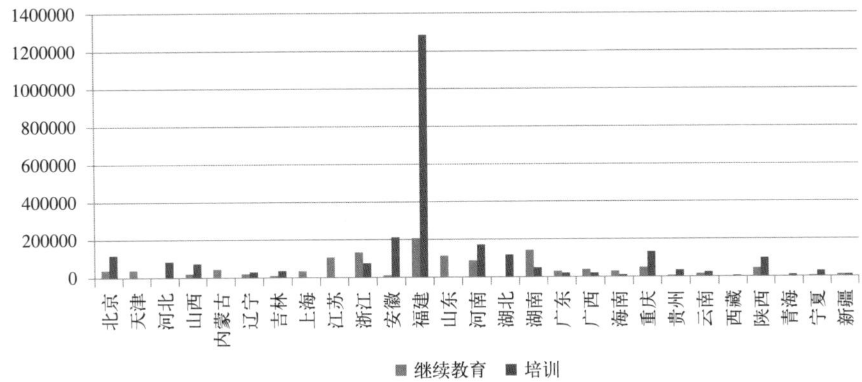

图 2-3 2017 年 27 省（区、市、兵团）专业技术人员培训和继续教育开展情况

2.2.1.1 专业技术人员培训情况

2017 年，全国 23 省（区、市）共有约 268.9 万人参加各类专业技术人员培训，其中施工员、质量员、安全员、材料员、资料员、安全 A 类、安全 B 类、安全 C 类培训人数突破 10 万人，培训人数最多的是施工员，达到 38.54 万人。培训

人数突破 10 万人的省市包括北京、安徽、福建、河南、湖北、重庆等省份。具体如表 2-4 所示。

2017 年 23 省（区、市）专业技术人员培训人数统计表　　　表 2-4

地区	施工员	质量员	安全员	材料员	标准员	机械员	劳务员	资料员	造价员(预算员)	安全A类	安全B类	安全C类	其他	合计
北京	13999	12603	0	4611		2415	4508	7281	0	4410	13995	39190	16147	119159
天津	684	673	0	427		386	521	480	0	492	246	903		4812
河北	4012	4508	0	1750	632	1403	1812	1521	0	71583				87221
山西	4858	4153	2884	2391	1023	1489	1978	3199	0	5252	21007	26258		74492
辽宁	6924	5727	8971	2215	385	812	195	4045	0	0	0	0	2110	31384
吉林	8756	5763	0	2126	728	1915	2316	1651	0	2898	4656	7313		38122
浙江	9921	7990	15077	2765	1401	1687	1996	3801	0	5200	10715	15019	0	75572
安徽	29516	23717	0	10647	3121	5915	7163	11176	0	24000	32000	64000		211255
福建	137088	83047	62995	44551	16036	37675	24721	25104	0	25535	77877	107175	641804	1283608
河南	35819	22375	20333	10678	0	6439	7478	13128	10418	7490	16449	23589		174196
湖北	40356	29672	0	18917	4945	5011	5708	13864	0					118473
湖南	19641	11304	12346	1971	810	1047	1208	2929	0					51256
广东	9731	3107	0	1562	715	774	1355	3862	0					21106
广西	1603	7124	2058	3721		1842	1791	5420						23559
海南	4880	2077	2077	830	557	536	481	2055	0					13493
重庆	37724	13989	20458	6833	2240	3352	3669	4082	14958	3405	7554	8022	8220	134506
贵州			0						0	4550	11651	19413		35614
云南			0		2876				0	4512	5831	12394		25613
西藏	1953	1975	664	766	139	147	1187	152	0	57	82	525	1074	8721
陕西	11012	6165	7415	3765	789	3505	2951	4980	0	10621	21701	26994		99898
青海	911	604	0	352	121	170	236	758	0	1053	2372	4206		10783
宁夏	2563	1574	1989	1439	624	734	3143	337	0	2304	4843	8359	6109	34018
新疆	3484	1967	2984	862	16	633	635	1622	0					12203
合计	385435	250114	160251	123179	37158	77887	75052	111447	25376	173362	230979	363360	675464	2689064

注：黑龙江、江西、四川未提供调查表，内蒙古、上海、江苏、山东、甘肃调查表中未提供相应数据

2.2.1.2 专业技术人员考核评价情况

2017 年全国住房和城乡建设系统教育培训工作以习近平新时代中国特色社会主义思想为指导，坚持以高质量发展推动住建行业与时俱进、开放互动、创新驱动。建筑业教育培训坚持以科学发展观为统领，认真贯彻党的十九大精神，积极推进建筑业改革改制工作，创新发展思路、夯实发展根基、凝聚发展动力，奋发进取，扎实工作。在住房和城乡建设部的指导下，按照住房和城乡建设部的工作部署和行业发展需要，积极开展建筑业从业人员职业培训工作，为行业改革发展提供人才支撑。

江苏省在现场专业人员岗位考核评价工作全国率先的基础上，不断创新从业人员考核评价方式，服务企业行业需求向纵深拓展。一是无纸化考核全面推进。按照计划进度，加强考点建设指导，建立定期汇报进展机制，采取通报推进情况、适时召开推进会的方式，全面推进无纸化考核；二是电子化证书先行先试。针对从业人员多、资格证书多、管理难度大等现状，2017 年率先向住房城乡建设部申请率先开展从业人员资格证书电子化试点，根据住房和城乡建设部《关于同意在江苏省内开展从业人员有关证书电子化试点的复函》（建办人函〔2017〕470 号）要求，已于 2017 年 9 月全面启用全省住房和城乡建设领域从业人员电子证书。

云南省始终把提升建筑施工企业专业人员的业务水平作为保证工程质量和施工安全突破口。一是规范管理。根据厅党组关于住房城乡建设行业培训工作的部署和要求，研究确立了“管办分离、主动对接，考培分离、加强管理，分类服务、全面提高”的工作思路。进一步理顺业务处室、考核机构、培训机构在监管、培训、考核、发证、使用管理等方面的职责任务，做到分工明确，有效发挥各方职能优势。建设行业教育培训严格按照“统一计划、统一大纲、统一教材、统一考试、统一收费、统一发证、考培分离”的要求推进培训考核工作落实；二是提升考培实效。围绕“让数据多跑路、让人员少跑腿”的目标，充分利用互联网资源，逐步推广网络教育，实现教学科学化、标准化，共享优质培训教育资源，不断探索建立高效实用、成本低廉的培训模式；三是提高服务质量。在考核报名方面增设咨询服务台、咨询服务热线，开通微信、QQ 群在线交流服务平台。在组织建筑施工各类从业人员理论考核中均采用在计算机上答题方式进行，全面开展无纸化考试。坚持送考上门，为考生营造客观、公正、公平的考试环境，为相关企业和从业人员提供更便捷的服务。

2017 年，全国 28 省（区、市）共有约 254.95 万人参加由地方主管部门组织开展的各类专业技术人员考核评价，其中江苏接近 30 万人，参见表 2-5。

2017 年 28 省（区、市）专业技术人员考试人数统计表　　表 2-5

地区	施工员	质量员	安全员	材料员	标准员	机械员	劳务员	资料员	造价员(预算员)	安全 A 类	安全 B 类	安全 C 类	其他	合计
北京	15555	14004	0	5124		2684	5009	8090	0	4900	15550	43545	17942	132403
天津	684	673	0	427		386	521	480	0	5494	5696	11770		26131
河北	6060	6589	0	2562	952	2026	2460	3102	0	71583				95334
山西	4458	3853	2183	1890	731	1288	1451	2298	0	2377	14586	15439		50554
内蒙古	5823	4690	7278	2248	453	980	1031	2738	1660				2711	29612
辽宁	6924	5727	8971	2215	385	812	195	4045	0	3638	9338	18320	2110	62680
吉林	6728	5215	0	1917	655	1826	1815	1342	0	2390	3880	6144		31912
上海	5726	4895	0	2675	1944	1276	2860	3206	0	5285	9193	40748		77808
江苏	60878	51631	0	16119	5511	8970	9776	20593	0	21520	26936	73387		295321
浙江	29780	19975	0	8299	2793	4597	5367	11381	0	15624	28993	42054	0	168863
安徽	29516	23717	0	10647	3121	5915	7163	11176	0	12000	16000	32000		151255
福建	21637	14055	11424	6922	2409	6415	5668	4393	0	2692	3283	20059	98957	197914
山东			0						0	10574	22803	42046		75423
河南	35759	22347	20309	10663	0	6433	7475	13112	10414	7589	16648	23876		174625
湖北	34382	24574	0	18027	4279	4267	4980	13090	0					103599
湖南	19641	11304	12346	1971	810	1047	1208	2929	0	41420				92676
广东	9731	3107	0	1562	715	774	1355	3862	0					21106
广西	19838	8582	24344	3933		1912	1990	6390		6677	10024	30545		114235
海南	4880	2077	2077	830	557	536	481	2055	0					13493
重庆	37780	14014	20846	6839	2240	3357	3675	4082	14983	3405	7554	8022	8242	135039
贵州	12998	6200	0	3994	1663	1494	2774	7148	0	4395	10964	18914		70544
云南	15981	9625	0	3843	2018	3815	4985	6620	0	4512	5831	10513		67743
西藏	1869	1917	625	761	139	145	1167	152	0	54	78	493	1058	8458
陕西	11012	6165	7415	3765	789	3505	2951	4980	0	10621	21701	26994		99898
甘肃	42404	36610	0	19411	5425	18946	6781	18088	0			33998		181663
青海	584	455	0	237	70	113	154	490	0	971	2277	3849		9200
宁夏	3967	3141	2653	2186	892	1831	4558	506	0	2904	6104	10534	11335	50611
新疆	2179	890	1408	327	102	216	237	961	0	1264	2533	1260		11377
合计	446774	306032	121879	139394	38653	85566	88087	157309	27057	241889	239972	514510	142355	2549477

注：黑龙江、江西、四川未提供调查表。

2017 年，全国 28 省（区、市）共有 182.67 万人获得考核合格证书。其中施工员、质量员、安全员、资料员、安全 A 类、安全 B 类、安全 C 类人员取证人数突破 10 万人，取证人数最多的是安全 C 类人员达 31.86 万人，其次是施工员，达到 30.77 万人。参见表 2-6。

2017 年 28 省（区、市）专业技术人员发证人数统计表 **表 2-6**

地区	施工员	质量员	安全员	材料员	标准员	机械员	劳务员	资料员	造价员（预算员）	安全A类	安全B类	安全C类	其他	合计
北京	9143	8536	0	2449		1348	3880	6053	0	3192	12838	26992	11980	86411
天津	484	480	0	302		274	366	339	0	4352	4568	8345		19510
河北	7311	7673	0	3115	1189	2610	3303	3794	0	73438				102433
山西	2733	2343	1466	1164	476	804	888	1383	0	2729	15189	15314		44489
内蒙古	17031	12475	23795	4966	361	802	851	8035	0	1478	4743	4648	5884	85069
辽宁	6924	4548	8971	2215	385	812	195	4045	0	3219	8761	16210	2110	58395
吉林	6235	4538	0	1545	571	1511	1426	1067	0	1804	3651	4764		27112
上海	3034	2721	0	1033	960	807	1718	1641	0	2698	6539	17011		38162
江苏	28002	25022	0	6608	3173	5122	5086	9517	0	12723	19996	36100		151349
浙江	30881	19512	21691	8923	886	2201	3099	11267	0	6701	13011	8928	0	127100
安徽	15253	14416	0	6714	1474	3658	4483	7219	0	8864	13343	26341		101765
福建	11057	7478	8484	3428	1388	3630	3555	2691	0	1997	2806	14856	61370	122740
山东			0						0	9628	20700	35533		65861
河南	27011	17281	15423	7971	0	4884	5565	10240	8476	5766	14125	17922		134664
湖北	31333	22307	0	16224	2607	2567	2991	11153	0					89182
湖南	13082	7496	8863	1112	539	717	912	1918	0	5385	9709	18029		67762
广东	5754	2007	0	1051	453	513	1039	2485	0					13302
广西	12408	4231	16596	2549		1491	1368	4987						43630
海南	2691	1073	1371	508	276	358	335	1382	0					7994
重庆	9971	4507	6560	1641	757	953	1234	2546	5465	1944	5784	4264	2787	48413
贵州	6344	2997	0	2036	790	802	1525	3704	0	3298	9181	13226		43903
云南	14066	8194	0	3484	1656	3733	5322	6636	0	4320	5631	6109		59151
西藏	889	1069	372	425	52	77	777	85	0	36	67	269	692	4810
陕西	6170	3073	5540	2172	316	2958	1740	3745	0	7165	16867	15853		65599
甘肃	35204	47768	0	15672	2450	15865	4016	11772	0	4027	13597	18257	7914	176542
青海	475	344	0	164	57	77	113	385	0	715	1757	2928		7015
宁夏	1991	1654	1518	1170	650	774	2402	311	0	1696	3564	6151	3748	25629
新疆	2179	890	1408	327	102	216	237	961	0	580	1194	596		8690
合计	307656	234633	122058	98968	21568	59564	58426	119361	13941	167755	207621	318646	96485	1826682

注：黑龙江、江西、四川未提供调查表。

2.2.1.3 专业技术人员继续教育情况

2017 年，全国 25 省（区、市）共有 129.22 万人参加由地方主管部门组织开展的各类专业技术人员继续教育，其中福建突破 20 万人，江苏、浙江、山东、湖南参加继续教育人数均突破 10 万人。继续教育人数最多的是安全 C 类，达到 23.72 万人。参见表 2-7。

2017 年 25 省（区、市）专业技术人员继续教育人数统计表 表 2-7

地区	施工员	质量员	安全员	材料员	标准员	机械员	劳务员	资料员	造价员（预算员）	安全A类	安全B类	安全C类	其他	合计
北京			0						0	4508	12570	22739		39817
天津	0	0	0	0		0	0	0	0	6329	21277	16481		44087
山西	0	0	0	0	0	0	0	0	0	2875	6421	10819		20115
内蒙古	10712	7924	16400	2910		15	9	5297	2025				1342	46634
辽宁	568	21508	751	365	6	9	668	10	0	0	0	0	0	23885
吉林	2163	1910	0	856	356	425	1050	421	0	856	985	2413		11435
上海	4435	3846	0	1497		780		2030	0	2291	10871	11763		37513
江苏	22227	18848	0	7209		2855		9880	0	5000	20000	25000		111019
浙江	16463	11624	9863	5325	0	0	0	0	0	14140	42488	33725	0	133628
安徽	4660	3408	0	1370	0	105	0	1657	0					11200
福建	18526	12265	7087	6145	2530	4892	3147	3205	0	4506	20769	20279	103351	206702
山东	9192	6019	0	4560		2860	1827	3428	0	12422	35436	39308		115052
河南	13395	9905	8358	6096	516	2301	1713	6038	2570	5141	13603	21176		90812
湖南	39392	21991	33549	12887	8740	8488	0	9949	7781					142777
广东	13909	9270	0	3116		1919		4805	0					33019
广西	8323	3905	10669	2378	141	554	372	3638	2339	1123	8631	947		43020
海南	8558	2872	6329	2263	693	1393	619	7815	0					30542
重庆	15796	5888	1103	3469	1923	519	634	5234	2341	2037	5465	7342	1970	53721
贵州			0						0	1066	3541	3891		8498
云南			0		12015				0			6292		18307
西藏	199	181	348	89	0	0	0	0	0	59	164	125	333	1498
陕西	2452	1475	1599	919	61	117	216	1596	0	5712	20578	10376		45101
青海	432	147	0	20				232	0	314	989	985		3119
宁夏	344	306	257	118	0	26	1006	0	0	449	944	1629	2268	7347
新疆	1305	1077	1576	535	65	417	398	661	0	1763	3706	1887		13390
合计	193051	144369	97889	62127	27046	27675	11659	65896	17056	70591	228438	237177	109264	1292238

注：黑龙江、江西、四川未提供调查表，河北、湖北、甘肃调查表中未提供相应数据。

2.2.1.4　专业技术人员持证人员情况

2017 年，全国 25 省（区、市）专业技术人员有效期内持证人员数量共有 1017.45 万人，其中福建持证人数最多，达到 128.36 万人，江苏持证人数也突破 100 万人。北京、浙江、山东、河南、湖南、重庆、陕西持证人数均突破 50 万人。持证人员数量最多的是施工员，达到 182.5 万人。参见表 2-8。

2017 年 25 省（区、市）专业技术人员有效期内持证人员数量统计表　　表 2-8

地区	施工员	质量员	安全员	材料员	标准员	机械员	劳务员	资料员	造价员（预算员）	安全A类	安全B类	安全C类	其他	合计
北京	113971	91799	0	24220		7926	34317	70649	76977	21644	76607	144636	210935	873681
天津	480	503	0	246		216	350	255	0	14375	32482	35555		84462
河北	29464	28367	0	13622	3042	8070	11416	15819	0	73438				183238
山西			0						0	15519	54816	68140		138475
内蒙古	22697	16886	31997	7098	1743	3176	3500	11134	5164	5730	24094	23327	9741	166287
辽宁	39520	26056	21900	13815	3347	8019	7831	18521	0	19982	65366	93673	7669	325699
吉林	21286	16593	0	7189	2954	5464	6503	7791	0	10303	23689	31665		133437
江苏	155940	141696	0	45778	3173	27169	30574	57677	0	87461	252082	245083		1046633
浙江	150695	94937	126191	40177	15619	18588	22833	50359	0	51503	122177	111074	0	804153
安徽	65798	47715	0	24202	5579	13386	16738	27990	0					201408
福建	137088	83047	62995	44551	16036	37675	24721	25104	0	25535	77877	107175	641804	1283608
山东	161566	88535	66008	62545		40015	11677	42562	85405	41430	110669	142129	20920	873461
河南	156016	96845	81596	51623	5509	28215	28643	60872	33092	26103	80170	96634		745318
湖南	143823	74375	103982	33925	24934	24482	13036	35496	25121	22265	64035	92938		658412
广东	38630	22619	0	8384	952	4679	3327	13686	72729					165006
广西	84679	30210	86424	15406		6830	5381	27860						256790
海南	19753	6820	13530	4537	1587	2851	2058	13432	9127				22141	95836
重庆	234692	64181	108502	33545	7954	8164	9560	45452	56549	14638	43998	43720	20523	691478
贵州			0						0	8865	27350	35819		72034
云南	25418	26343	0	17984	12015	7448	7249	15298	0	30071	58400	33863		234089
陕西	170181	63640	87131	37698	5505	14497	12864	83304	0	28173	83978	58120		645091
甘肃	39998	95778	0	18171	4259	18458	7177	18823	0	13088	56194	62593	17766	352305
青海	1356	913	0	482	176	276	360	998	0	980	2560	3659		11760
宁夏	8834	13255	12868	3887	2169	2656	15591	996	0	3977	8358	14425	23460	110476
新疆	3085	1967	2984	862	167	633	635	1622	0	2343	4609	2483		21390
合计	1824970	1133080	806108	509947	116720	288893	276341	645700	364164	517423	1269511	1446711	974959	10174527

注：黑龙江、江西、四川未提供调查表，上海、湖北、西藏调查表中未提供相应数据。

2.2.1.5 专业技术人员职业培训管理情况

2017 年，各省坚持以科学发展观为统领，认真贯彻党的十九大精神，积极推进建筑业改革改制工作，创新发展思路、夯实发展根基、凝聚发展动力，奋发进取，扎实工作，在 2016 年快速发展的基础上，又迈上新的台阶，呈现出平稳增长、结构优化、效益提高的态势。

（1）加强制度建设，全力保障培训工作顺利开展

甘肃省 2017 年全面围绕“两个系统、三级管理、四支队伍”的总体框架展开，在总结 2016 年培训工作中积累的经验和不足后，制定了《关于落实“三纠三促”规范培训组织程序的通知》，从培训细节入手，对培训前、中、后各阶段的时限、监管和证书管理等方面都做了进一步的规定。建立了配套的培训计划登记台账和入库登记台账，使来件有据可查，来件处理情况一目了然。综合总结无纸化考试中存在的问题，进行了细致有效的探讨，提出了切实可行的处理办法。2017 年现场专业人员计算机无纸化考试中首次使用了“居民身份证阅读核验软件”系统，有效减少了持无效和假身份证考生进入考场的情况，给各市州考试监管减轻了压力。

北京市为进一步规范考核管理工作，简化办事流程，提高政务效能，根据建筑业人力资源现状和生产实际，对建筑业企业部分从业人员考试报名工作进行了调整，印发了《关于调整北京市建筑业企业部分从业人员考试报名有关工作的通知》（京建法〔2017〕19 号）。

（2）注重创新考培模式，确保专业人员培训考核健康发展

云南省始终把提升建筑施工企业专业人员的业务水平作为保证工程质量和施工安全突破口。一是规范管理，根据厅党组关于住房城乡建设行业培训工作的部署和要求，研究确立了“管办分离、主动对接，考培分离、加强管理，分类服务、全面提高”的工作思路。进一步理顺业务处室、考核机构、培训机构在监管、培训、考核、发证、使用管理等方面的职责任务，做到分工明确，有效发挥各方职能优势。在云南省住房城乡建设行业教育培训严格按照“统一计划、统一大纲、统一教材、统一考试、统一收费、统一发证、考培分离”的要求推进培训考核工作落实；二是提升考培实效，围绕“让数据多跑路、让人员少跑腿”的目标，充分利用互联网资源，逐步推广网络教育，实现教学科学化、标准化，共享优质培训教育资源，不断探索建立高效实用、成本低廉的培训模式。在继续教育开展方面，加快远程网络教育优质视频课程和网络学习服务功能开发，构建线上线下并行的同步课堂学习模式。注重提高考试工作信息化管理水平，在考试报名、资格审核、考务安排、成绩查询、证书查询等方面实现信息化管理，提高办事效率，降低行政成本；三是提高服务质量，在考核报名方面增设咨询

服务台、咨询服务热线，开通微信、QQ群在线交流服务平台。在组织建筑施工各类从业人员理论考核中均采用在计算机上答题方式进行，全面开展无纸化考试。

宁夏积极创新建筑业从业人员考试组织模式。方便考生参加考试，采取“互联网+考试”模式，由考生自选考试岗位、自主选择考试地点。充分利用计算机媒介，同时开展多个专业岗位考试，将考生识别、考试、阅卷和成绩公布“一站式”完成。开展“异地同考”的考试模式，实现建筑施工专业人员万人异地同考。

(3) 加强考试考务管理

河南省在组织安排上，多次召开由各地市建设教育行政主管部门、行业协会、建设类培训机构和考点负责人参加的会议，反复商议考试具体步骤和相应程序。制作《河南省住房和城乡建设领域现场专业人员考务工作流程》MP4版本，规范考试考务各个环节。在考试考务上，派专人分赴各地市对考点设置情况现场审核，对考试考务工作具体指导，要求相关单位严格按照考试违纪规定认真执行，强化纪律意识，严肃考风考纪。

2017年广东省继续规范开展全省住房和城乡领域现场专业人员统一考核评价的相关工作。包括组织专家完善教学大纲、试题库，制定2017年统一考核评价试卷；根据2016年工作的经验和暴露的问题，制订并修改了一系列考核考务管理规定；加强对考生报考资料的审核，特别是对考生的申报资格及学历真伪都进行严格审核；为统一解决考生的政策疑问，制订了《现场专业人员岗位培训考核答疑集锦》供培训机构和考生参考。考核期间，全省合理调配工作人员对各考场进行巡考，确保考场良好秩序，监考工作由各地具备资格的监考员担任、交叉监考，既保证了公平公正，又做到了有效的互相监督。

(4) 强化监管，提高培训质量

青海省严格审查各培训机构申报的培训班，督促各培训机构加强考勤管理，坚持每天打卡签到四次，将考勤情况纳入考核结果，切实保证了培训质量。不定期抽查考勤情况和教学质量，督促培训单位和参训人员从思想上重视继续教育工作。不定期对培训机构进行考场巡视，及时发现和指出有关问题，不断加强管理，切实提高建设行业从业人员教育培训质量。

2.2.2 建设行业专业技术人员继续教育与培训存在的问题

2017年，在住房和城乡建设部的指导下，各省按照住房和城乡建设部的工作部署和行业发展需要，积极开展建筑业从业人员继续教育和培训工作，为行业改革发展提供人才支撑。在取得不错的成绩、获取很多经验的同时，也发现了许多问题和不足。

（1）多方共赢人才机制尚未形成。在党的十九大精神的指引下，职业教育和培训工作得到了前所未有的关注，涉及人才培养的政府和企事业单位在教育培训方面投入的精力和经费都有所增加，特别是企业作为人才培养的主体之一，发挥了更大的作用。但是，面对建设行业转型升级、增速放缓等一系列问题时，企业能够放在人才培养和职业教育上的精力也大大受限，政策层面还没有对于企业更多参与人才培养的鼓励政策。另外，行业中缺乏科学合理的人才培训效果的评价体制机制，还面临着难以将学习成果与薪酬挂钩的难题。

（2）从业人员主动学习积极性有所下降。2018 年住房和城乡建设部等相关部门减少或取消了建筑业企业资质对于从业人员持证的硬性要求，从业人员在繁重的工作和自我提升知识水平的矛盾中，难以取得平衡，主动学习的积极性下降，整体参训人员有所减少。

（3）培训内容不能完全满足生产实践的要求。专业技术管理人员培训内容偏向系统知识的梳理、强调系统性，但相对于生产实践的要求存在面窄、量少，针对性、实用性不够的问题。校企合作、产教融合机制不灵活，教育培训信息化水平相对滞后，人才驱动创新、推进转型升级的引领性作用尚待进一步发挥。人才培训基地的各类资源缺乏有机的整合，优化配置。

（4）系列教材相对滞后。目前，行业中所使用的教材年限较长，内容相对滞后。特别是近一两年行业中使用的新技术、新工法涉及较少。另外，持证人员继续教育教材缺乏，市面上还没有成体系的、针对性强的继续教育教材。

（5）培训缺少经费投入。首先，政策不闭合，工作缺乏直接的法律法规依据，造成了教育培训无经费来源等问题，导致了工作的难以为继。其次，由于企业资质对于从业人员持证要求降低，企业投入教育培训的经费逐年减少。

（6）培训与薪酬体系没有挂钩，影响了从业人员参加培训的积极性。由于参加专业技术培训会占用从业人员一些工作时间，而且对专业技术培训和继续教育培训，企业更多地是认为属于个人行为，培训成果并不与薪酬挂钩，导致从业人员参加专业技术培训缺乏积极性。

（7）抓教育培训的紧迫性还不够强。对抓好从业人员教育是落实人才培养规划，提高工程质量、管理质量和服务质量的重要性、必要性认识还不高，缺乏全局观念，在推动教育培训工作上缺乏主动作为和高标准意识。在实际工作中，改革意识不强，思想不够解放，在培训观念、培训方式、培训主体、培训制度等方面还缺乏开拓创新精神。

（8）培训机构缺乏有效的管理和指导。由于培训市场化进程的不断推进，对培训情况难以全面掌握，缺少有效的监管依据和必要保障。国家对参与行业培训的机构及师资没有相应的管理措施。

(9) 教育水平差异较大，缺乏教育培训标准。由于我国经济发展地方差异较大，东西部地区建设行业人员职业教育与培训工作水平差异较大。近年国家在教育资源均衡配置上做了很多工作，逐步将东部发达地区的优质教育资源向中西部地区辐射，东西部差距逐年缩小。各地的建设职业教育和培训机构没有统一的教育培训标准参考，使得各地培训方式和效果差距较大，也缺少对于培训质量的统一考核认定体系，企业在认定人员教育培训效果时难以量化考核。

2.2.3　促进建设行业专业技术人员继续教育与培训发展的对策建议

2017 年 12 月，国务院下发了《关于深化产教融合的若干意见》(国办发〔2017〕95 号)，其中明确了企业在职业教育和行业培训中的主体地位。国家发展改革委、财政部、教育部等部委多次进行调研，并配套出台了相关政策，促进产教融合、校企合作，更多的社会资源都在向着职业教育和培训工作倾斜。在良好的发展机遇面前，相关从业者也要意识到，应改变传统的、相对落后的教育培训方式，更多使用信息化技术，不断改善教学模式，为广大学生和从业者提供更好的学习体验，并提高其学习效率。2018 年 9 月，在国务院机构改革中，住房和城乡建设部城乡规划管理职责划入自然资源部，住房和城乡建设部风景名胜区、自然遗产管理职责划入国家林业和草原局，将公安部指导建设工程消防设计审查职责划入住房和城乡建设部。2018 年，住房和城乡建设部对建筑施工、园林等企业资质关于人员教育培训的指标做出了调整。以上这些变化，都将对行业教育培训产生深远影响。

(1) 贯彻落实党的十九大精神，继续推进产教融合。深入领会党的十九大精神，不断推进职业教育、行业培训改革，促进产教融合、校企合作向纵深发展。根据企业的实际岗位需求，制订人才培养方案、教育培训大纲，通过职业培训解决企业在人才使用中的问题。在实际技能培训过程中，要充分发挥企业的主体作用，加大实训、案例课程的授课比例。充分利用信息化手段研发适用于新时代特征的现代化教育培训课程，提升从业人员的教育培训感受，提高教育培训效果。

(2) 探索多方共赢的人才培养机制。在建筑业增速放缓、转型升级的大背景下，需要探索行业组织、企业、教育培训机构共同参与人才培养并从中获益的机制。特别是更好地发挥企业人才培养和人才使用的主体作用，研究配套政策，如税费减免、政府建设项目招标加分等措施，减少企业遇到的困难，提升其参与教育培训的积极性。

(3) 加大碎片化视频课程开发力度。适应从业人员学习习惯转变形式，分析行业新兴核心技术特点，充分满足移动终端互联网学习、微信公众号课程等方式的学习需求，着力开发更多的碎片化、可视性强、便于理解记忆的新型教育培训课程。

（4）提升教育培训课程的深度。根据行业转型升级需求，在充分了解一线生产人员的实际问题后，着重做好“三化”方面的深度课程研发，完成职业教育和培训课程从普及型课程向解决实际问题的应用型课程的逐步转变。行业组织或资深培训机构可组织行业专家为企业个体开发定制型课程，解决其在生产实践中的个性问题。配合国家“一带一路”倡议，做好人才输出前的法律法规、技术技能方面的储备。

（5）缩小地域差异，建立统一培训质量标准。继续加大对于西部地区职业教育与培训工作的扶持力度，建立网络教学资源库，制作统一基础知识网络课程，定期组织技术重点难点公益性讲座，缩小地域差异。由行业组织、企业、教育培训机构共同建立统一的培训质量标准，规范培训流程，严控关键节点，明确培训质量管理目标，形成报告及反馈机制，不断提高培训质量。

2.3 2017年建设行业技能人员培训发展状况分析

农民工是拥有农村户口，曾经从事农业生产，现已进入城镇，在各种企事业单位中从事着第二、第三产业的农民。据中国社科院人口与劳动经济研究所所长蔡昉在一份研究报告中所列的数据显示：进城务工的农民已占据我国全部第二产业岗位的57.6%，商业和餐饮业岗位的52.6%，加工制造业岗位的68.2%，建筑业岗位的79.8%。可见，农民工是活跃在城镇经济建设中的一支新生力量，他们在创造社会财富的同时也在塑造自己，已经与城市发展和社会经济繁荣进步密不可分。但由于大多数农民工文化程度较低，专业技能欠缺，还不能很好地适应社会的需要。据最新调查显示，在进城务工的农民中，有43%的人没有接受过任何培训，有25%的人只接受过不超过15天的简单培训，接受过正规培训的人数仅占14%。

近年来，各级党委、政府都相当重视农民工培训工作，如政府部门实施了“阳光工程”，工会开展了“千万农民工援助行动”，给农民工提供了免费培训的机会，已取得了阶段性的成果。但农民工培训是一项长期而艰难的工作，尽管政府投入了许多财力、物力，各级工会组织也多方努力，但在实际操作过程中，仍遇到了不少困难和问题亟待解决。

新生代农民工是改革开放进程中成长起来的一支新型劳动大军，每年都有大批新生代农民工从事到建筑业劳务工作中，这个特殊的群体已成为我国现代产业工人的主体和现代化建设的重要力量。随着经济建设步伐的加快，农民工队伍的作用越来越大，其地位也越来越受到关注。

2.3.1 建设行业技能人员培训的总体状况

新生代农民工与20年前的传统农民工相比，他们更加注重自我，更加注重自己的权益保护，更加注重自己的生存与发展，作为新生代农民工，他们既和他们的父辈一样面临着共同问题，同时也具有自己的新特点、新诉求、新矛盾。现阶段建设行业农民工现状如下：

（1）年龄以青壮年为主，且男性占绝大多数。据统计，1980年及以后出生的新生代农民工逐渐成为农民工主体，占全国农民工总量的50.5%，比上年提高0.8个百分点。

（2）文化程度以初中水平居多，特种工学历相对较高。绝大多数农民工受过初中以上教育，因传统建筑业属于劳动密集型产业，所以这个学历结构还基本胜任传统建筑业对农民工从业的基本要求。以某省劳务公司为例，对600名农民工进行学历调查，小学文化程度占11.9%，初中文化程度占59.5%，高中以上文化程度占28.6%（其中中专学历5名，大专学历1名）。高学历者主要集中在占总人数50%的焊工等特种作业人群中，特种作业人员中持有职业资格证的占90.5%。

（3）婚姻状况以未婚为主。与传统农民工当时80%以上已婚相比，而今新生代农民工已婚者仅占20%左右。

（4）缺乏务农经历。新生代农民工主要来自河南、四川、江苏、甘肃四省，以农业户籍、非农业就业为主，基本上没有务农的经历，很多是从学校毕业后就直接外出的，甚至连基本的农业常识都缺乏；从动机上看，他们基本上不是基于“生存理性”外出，而更多的是将流动视为改变生活方式和寻求更好发展的契机。

2.3.1.1 技能人员培训情况

抓好技术工人的在职培训教育，不断向技术工人传授新知识、新技术是抓好工人在职岗位培训的重要内容。这不仅有利于提高技术工人的技能水平，而且有利于技术工人增强岗位适应性和竞争能力。首先，要鼓励技术工人自学成才，积极组织技术工人开展知识更新活动，鼓励技术工人参加高一层次的职业技术学习。其次，举办多层次的技术工人职业技能培训班，结合建筑行业的实际情况，提倡技术工人立足岗位成才，干什么学什么，缺什么补什么，学一点精一点。第三，广泛开展岗位练兵和技术比武活动。企业应结合生产实际，开展丰富多彩、形式多样的职业技能竞赛活动，以调动技术工人提升自己技能水平的积极性。参加职业技能培训，经鉴定获得中级及以上资格者，可在原技能工资基础上增加一定的技能工资。近年来，连续举办了几次建筑行业技能大赛，促进了建筑工地的钢筋工、砖瓦工、抹灰工等工种的技术水平的提高，望今后能开展多个工种的技能大赛，以促进建筑工人学技术、比先进的积极性。对获得技师、高级技师等级的，应享受相应专业技术人员职称待遇，以在全行业形成重技能、重技术、重教育的良好风气，培养更多更好的适应企业发展的技术工人队伍。

目前，住房和城乡建设部根据制定的建设行业农民工技能培训规划，将培训任务分解到各省市，再由各省市分解到各地市，明确责任。集中力量抓影响工程质量和安全生产的关键工种，重点是机械操作工、砌筑工、架子工、钢筋工等。全年培训2810322人次，其中技师、高级技师21734人次、高级工250381人次、中级工1328479人次、初级工465879人次、普工743849人次。

2.3.1.2 技能人员技能考核情况

健全建筑业技术工人的职业技能鉴定机构，根据建筑业从业人员多、建筑队伍分散、经常跨地区施工等特点，不仅要在市区内建立建筑职业技能培训与鉴定基地，还要在市郊各区、市建立相应的培训与鉴定基地，建立一支思想素质高、懂法律、熟业务、操作技能强的师资和考评员队伍，形成较为科学的职业技能开发管理体系。完善的培训鉴定基地是搞好建筑职业技能开发工作的基本保障。根据国家制定的各工种的技术等级标准，结合建筑行业要求和特点，制定各工种的技术评定标准。建立有理论实际教学经验和职业技能考核鉴定水平的权威专家组成的评委会，以量化的考核内容，定期对企业技术工人进行等级考核和评聘，使技术工人得到合理搭配，减少技术人才的资源浪费，让技术工人走立足岗位成才的道路。

截至2017年底设立培训基地2174个，鉴定机构1035个，考评员配备3568人。目前参加考核并取证的技能鉴定人数已达1689438人，其中技师、高级技师7764人、高级工180812人、中级工1095608人、初级工404930人。

2.3.1.3 技能人员技能竞赛情况

2018年，搭建了全国住房城乡建设行业职业技能竞赛平台，完善人才评价激励机制，展示一线技术工人高超技艺，弘扬精益求精工匠精神，营造能工巧匠脱颖而出的社会环境，改变“学而优则仕”“重学历、轻能力，重理论、轻实践，重装备、轻人才”等传统社会观念，树立技能报国典型和职业英雄，培养世界大工匠，营造良好社会氛围，构建岗位练兵与技能竞赛的长效机制，从而提升全行业一线技术工人的技能水平，保证工程建设质量和安全生产。深化“中国梦·劳动美”主题教育，着力培养工匠精神、培育工匠文化，通过竞赛，进一步提高职工综合素质，练就过硬本领。坚持面向基层，把工作重点放在基层，适应企业实际和职工多样化需求，不断创新竞赛形式和载体，进一步增强竞赛活动的吸引力和实效性。尊重职工群众的首创精神，充分发挥他们的聪明才智和创造活力，让广大职工当主角，最大限度地把职工组织到竞赛活动中来。

2018年举办了2018年中国技能大赛——全国工程建设行业吊装职业技能竞赛，涉及工程测量工项目；举办了2018年建设职业——技能竞赛，竞赛项目包括：中职组：工程算量赛项、BIM建模赛项、装配式建筑智能化工程技术技能赛项。高职组：装配式混凝土建筑虚拟施工赛项；举办了“2018中国技能大赛——第六届全国职工职业技能大赛”，涉及砌筑工项目。全国技能大赛的举办，激励广大建设职工，加强岗位练兵，提高专业技能，弘扬工匠精神，勇攀技术高峰，将为建设一支技术精湛、作风过硬、敢为人先的专业技能人才队伍增添内生动力与活力。

2.3.1.4 技能人员培训考核管理情况

技能考核方面，推行企业鉴定与现场鉴定、成果鉴定相结合的两级考核鉴定方法。

(1)由建筑企业对其所申报的职业技能鉴定人员进行企业鉴定。主要做法是：首先由建设职业技能鉴定站对拟申报职业技能鉴定的建筑企业的分管领导、项目经理、施工员、质检员进行各工种职业技能标准培训；其次由建筑企业申报职业技能鉴定人员所在工程项目的项目经理、施工员、质检员根据申报人员的实际操作技能水平、安全生产知识掌握程度、职业道德规范遵守好坏，结合其完成的分部分项工程产品质量情况对其技术等级做出初步评定，并经该公司领导审核后，加盖公司公章，报送市建设职业技能鉴定站。

(2) 建设职业技能鉴定站在对企业申报并初评合格人员审核后，派出考评小组到申报人员所在工程项目进行现场鉴定。主要做法是：考评员对该工程项目的分部分项质量检查资料进行查阅，确认该项目申报人员所完成分部分项任务没有重大质量事故，一般质量事故在规定比例之内，请项目经理、施工员、质检员对该申报人员所完成的分部分项工程进行质量、工期、安全等情况介绍，并对申报人员企业初评情况进行介绍。在此基础上，考评员携带花名册走访申报人员正在施工作业的分部分项工程，观察和了解其实际操作技能，用口头提问的方式对工人相应工程等级标准的技能测试。

通过以上企业鉴定和现场鉴定，根据各工种职业技能标准，考评小组对该企业该项目申报人员等级予以考核确定，并报鉴定站审批同意。

（3）对部分一级以上施工总承包企业，除现场鉴定外，还可根据其工程进度情况采取成果鉴定的方法。对部分企业技术力量强、信用等级高、工程质量创优、基础管理工作较好的一级以上施工总承包企业所在项目申报职业技能鉴定人员的技能考核在企业鉴定的基础上由鉴定站考评员会同该项目的项目经理、施工员、质检员、班组长对申报人员所完成的分部分项工程产品成果结果质量验收资料直接予以考核认定。

2.3.2 建设行业技能人员培训面临的问题

在建设行业技能人员培训面临的问题中，既有还未解决的老问题，同时也出现了一些新问题。

这些老问题有：

（1）农民工对职业培训的战略意义认识不够。一是城市二元社会结构强化了农民工与城市居民的界限、差异，阻碍了农民工的身份、角色转换，迫使大多数农民工采用“候鸟式”两栖就业和生活方式，农民工所具有的“忙时务农，闲时务工”亦工亦农型特点，使得一些农民工认为没有必要参加培训；二是建筑市场准入制度尚不完善，建筑业工地中，部分岗位不需要技能或较高技能，农民放下锄头，不经过培训，就可以成为普工，普工通过工作中的传帮带能够较容易地掌握基本技能，似乎没有培训的必要。未持有职业技能证书的工人可以自由地在建筑行业中就业，与持有职业技能证书的工人获取几乎相同的酬劳，在这样的情况下，农民工参加培训的积极性受到打击；三是农民工认为参加职业培训要承担包括学费、书费和杂费等的直接成本，又要丧失技能培训期间产生就业潜在收益的机会成本，无疑是“赔了夫人又折兵”，觉得没有必要花多的金钱、时间和精力去接受培训。

（2）用人单位从自身利益出发不愿承担起职业培训的责任。一是在制度和运行环境具有高度不稳定的大背景下，企业和农民工之间往往缺乏长期稳定的合约关系，所以企业更看中短期的成本收益分析。由于员工培训支出增加了企业的运营成本，在农民工频繁流动和跳槽的情况下，企业对农民工培训的投资容易发生收益外溢的现象，在那些用工季节性强的企业中，这种现象尤为突出；二是尽管近几年出现了“民工荒”，但总体上说，廉价农民工仍几乎俯拾皆是，这就更使得企业在从很大程度上削弱了其投资意愿，形成了企业对农民工重用轻养的现象。也就是说，仅依靠市场自发力量还不能促成当前农村劳动力技能培训的大规模实施；三是要成为建筑行业熟练工，获得较高收入，需要通过较长时间的实践操作训练，一般认为，这个过程在6～18个月，这样长周期的培训在建筑行业难以开展。所以，建筑项目或建筑业企业进行培训投入的积极性不高。

（3）政府责任主体角色体现不够。为实施农民工培训工程，农业部、劳动与社会保障部等部委出台了农民工培训规划，确立了政府在农民工培训实施中的主体地位，明确了政府的组织领导职能，并要求各级政府将农民工培训纳入当地国民经济和社会发展计划当中，制定符合当地实际的农民工培训规划和实施细则。然而，一些地方政府没有把自己摆在农民工职业培训责任主体地位，《（国务院关于解决农民工问题的若干意见）相关问题调查报告》在其结论中更是明确地指出："关于搞好农民工就业服务和培训的问题，各地做的明显不够，需要政府、企业多方努力"。

（4）农民工职业培训的经费严重不足。农民工职业培训经费主要来自中央财政、地方财政、用人单位及劳动者个人。政府"阳光工程"资金、扶贫资金等政策性经费少而且难争取，企业1.5%～2.5%的培训提取不能执行到位，农民工家庭经济困难等多方面原因，造成培训工作经费困难，很大程度上制约着培训工作的发展。

出现的新问题有：

（5）如何培养与装配式建筑相适应的产业工人队伍。随着装配式建筑已成为新的建造方式，建筑工业化装配式建筑需要成熟稳定的产业工人队伍，由于我们国家建筑施工企业长期习惯劳务外包，90%以上一线工人是农民工，而农民工缺乏对新技能的严格培训，尤其是装配式这种复杂体系的培训，这也成为施工总包企业很头疼的问题。现在许多工厂也是仿照施工企业进行劳务分包，导致工厂工人技术不精、队伍不稳。

（6）装配式建筑人员岗位标准如何科学配置的问题。一是这些岗位设置是细分还是按装配式建筑的特点分；二是原有工种与现在装配式建筑之间如何衔接。

2.3.3 促进建设行业技能人员培训发展的对策建议

现在的职业技能培训教育已不是传统意义上的消费事业，它已成为连接现代经济和现代化科技不可缺少的环链，是现代经济和现代科技进行良性循环的纽带和桥梁。职业技能培训教育在提高劳动者素质、推动生产力发展过程中，既要避免急功近利，又要考虑长远效益。因此，发展我国社会主义生产力，就应大力发展职业技能培训教育，在提高劳动者素质上狠下功夫。

（1）统一规划，加强管理。要制订相关管理制度。明确企业为培训责任主体，确定培训工种的范围、培训内容和课时等，并提出持证上岗率分步达标要求。要有相关管理和制约措施，实行“先培训，后上岗”，严格实行就业准入制度，明确规定没有经过上岗培训并取得上岗证书的新工人，不得在建筑行业就业。同时把生产作业人员的持证上岗比例纳入对建筑劳务企业的监督管理中，并将持证上岗制度和企业资质审查、投标资格条件预审、施工许可、竣工验收、质量和安全监督、施工现场检查、企业信誉排行、工程评优等行业管理的各个方面紧密结合起来，推动技能培训和鉴定工作。同时要制订培训工作规划。要结合本地区实际，制订职业技能培训中长期规划和分阶段实施工作计划。

（2）加强对持证上岗情况的检查监督。严格检查和监督是培训和鉴定工作正常开展的根本保证。建设行政主管部门要主动与劳动行政主管部门沟通，加强对现场作业人员持证情况的检查，把持证情况纳入建筑市场和工程质量、安全生产检查中去；对持证上岗率达不到要求的企业和未经培训上岗的人员，要按规定严格处罚。

（3）大力发展劳务企业。由劳务企业负责对民工进行培训更为合理、更为可行。劳务输出地区也应加强对当地劳务企业中建筑施工人员的培训和考核，输出具有市场竞争力、持证上岗率高的劳务施工企业。

（4）加强培训和鉴定机构建设。要健全现有培训机构和鉴定站的组织机构，充实管理人员，配备完善教学设施、设备和机具。要建立与培训任务相适应的专兼职理论教师和实训教师队伍，保证教学的良好运转。要加强考评员队伍建设，使之与培训数量相协调。在挖掘原有培训机构潜力的基础上，还可依托有条件的大中型企业和其他职业学校、培训中心，积极开展培训，形成数量、级别、布局合理，专业工种配套齐全的培训网络体系。

（5）建立政府、企业、个人三方分担的投入机制。建议建立政府、企业、个人三方分担的投入机制，并在制订相关管理办法时，对培训费用分担提出指导性意见。企业应根据“谁使用、谁培训”的原则，按有关规定建立专项培训基金，承担大部分的培训费用；政府在制订造价管理有关规定时，应将培训费用列入工程管理成本；个人是技能培训的直接受益者，也应分担部分费用。根据目前民工的承受能力，以不超过20%为宜。此外，政府应根据《中华人民共和国职业教育法》等规定，从征收的教育地方附加费、农村科学技术开发、技术推广经费中，提取一定比例，建立建筑劳务人员专项培训基金，用于补助和奖励培训机构、企业和个人。

（6）建立多形式的培训和鉴定模式。针对建筑业技能培训和鉴定操作性强、材料消耗大、成本高等特点，可采取学校培训与现场培训、阶段性培训与一次性系统培训、个人自学与集中辅导、基地鉴定和现场鉴定相结合等灵活多样的形式，将培训和鉴定与现场施工结合起来；也可充分利用建筑工地开展的安全生产和施工技术交底教育、民工学校、企业自有培训场所等，把培训班办到施工现场；在培训时间上，可根据具体情况，利用施工淡季集中培训，或利用晚上时间进行培训。

(7) 适当降低培训鉴定费用。除充分利用企业自有场地、材料、师资等资源和多媒体等现代教育手段以降低培训鉴定成本外，政府可对培训鉴定机构适当予以补助，以弥补降低收费标准后的经费不足。同时，劳动和社会保障部门要支持建筑业的一线工人持证上岗培训工作，减免鉴定收费。

(8) 针对产业工人队伍的培育，需要建立稳定的机制，需要有第三方机构从事装配式建筑技术人才和产业工人培训的实践基地相配套。

(9) 建议行业主管部门尽快出台装配式建筑岗位标准。

2.4 2017年建设行业从业人员职业分类与职业技能标准建设与发展状况分析

2.4.1 建设行业从业人员职业分类发展状况分析

2.4.1.1 建设行业从业人员职业分类的总体状况

(1) 职业分类的意义和作用

随着经济社会发展、科学技术进步和产业结构调整，反映着先进生产服务技术的新职业不断涌现，部分传统职业随着落后产能和技术的淘汰而消失，我国社会职业分类体系已发生了较大变化。

实现经济发展、充分就业和社会公正的目标，首要的任务就是全力开发我国最丰富的资源——人力资源，全力提高人的素质和能力，提高劳动者的知识和技能水平。

人力资源开发是未来我国经济增长、充分就业和社会安定的主要支柱，而职业和职业分类体系在人力资源的开发体系中具有重要的基础性地位。职业是社会发展的客观产物，而职业分类体系则是运用一定的科学方法和手段，通过对社会全体从业人员所从事的各类经济性活动进行分析和研究，按照其活动的不同性质、对象、内容、形式、功用和结果进行的类型划分和归并的工作。科学的职业分类体系不但将使人们有效地掌握和监控国家经济结构和就业结构的变动发展，而且将为国家职业教育培训事业确定目标与方向。职业分类修订工作要着眼于我国社会经济发展和人力资源开发与利用的需要，服务产业结构调整，追踪技术进步趋势，践行和谐发展战略，以体现我国强化公共服务，满足各行业对人力资源管理规范性和导向性的需求。

（2）职业分类相关背景

1993年《中华人民共和国工种分类目录》颁布。共分为46类，4700个工种。其中涉及建设行业工种100个。1999年5月《中华人民共和国职业分类大典》颁布实施。分为8个大类、66个中类、413个小类、1838个职业。其中涉及建设行业64个职业，308个工种。2004年8月开始施行新职业信息发布制度。新职业信息发布制度实行以来，已向社会发布了12批共122个新职业信息，并以颁布《中华人民共和国职业分类大典（增补本）》的形式，不断补充完善着国家职业分类体系。2010年12月启动99版大典修订，2015年7月《国家职业分类大典》颁布实施。共分为8个大类，75个中类，434个小类，1481个职业，2670个工种。涉及建设行业55个职业，71个工种。

（3）职业分类的原则与方法

为了改进、增强职业分类的合理性，职业分类的基本原则由参考工作性质的单维度调整为同时参考工作性质与技能水平的双维度。

1）工作性质同一性原则。工作性质同一性是职业分类的基本原则，要求依据职业的工作内容、工作方式、工作对象、工作工具、工作成果、工作环境、工作流程、工作属性等方面的聚合程度、等同程度划分职业。

2）工作性质相似性原则。工作性质相似性原则是工作性质同一性概念的外延扩展，它涵盖了工作性质同一性的主要操作指标，如工作方式、工作对象、生产工具、工作成果、工作领域、工作环境等，基本上没有改变原有分类维度。与同一性的最大区别在于工作内容相似性的聚合性提升，增加了职业分类原则的普适性，但一定程度也损失具体职业分类的精确度。

3）技能水平相似性原则。技能水平相似性原则是新设的分类维度。以技能水平作为区别职业类别的标志，始见于国际标准职业分类（ISCO-88），随后为部分发达国家在修订标准职业分类时所仿效，以便于与国际接轨。技能水平相似性是指从业者具备技能水平（skill-level）的相似性程度，具体指职业对从业者的普通教育水平、职业培训时间和实际工作经验三个要素的相似性程度，以此作为技能水平相似性原则的衡量指标，如符合则可将这些职业归为同类职业。

4）职业分类的方法。我国的职业归类由大类、中类、小类、职业四部分构成，由粗到细，进行结构化的描述。职业分类层级坚持以大类是职业分类结构中的最高层次；中类是大类的子类，是对大类的分解；小类是中类的子类，是对中类的分解；职业是最基本类别的架构体系。职业分类遵循以工作性质相似性为主、辅以技能水平相似性基本原则，通过调整大类以下的分类，使分类结构更为科学合理。

我国现行的职业体系参见表2-9。这一体系全面反映了中国社会职业种类和结构的状况，成为制定职业统计调查数据分类标准、职业资格标准的主要依据，在人口普查、职业统计调查、劳动力和生产组织管理，以及就业指导、职业生涯规划、就业与培训等方面发挥着不可替代的作用。

我国现行职业分类体系表 **表2-9**

大类	中类	小类	细类（职业）
第一大类：党的机关、国家机关、群众团体和社会组织、企事业单位负责人	6	15	23
第二大类：专业技术人员	11	120	451
第三大类：办事人员和有关人员	3	9	25
第四大类：社会生产服务和生活服务人员	15	93	278
第五大类：农、林、牧、渔业生产及辅助人员	6	24	52
第六大类：生产制造及有关人员	32	171	650
第七大类：军人	1	1	1
第八大类：不便分类的其他从业人员	1	1	1
合计	75	434	1481

注：1. 中类是大类的子类，是对大类的分解；2. 小类是中类的子类，是对中类的分解；3. 细类是本大典最基本的分类，即职业。

2.4.1.2 建设行业从业人员职业分类情况

随着经济社会发展、科学技术进步和产业结构调整，我国现实社会的职业分类体系已发生了较大变化。为适应经济社会发展变化的实际需要，自2011年开始，受人力资源和社会保障部及住房城乡建设部委托，住房城乡建设部人力资源开发中心组织行业专家对住房城乡建设行业《国家职业分类大典》进行修订，2015年完成并颁布。其中涉及建设行业从业人员职业64个，工种82个，参见表2-10。

2017年，为健全行业职业技能培训体系，全面提高行业一线从业人员素质和技能水平，住房和城乡建设部结合各地培训需求，制定了《住房城乡建设行业职业工种目录》，在原有《建筑业职业工种名称》的基础上，纳入了市政、安装、园林绿化、燃气、供水排水、环卫、房地产物业管理及装配式建筑等住房城乡建设领域的职业工种，参见表2-11。

住房城乡建设行业《国家职业分类大典》职业工种目录

表 2-10

序号	大类	中类	小类	职业名称	工种名称
1	生产制造及有关人员	木材加工、家具与木质品制作人员	木制品制造人员	手工木工	精细木工
2	生产制造及有关人员	建筑施工人员	房屋建筑施工人员	砌筑工	建筑瓦工
					窑炉修筑工
3	生产制造及有关人员	建筑施工人员	房屋建筑施工人员	石工	
4	生产制造及有关人员	建筑施工人员	房屋建筑施工人员	混凝土工	混凝土搅拌工
					混凝土浇筑工
					混凝土模板工
5	生产制造及有关人员	建筑施工人员	房屋建筑施工人员	钢筋工	
6	生产制造及有关人员	建筑施工人员	房屋建筑施工人员	架子工	普通架子工
					附着升降脚手架安装拆卸工
					高处作业吊篮安装拆卸工
					高处作业吊篮操作工
7	生产制造及有关人员	建筑施工人员	土木工程建筑施工人员	防水工	
8	生产制造及有关人员	建筑施工人员	建筑装饰人员	建筑门窗幕墙安装工	建筑幕墙安装工
					建筑门窗安装工
9	生产制造及有关人员	运输设备和通用工程机械操作人员及有关人员	通用工程机械操作人员	挖掘铲运和桩工机械司机	推土机司机
					土石方挖掘机司机
					铲运机司机
					打桩工
10	社会生产服务和生活服务人员	技术辅助服务人员	测绘服务人员	工程测量员	
11	生产制造及有关人员	机械制造基础加工人员	工装工具制造加工人员	模具工	混凝土模具工
12	生产制造及有关人员	机械制造基础加工人员	机械热加工人员	焊工	
13	生产制造及有关人员	生产辅助人员	机械设备修理人员	电工	

续表

序号	大类	中类	小类	职业名称	工种名称
14	生产制造及有关人员	运输设备和通用工程机械操作人员及有关人员	通用工程机械操作人员	起重工	
15	生产制造及有关人员	运输设备和通用工程机械操作人员及有关人员	通用工程机械操作人员	起重装卸机械操作工	塔吊司机
16	专业技术人员	工程技术人员	建筑工程技术人员	土木建筑工程技术人员	
17	社会生产服务和生活服务人员	房地产服务人员	物业管理服务人员	中央空调系统运行操作员	
18	社会生产服务和生活服务人员	租赁和商务服务人员	安全保护服务人员	智能楼宇管理员	
19	生产制造及有关人员	电力、热力、气体、水生产和输配人员	水生产、输排和水处理人员	司泵工	
20	生产制造及有关人员	建筑施工人员	建筑安装施工人员	机械设备安装工	
21	生产制造及有关人员	建筑施工人员	建筑安装施工人员	电气设备安装工	
22	生产制造及有关人员	建筑施工人员	建筑安装施工人员	管工	
23	生产制造及有关人员	建筑施工人员	土木工程建筑施工人员	管道工	城市管道安装工
24	社会生产服务和生活服务人员	技术辅助服务人员	专业化设计服务人员	室内装饰设计师	
25	生产制造及有关人员	建筑施工人员	建筑装饰人员	装饰装修工	抹灰工
					油漆工
					镶贴工
					涂裱工
26	社会生产服务和生活服务人员	技术辅助服务人员	专业化设计服务人员	花艺环境设计师	
27	社会生产服务和生活服务人员	水利、环境和公共设施管理服务人员	绿化与园艺服务人员	园林绿化工	花卉园艺工
					园林植保工
28	社会生产服务和生活服务人员	水利、环境和公共设施管理服务人员	绿化与园艺服务人员	盆景工	树桩盆景工
					山石盆景工
29	社会生产服务和生活服务人员	水利、环境和公共设施管理服务人员	绿化与园艺服务人员	假山工	塑石工
					山石工

续表

序号	大类	中类	小类	职业名称	工种名称
30	专业技术人员	工程技术人员	建筑工程技术人员	风景园林工程技术人员	
31	专业技术人员	工程技术人员	林业工程技术人员	园林植物保护工程技术人员	
32	社会生产服务和生活服务人员	水利、环境和公共设施管理服务人员	环境卫生服务人员	保洁员	清扫工
					公厕保洁员
					水面保洁员
33	社会生产服务和生活服务人员	水利、环境和公共设施管理服务人员	环境卫生服务人员	生活垃圾清运工	粪便清运工
					生活垃圾收集工
					餐厨垃圾收集工
					生活垃圾转运分拣工
34	社会生产服务和生活服务人员	水利、环境和公共设施管理服务人员	环境卫生服务人员	生活垃圾处理工	生活垃圾填埋作业工
					生活垃圾焚烧操作工
					餐厨垃圾处理工
					生活垃圾堆肥操作工
					粪便处理工
35	专业技术人员	工程技术人员	建筑工程技术人员	环境卫生工程技术人员	
36	社会生产服务和生活服务人员	电力、燃气及水供应服务人员	燃气供应服务人员	燃气供应服务员	管道燃气客服员
					瓶装气客服员
					生活燃煤供应工
37	生产制造及有关人员	石油加工和炼焦、煤化工生产人员	石油炼制生产人员	油制气工	
38	生产制造及有关人员	电力、热力、气体、水生产和输配人员	气体生产、处理和输送人员	燃气储运工	燃气管网运行工
					燃气用户安装检修工
					压缩天然气场站运行工
39	专业技术人员	工程技术人员	建筑工程技术人员	城镇燃气供热工程技术人员	
40	生产制造及有关人员	机械制造基础加工人员	工装工具制造加工人员	模型制作工	建筑模型制作工

续表

序号	大类	中类	小类	职业名称	工种名称
41	专业技术人员	工程技术人员	建筑工程技术人员	工程勘察与岩土工程技术人员	
42	生产制造及有关人员	建筑施工人员	土木工程建筑施工人员	牵引电力线路安装维护工	接触网工
43	生产制造及有关人员	电力、热力、气体、水生产和输配人员	水生产、输排和水处理人员	水生产处理工	自来水生产工
44	生产制造及有关人员	电力、热力、气体、水生产和输配人员	水生产、输排和水处理人员	水供应输排工	供排水调度工
					排水管道工
					供水管道工
					排水巡查员
					供排水泵站运行工
45	社会生产服务和生活服务人员	电力、燃气及水供应服务人员	水供应服务人员	水供应服务员	供排水客户服务员
					供水稽查员
					水表装修工
46	社会生产服务和生活服务人员	水利、环境和公共设施管理服务人员	环境治理服务人员	污水处理工	城镇污水处理工
					污泥处理工
47	专业技术人员	工程技术人员	建筑工程技术人员	供水排水工程技术人员	
48	生产制造及有关人员	电力、热力、气体、水生产和输配人员	电力、热力生产和供应人员	供热管网系统运行工	热力管网运行工
					供热生产调度工
					热力站运行工
					中继泵站运行工
49	社会生产服务和生活服务人员	房地产服务人员	物业管理服务人员	物业管理员	
50	专业技术人员	经济和金融专业人员	商务专业人员	物业经营管理专业人员	
51	社会生产服务和生活服务人员	房地产服务人员	房地产中介服务人员	房地产经纪人	
52	社会生产服务和生活服务人员	房地产服务人员	房地产中介服务人员	房地产策划师	
53	专业技术人员	工程技术人员	安全工程技术人员	房屋安全鉴定工程技术人员	

序号	大类	中类	小类	职业名称	工种名称
54	专业技术人员	经济和金融专业人员	评估专业人员	房地产估价专业人员	
55	专业技术人员	经济和金融专业人员	商务专业人员	房地产开发专业人员	
56	社会生产服务和生活服务人员	水利、环境和公共设施管理服务人员	野生动植物保护人员	展出动物保育员	
57	生产制造及有关人员	建筑施工人员	古建筑修建人员	古建筑工	古建筑传统木工
					古建筑传统瓦工
					古建筑传统石工
					古建筑传统彩画工
					古建筑传统油工
58	生产制造及有关人员	建筑施工人员	土木工程建筑施工人员	筑路工	摊铺机操作工
					管涵顶进工
					盾构机操作工
					路基路面工
					压路机操作工
					平地机操作工
					混凝土拌合设备操作工
59	生产制造及有关人员	建筑施工人员	土木工程建筑施工人员	公路养护工	道路巡视养护工
					桥梁巡视养护工
					隧道巡视养护工
60	生产制造及有关人员	建筑施工人员	土木工程建筑施工人员	桥隧工	桥梁工
					隧道工
61	专业技术人员	工程技术人员	建筑工程技术人员	建筑和市政设计工程技术人员	
62	专业技术人员	工程技术人员	建筑工程技术人员	城乡规划工程技术人员	
63	社会生产服务和生活服务人员	水利、环境和公共设施管理服务人员	有害生物防治人员	有害生物防治员	白蚁防治工
64	生产制造及有关人员	文教、工美、体育和娱乐用品制作人员	工艺美术品制作人员	雕塑翻制工	

住房城乡建设行业职业工种目录　　表 2-11

序号	职业（工种）名称	序号	职业（工种）名称
1	砌筑工（建筑瓦工、瓦工）	31	抹灰工
2	窑炉修筑工	32	油漆工
3	钢筋工	33	镶贴工
4	架子工	34	涂裱工
5	附着升降脚手架安装拆卸工	35	装饰装修木工
6	高处作业吊篮操作工	36	室内装饰设计师
7	高处作业吊篮安装拆卸工	37	室内成套设施安装工
8	混凝土工	38	建筑门窗幕墙安装工
9	混凝土搅拌工	39	幕墙安装工（建筑幕墙安装工）
10	混凝土浇筑工	40	建筑门窗安装工
11	混凝土模具工	41	幕墙制作工
12	模板工（混凝土模板工）	42	防水工
13	机械设备安装工	43	木工
14	通风工	44	手工木工
15	安装起重工（起重工、起重装卸机械操作工）	45	精细木工
16	安装钳工	46	石工（石作业工）
17	电气设备安装调试工	47	电焊工（焊工）
18	管道工（管工）	48	爆破工
19	变电安装工	49	除尘工
20	建筑电工	50	测量放线工（测量工、工程测量员）
21	弱电工	51	质检员
22	司泵工	52	线路架设工
23	挖掘铲运和桩工机械司机	53	古建筑传统石工（石雕工、砧细工）
24	推土（铲运）机驾驶员（推土机司机）	54	古建筑传统瓦工（砧刻工、砌花街工、泥塑工、古建瓦工）
25	挖掘机驾驶员（土石方挖掘机司机）	55	古建筑传统彩画工（彩绘工）
26	桩工（打桩工）	56	古建筑传统木工（木雕工、匾额工）
27	桩机操作工	57	古建筑传统油工（推光漆工、古建油漆）
28	起重信号工（起重信号司索工）	58	金属工
29	建筑起重机械安装拆卸工	59	水暖工
30	装饰装修工	60	沥青混凝土推铺机操作工

续表

序号	职业（工种）名称	序号	职业（工种）名称
61	沥青工	91	防腐保温工
62	筑炉工	92	构件装配工
63	工程机械修理工	93	构件制作工
64	道路巡视养护工（道路养护工）	94	预埋工
65	桥隧巡视养护工	95	灌浆工
66	中小型机械操作工	96	绿化工（园林绿化工）
67	管涵顶进工	97	花卉工（花卉园艺工）
68	盾构机操作工	98	园林植保工
69	筑路工	99	盆景工
70	桥隧工	100	育苗工
71	城市管道安装工	101	展出动物保育员（观赏动物饲养员）
72	起重驾驶员（含塔式、门式、桥式等起重机驾驶员）	102	假山工
		103	花艺环境设计师
73	试验工	104	保洁员
74	中央空调系统运行操作员	105	机动清扫工（道路清扫工）
75	智能楼宇管理员	106	垃圾清运工
76	电梯安装维修工	107	垃圾处理工
77	建筑模型制作工	108	环卫垃圾运输装卸工
78	接触网工	109	环卫机动车修理工
79	物业管理员	110	环卫化验工
80	房地产经纪人	111	环卫公厕管理保洁工
81	房地产策划师	112	环卫船舶轮机员
82	雕塑翻制工	113	环卫机动车驾驶员
83	司钻员	114	液化石油气罐工
84	描述员	115	液化石油气机械修理工
85	土工试验员	116	液化石油气钢瓶检修工
86	建筑外墙保温安装工	117	液化石油气库站运行工
87	仪表安装调试工	118	液化石油气罐区运行工
88	空调安装调试工	119	燃气压力容器焊工
89	安装铆工	120	燃气输送工
90	消防安装工	121	燃气管道工

续表

序号	职业（工种）名称	序号	职业（工种）名称
122	燃气用具修理工	152	供热管网系统运行工
123	燃气净化工	153	热力管网运行工
124	燃气化验工	154	供热生产调度工
125	燃气调压工	155	热力站运行工
126	燃气表装修工	156	中继泵站运行工
127	燃气用具安装检修工	157	变配电运行工
128	燃气供应服务员 / 供气营销员	158	泵站机电设备维修工
129	管道燃气客服员	159	水生产处理工
130	瓶装气客服员	160	自来水生产工
131	燃气储运工	161	水质检验工
132	液化天然气储运工	162	水井工
133	燃气管网运行工	163	供水调度员
134	燃气用户安装检修工	164	供水管道工
135	压缩天然气场站运行工	165	供水泵站运行工
136	燃气输配场站运行工	166	供水营销员
137	配煤工	167	供水仪表工
138	焦炉调温工	168	供水稽查员
139	炼焦煤气炉工	169	供水客户服务员
140	热力司炉工	170	供水设备维修钳工
141	热力运行工	171	水表装修工
142	焦炉维护工	172	排水管道工
143	机械煤气发生炉工	173	排水巡查员
144	煤焦车司机	174	排水调度工
145	胶带机输送工	175	排水泵站运行工
146	冷凝鼓风工	176	排水客户服务员
147	水煤气炉工	177	排水仪表工
148	生活燃煤供应工	178	城镇污水处理工（污水处理工）
149	煤制气工	179	排水化验检测工
150	重油制气工（油制气工）	180	污泥处理工
151	锅炉操作工	181	白蚁防治工

2015～2017年，又新增职业工种9个。其中，建筑业新增工种8个，分别为构件装配工、构件制作工、预埋工、灌浆工、构件工艺员、信息管理员、质量检验员和弱电工；环卫新增机械清扫工。

每个新职业工种都需要进行论证，形成一套从信息收集、实地调研、专家评审到新职业确立、发布的工作流程，使新职业工种信息的发布日趋科学合理、客观公正。

2.4.1.3　建设行业从业人员职业分类中存在的问题

（1）建设行业职业分类体系不够科学，还需进一步完善。随着社会转型，社会分工趋向庞杂和交融，职业属性更为丰富，职业边界越来越模糊。单纯以工作性质同一性为分类原则，不仅难以解释现有的职业分类体系，对新增职业在现有体系中的定位也难以确定，存在归类、粗细、层级、名称等方面不完善的问题。

（2）建设行业职业工种需要动态调整。随着时间推移和技术进步，客观反映经济发展和科技进步的职业结构也发生了相应的变化，产业结构的调整在职业领域也带来了相应的影响。一批新职业如雨后春笋般涌现，如新兴产业模式、建筑信息化相关新职业，需要补充纳入；一些传统职业在新技术引进后，其职业内涵和职业活动内容发生了很大变化，职业定义及工作内容表述有待修订和更新；一部分职业已经或正在消失，需要取消。通过动态调整保证建设行业职业工种设置更为科学、有效。

2.4.1.4　完善建设行业从业人员职业分类的对策建议

（1）针对职业变化情况，对职业目录进行周期性修订。原职业分类体系中没有，但具备规范性、专门性、群体性的职业应补充进新的职业分类体系；结合从业人员的实际情况，从业人群基本消失而丧失统计意义的职业应予以取消；职业活动领域和主要工作任务过于宽泛的职业可以考虑分拆为多个职业，反之可以考虑合并为一个职业。

(2)加强分析研究,进一步优化职业分类体系。开展实地调研,加强分析研究,重点优化完善职业工种结构。厘清职业和工种定义，对混淆的职业和工种重新划分归类。一类对于内涵丰富、行业覆盖面广的工种可上升为职业；另一类将一些从业人员锐减，发展落后的职业可以下降为工种。从而建立科学合理规范的行业职业工种分类体系。

2.4.2　建设行业从业人员职业技能标准建设与发展状况分析

2.4.2.1　建设行业从业人员职业技能标准建设与发展的总体状况

（1）职业技能标准建设的意义

编制行业职业技能标准对健全住房城乡建设行业职业技能培训体系，全面提高住房城乡建设行业一线从业人员素质和技能水平，构建产业工人技能体系，推动新时代产业工人队伍建设有着十分重要的现实意义。

（2）建设行业从业人员职业技能标准建设与发展状况

梳理行业职业工种目录中标准编制情况，目前编制标准工种132个，老行标44个；未编制标准工种49个。

2015年以来，已出版了6部行业标准，涉及39个工种，具体情况见表2-12；正开展的职业技能标准编制工作情况，参见表2-13。

2015年以来已出版的行业标准　　表2-12

标准名称	包含工种
建筑工程施工职业技能标准	钢筋工、砌筑工、防水工、抹灰工、混凝土工、木工、油漆工、架子工、测量放线工
建筑工程安装职业技能标准	电焊工、电气设备安装调试工、安装钳工、安装起重工、管道工、通风工
建筑装饰装修职业技能标准	镶贴工、装饰装修木工、金属工、涂裱工、幕墙制作工、幕墙安装工
园林行业职业技能标准	绿化工、花卉工、园林植保工、盆景工、育苗工、观赏动物饲养员、假山工
城镇供水行业职业技能标准	净水工、水质检验工、泵站操作工、水井工、水表装修工、供水调度员、供水营销员、泵站机电设备维修工、供水仪表工、供水管道工、变配电运行工
白蚁防治工职业技能标准	

2015年以来正开展的标准编制情况　　表2-13

编制年份	标准名称	包含工种	进展情况
2015	弱电工职业技能标准	弱电工	已颁布，2019年1月实施
	模板工职业技能标准	模板工	完成报批，待颁布
	古建筑工职业技能标准	古建筑传统木工、古建筑传统瓦工、古建筑传统石工、古建筑传统油工、古建筑传统彩画工	完成报批，待颁布
	建筑门窗安装工职业技能标准	建筑门窗安装工	完成报批，待颁布
2016	城镇燃气行业职业技能标准	管道燃气客服员、瓶装气客服员、燃气输配场站工、液化石油气库站运行工、压缩天然气场站运行工、燃气管网运行工、燃气用户安装检修工、液化天然气储运工	完成标准初稿
	环境卫生行业职业技能标准	清扫保洁工、公厕保洁员、水域保洁员、高空外墙清洗员、机械清扫工、预处理工、填埋处理工、焚烧处理工、堆肥处理工、餐厨垃圾处理工、粪便处理工、生活垃圾清运工、餐厨垃圾清运工、粪便清运工、垃圾分拣工	完成标准初稿

续表

编制年份	标准名称	包含工种	进展情况
2017	智能楼宇管理员职业技能标准	智能楼宇管理员	完成技术审查
	市政行业职业技能标准	筑路工、桥梁工、隧道工、盾构机操作工、管涵顶进工、中小型机械操作工、城市管道安装工、道路巡视养护工、桥隧巡视养护工	完成标准初稿
	城镇排水行业职业技能标准	城镇污水处理工、污泥处理工、排水管道工、排水巡查员、排水泵站运行工、排水调度工、排水客户服务员、排水监测工、排水仪表工	完成标准初稿
	装配式混凝土建筑生产与施工职业技能标准和装配式混凝土建筑生产与施工专业人员职业标准	构件装配工、构件制作工、预埋工、灌浆工、构件工艺员、信息管理员、质量检验员	完成标准初稿

2.4.2.2 建设行业从业人员职业技能标准建设与发展中存在的问题

（1）建设行业职业技能标准编制规程及技术规范文件缺乏。无正式发布的职业技能标准编制规程和技术规范导则，具体工作中以组织单位编写的《行业职业技能标准编制工作流程》《行业职业技能标准编制技术规程》为参考依据。

（2）建设行业职业技能标准编制人才队伍建设不完善。建设行业职业技能标准编制人才队伍建设现有3方面不足：高层次多领域的复合型人才匮乏；可持续、高质量的人才短缺；熟悉行业发展的专业技术人才不足。

（3）建设行业职业技能标准编制工作立项方式有待明确。报送年度工程建设规范和标准编制工作计划的形式不适用于行业职业技能标准编制立项工作，现行的临时报批的立项方式不利于该项工作的常态性开展。

2.4.2.3 完善建设行业从业人员职业技能标准建设的对策建议

（1）做好建设行业职业技能标准编制规划。按照职业工种和标准编制情况，统筹兼顾新标准制定和老标准修订工作，采取周期性、滚动式的职业技能标准编修方式，实现对行业各职业工种的全覆盖。

（2）完善建设行业职业技能标准规范文件。开展专项调研，加强研究分析，制定符合行业职业技能标准发展的工作方针、政策和技术措施，完善职业技能标准有关规范性文件。

（3）加强职业技能标准编制工作人才队伍建设。一是组建建设行业职业技能标准化技术委员会。鉴于目前住房城乡建设行业21个专业标委会中没有专门负责职业技能标准编制工作的标准化技术委员会，而现有专业标准化技术委员会没有从事职业教育的专家，在审核过程中无法完全体现专业性；各专业标准化技术委员会对应的专业方向与职业技能标准涉及的专业有重叠但不完全覆盖，不能完全匹配，建议组建建设行业职业技能标准化技术委员会；二是加大对行业职业技能标准编制管理工作人员的培养，建立培养一支高质量的专门人才队伍。

(4) 建立建设行业职业技能标准编制立项工作机制。建议由相关业务主管部门根据职业工种目录建设情况，研究确定职业技能标准编制的立项工作方式及流程，以便相关编制工作有序规范进行。

3 案例分析

3.1 学校教育案例分析

3.1.1 建筑类高校以特色育人模式探索建立“三全育人”路径——沈阳建筑大学

在2016年全国高校思想政治工作会议上，习近平总书记强调：“高校思想政治工作关系高校培养什么样的人、如何培养人以及为谁培养人这个根本问题。要坚持把立德树人作为中心环节，把思想政治工作贯穿教育教学全过程，实现全程育人、全方位育人，努力开创我国高等教育事业发展新局面。”至此“三全育人”的理念受到广泛重视和深入探索。

沈阳建筑大学从“形成‘三全育人’格局”“打造三大特色育人模式”“呈现显著育人效果”3个方面探索建筑类高校“三全育人”特色模式，取得了一定成效。

3.1.1.1 形成“三全育人”格局

“三全育人”主要包括全员育人、全程育人、全方位育人这3个方面的内容，是一种系统的教育理念。这个理念从教学、管理、服务等多角度不断强化大学生思想政治教育工作，以更好地提高大学生的整体思想素质，促进高校健康、和谐发展。

沈阳建筑大学党委全面贯彻党的教育方针，坚持立德树人的根本任务，特色办学、质量兴校，积极探索新时代高校思想政治教育的新途径、新办法，围绕课程育人、科研育人、实践育人、文化育人、网络育人、心理育人、管理育人、服务育人、资助育人、组织育人的“十大育人体系”，推动全员育人、全过程育人、全方位育人。

（1）全员育人

牢固树立全员育人理念，树立人人都是育人主体的意识。全体干部、教师和职工都自觉承担起对学生进行思想政治教育的工作职责。广大教师做到课程育人、科研育人、实践育人；广大管理干部、职工做到管理育人、服务育人；各级党组织做到组织育人；发挥学校文化育人特色，深化文化育人；各相关部门及工作人员开展好网络育人、资助育人和心理育人工作。

（2）全过程育人

将育人工作涵盖学生在校期间以及毕业之后的全部过程。一是做好新生入学成长成才教育工作，让学生感受到学校优良的文化传统与丰富的学习生活；

二是强化学业过程管理，引导和指导大学生在成长的各个阶段制定出切合实际的发展目标；三是做好大学生就业指导与服务工作，加强学生的职业生涯规划和创业意识教育，升华毕业生爱国、爱校情怀；四是做好学生毕业后跟踪服务工作，打造校友文化，搭建校友母校合作共赢平台。

（3）全方位育人

建立课内课外、室内室外、网上网下各个空间、全方位的育人模式。一是建立学校各门课程共同育人的思想政治教育体系，充分发挥思想政治理论课的主渠道作用，深入挖掘其他各类课程的思想政治教育资源；二是积极发挥学校文化育人的办学特色，探索和建立社会实践与专业学习相结合的教育模式；三是建立健全集物质资助与精神激励于一体的助学系统；四是建立和完善以心理教师为主体、辅导员和思政课教师广泛参与的心理健康教育体系，以易班平台为主要抓手全网互动开展网络思政教育；五是推动学校各级党组织自觉担负起管党治党、办学治校、育人育才的主体责任。以此在全校乃至全社会形成切实开展思想政治教育的强大合力。

十大育人格局使育人内化为学校教职员工的自觉意识、体现在学校教育教学的方方面面，贯穿于学校思想政治工作始终，使学校人才培养质量逐年提升，省内外影响不断增强。

3.1.1.2 打造三大“特色育人”模式

（1）德育教育特色模式

学校通过传承雷锋精神、加强国防教育、促进民族团结、创新网络思政四大特色工作载体，搭建德育教育特色模式，引导大学生自觉培育和践行社会主义核心价值观。

1）传承雷锋精神

建设雷锋庭院。2004 年 4 月 28 日，沈阳建筑大学把雷锋班第 12-18 任班长曾经开过的退役军车请到校园之中，全校师生捐款铸成雷锋铜像，将安放雷锋班班长退役军车和雷锋铜像的庭院命名为雷锋庭院。雷锋庭院的二层廊道有雷锋故事和学雷锋活动图片墙。在雷锋庭院的旁边，还专门设立了参观展示空间，展示沈阳市雷锋精神研究会和沈阳建筑大学雷锋精神研究会收藏的有关雷锋故事和学雷锋活动的图书和资料。

创建雷锋班。2004 年以来，沈阳建筑大学党委创建了校园雷锋班，聘请雷锋班历任班长和学雷锋先进典型为校外辅导员。每年 3 月 5 日，学校都在雷锋庭院组织开展以“纪念老一辈无产阶级革命家向雷锋题词”为主题的教育实践活动，表彰学雷锋标兵，颁发雷锋班历任班长奖学金、助学金，进行校园雷锋班旗帜交接。雷锋班成员坚持书写雷锋日记，将学雷锋的事迹记录下来，用文字弘扬和传承雷锋精神。

从2004年雷锋庭院命名到现在，已经走过了14年的历程，学校已经形成了以雷锋庭院为阵地、以雷锋班历任班长基金为激励、以雷锋精神研究会为依托、以校园雷锋班建设和雷锋团支部创建为抓手、以学雷锋标兵评比表彰为措施的学雷锋活动体系。

多年来，沈阳建筑大学的学雷锋活动得到了社会的广泛认可，获得了多项荣誉，硕果累累。学校被省委高校工委、省教育厅授予辽宁省高校学雷锋优秀组织单位，沈阳建筑大学雷锋庭院被团省委授予辽宁省唯一的大学生学习雷锋基地，学校雷锋班多次荣获辽宁省雷锋号光荣称号。

2）加强国防教育

在国防教育中，沈阳建筑大学始终坚持以培育和弘扬大学生爱国主义精神、增强和巩固大学生国防意识为中心，以军地协同建设、大学生军事社团建设为抓手，以军事理论教学、征兵工作、军训工作为平台，加强大学生的国防教育。学校以退伍大学生士官为班底，成立大学生军事爱好者协会社团，承担大学生军训、征兵、理论教学等工作，以国防教育为抓手开展爱国主义教育，荣获教育部“国防教育特色学校”，1个辽宁省爱国主义教育示范基地、2个沈阳市爱国主义教育基地。

3）促进民族团结

沈阳建筑大学党委高度重视少数民族学生教育培养工作，全面落实党和国家的各项政策，在做好思想教育工作的同时，注重少数民族学生在校期间的管理和服务工作，注重培养少数民族学生的奉献意识、感恩意识、团结意识。

学校党委根据新时期中央民族工作的思路和方针，按照教育部有关文件要求，制定了《少数民族学生骨干培养工作实施意见》，有计划地培养优秀少数民族大学生加入党组织。学校打破传统工作方式，充分发挥他们自我教育、自我管理、自我服务作用，积极创造条件选拔优秀的少数民族学生骨干留校做政治辅导员，夯实队伍建设基础。

学校于2016年选留了本校毕业的孤儿大学生努尔麦麦提·吐尔孙作少数民族学生专职辅导员，2017年又将他的爱人、毕业于安徽工业大学的阿提姑丽聘任到学校从事少数民族学生教育服务工作。夫妻俩住在学校，建立了民族团结爱心工作室、少数民族教育微课堂，每天与少数民族学生谈心交流，答疑解困，一人主抓思想教育，一人主抓生活服务，取得了良好的工作成效。

麦麦提还成立了以他名字命名的“麦麦提爱心支教团队”，吸纳以维族大学生为主的学生志愿者加入，定期赴新疆儿童福利院开展支教活动。人民日报、光明日报、新华社、新疆日报等十余家媒体先后报道了他的事迹。

4）创新网络思政

沈阳建筑大学围绕立德树人根本任务，努力探索新时代大学生网络互动社区建设发展新模式。2017年，沈阳建筑大学成为辽宁省15所易班试点高校之一。学校党委在校内用房极度紧张的情况下，克服困难，划拨专门场地，毗邻学校创新创业中心，筹建了室内面积近600平方米、整体面积近1000平方米的校易班发展中心和省易班展示中心，打造了独具建大特色的“创·易”走廊，形成了该校校园文化育人的新阵地和加强思政工作新的增长点。

（2）文化特色育人模式

党的十八大以来，习近平总书记就文化建设和意识形态领域的许多方向性、根本性、全局性问题作出部署，在庆祝中国共产党成立95周年大会上，习近平总书记指出，文化自信是更基础、更广泛、更深厚的自信。在全国高校思想政治工作会议上再次强调“要更加注重以文化人以文育人”。

沈阳建筑大学始终将文化建设作为校园整体建设规划的重要组成部分来统筹考虑，从学校新校园规划建设之初便同步开始文化建设，坚持以文化育人为抓手，打造以校园文化为核心的特色文化育人体系，增强师生文化自信，在这个过程中逐渐凝练出十大文化特色模式。

1）红色文化

习近平总书记多次强调要把红色资源利用好、把红色传统发扬好、把红色基因传承好。沈阳建筑大学注重传承红色基因，加强爱国主义教育。该校以迎接70周年校庆为契机，对“红色基因”资源进行深度挖掘梳理，使之成为学校十大文化建设的重要组成部分。沈阳建筑大学始建于1948年解放战争的炮火硝烟中，是新中国第一所培养军事工作专门人才的学校，学校的第一代名誉校长是党的老一辈革命家、军事家和军事教育家何长工将军。后来学校虽然几经变迁，但这种红色文化却通过一代代建大人的传承，成为激励建大人前进的不竭动力。

2）校史文化

校史用闪光的文字记录了建大上下求索的发展、建大人拼搏奋斗的精神，全面展示了70年来沈阳建筑大学不平凡的发展印记和辉煌成就。经过70年的砥砺前行，学校迈进新时代，建设特色鲜明、行业领先的研究应用型建筑大学的宏伟蓝图已经绘就。学校通过校史文化教育学生坚持“严谨治学、追求卓越”的理念，秉承“博学善建、厚德大成”的校训精神，在“双一流”建设的关键期，不忘初心、牢记使命，传承建大精神，为实现“建大梦”作出卓越贡献，通过弘扬校史文化，使“三全育人”中的校史育人与课程育人有机协调发展并落到实处，特别是为庆祝建校70年成立的校史馆更成为校史文化传承传播的有效载体。

3）景观文化

经过 15 年的校园建设，沈阳建筑大学的校园景观文化已经成为省内外一张名片和一个品牌：以亚洲第一长廊为标志的教学建筑，以八王寺、十王府、盛京医院等为代表的保护性历史迁移建筑，以老校门、铁石广场、“院士墙”“雷锋庭院”之“雷锋班退役车”“雷锋塑像”、世纪之星广场之“科学家雕像”二楼长廊“书满校园”、行政楼广场“红墙”和“古钟”等为代表的人文景观群组，构成了时空交叉、内涵丰富的校园景观文化。学校依托“思想道德修养与法律基础”课程，以教学大纲为基础、以教学内容的内在逻辑为主线，以世界观、人生观、价值观、道德观和法治观培育为重点，结合学校校园景观文化的特色和优势，实施校园景观现场教学。经过对“思想道德修养与法律基础”教学体系进行重新提炼和整合，设计出爱校荣校教育、理想信念教育、爱国主义教育、人生观教育、道德观教育和法治观教育 6 个方面的教学内容并依此开展校内景观现场教学，构建出依托校园景观文化的“思想道德修养与法律基础”教学模式。得到省内外思政课同行的肯定。

4）建筑文化

沈阳建筑大学有百余处校园建筑景观，是校园文化中一道亮丽的风景。老校门见证成长、八王书院古色氤氲、滚滚向前凝聚力量、亚洲第一长廊承载信仰。学校还拥有全国唯一的建筑博物馆，不论是历史还是未来，都能在这里找到踪迹，走进学校，就如同置身建筑文化的海洋，使学生点滴中都能够感受到建筑文化的魅力和浸润。

5）生态文化

沈阳建筑大学在校园规划建设之初便遵循和贯彻“生态保护先行”的超前理念，当学生漫步在纯自然的校园稻田间、伫立在袁隆平院士亲笔书写的“稻香飘校园、育米如育人”题词前、品尝自己亲手播种和收割的“建大金米”、观赏“孔雀园”和“鹿苑”里的珍稀动物、无不从中体会着“人与自然和谐共生”的生态文化，于润物无声之中升华了建大人尊重自然、保护自然的生态意识。今天建大的生态校园已经美名远扬，成为与建筑景观文化齐名的靓丽名片。辽宁电视台《环保新辽宁》栏目对沈阳建筑大学的生态校园建设做了 20 分钟的专题片，在 2017 年 9 月、10 月 2 次播出。

6）状元文化

旨在通过弘扬中华传统文化培养大学生学术进取精神。经过迁移重新焕发生机的八王书院，不但被成功保护起来，更成为对大学生进行中华传统文化熏陶的基地。学校在八王书院绘制了中国历代状元画像，共计 600 余幅，使学生们在参观、学习书院建筑风格和建筑技能的同时，更感受到浓浓的传统文化的氛围和意蕴，使古代状元文化被赋予了时代气息、发挥出激励学生勇于攀登学术高峰的作用。

7）工匠文化

基于学校“建筑”和“工科”的办学特点，沈阳建筑大学始终将培养“大国工匠”作为教育教学的重要方向和目标之一，通过经年积累和沉淀，培养了和正在培养着一批批建筑行业工匠精神传承者，正如中国建筑一局董事长、党委书记，该校机械制造工艺与设备78级校友罗世威在接受中央电视台记者采访时所表达的：“‘工匠精神’是超越时间和地域的对品质的坚守；经久耐用、经久耐看的建筑才能体现工匠精神”。正是有罗世威这样的毕业生，使得学校的“博学善建、厚德大成”的建大文化和建大精神得到积淀和传承。

8）校友文化

沈阳建筑大学校友总会早在八十年代初期成立，学校制定了沈阳建筑大学校友会总会章程，开展校友会活动，鼓励校友反哺学校，目前，遍布北美及国内各省市70余个地方校友会，成为广大建大学子的精神家园，充分发挥着凝聚校友、服务母校、回报社会的作用。活跃在全球各地的11万校友的奋斗历程和成功经验时刻激励着在校大学生努力学习不断奋进。

9）雷锋文化

沈阳建筑大学始终把传承雷锋精神作为大学生思想政治教育工作的主线，定期组织大学生开展学雷锋活动，坚持用新时代的雷锋精神明德育人，培育当代大学生社会主义核心价值观，积极引导大学生做雷锋精神的传承人。学校党委下发了《关于组织学生深入开展学习雷锋活动的实施意见》，进一步明确了学雷锋活动的指导思想、活动目标、工作原则、主要内容和保障措施，对新时代的雷锋精神进行了深入的解读和诠释，培养大学生明确“爱国爱校、团结友爱、互助进步、全面发展”的时代主题，以学生党员、学生干部为重点，以奋发成才、友爱互助、勤俭节约、无私奉献为主要内容，以大学生志愿服务为主要载体，以培育当代大学生的社会主义核心价值观为活动目标，坚持用雷锋精神明德育人，推动学雷锋活动的有形化、常态化、阵地化、品牌化。

10）廉政文化

沈阳建筑大学颁布了《沈阳建筑大学廉政文化建设实施意见》，各单位按照要求开展廉政文化进校园活动，如廉政文化建设创新工程立项、“牵廉洁之手，与时代同行”主题演讲比赛等，通过开展廉政文化进学校，构建起规范的校园廉政文化建设体系，丰富了校园文化内涵，在学生心中播下了廉洁的种子，使教师的思想得到升华，灵魂得到净化，廉政之花在校园绽放，廉政、诚信等良好的道德意识深深植根于广大师生的头脑中。

（3）学科专业育人模式

学校改变传统的专业课程单纯传授专业知识，与思想政治教育脱节的“痼疾”，转变传统的思政课程设置“各自为战”，各类课程缺乏融合的问题，构建起以思想政治理论必修课为核心，整合建设思政选修课程体系，形成“一体四翼”的课程思政体系，探索从思政课程向课程思政的转变。“一体”即思想政治政治理论课这个核心和根本，“四翼”即核心价值观系列教育、中国系列教育、中华优秀传统文化教育、新时代辽宁精神教育。

1）核心价值观系列课程

以中国优秀人物为载体进行社会主义核心价值观教育，通过对其生平事迹、思想进行考察，分析其个人价值观，帮助大学生形成社会主义核心价值观。

2）中国系列课程

秉承“故事中说道理，道理中找方法，方法中育人才”的理念，讲述中国故事，增强大学生对中国特色社会主义道路自信、制度自信、理论自信和文化自信。

3）中华优秀传统文化系列课程

通过中华优秀传统文化教育，帮助大学生加深对中国优秀传统文化的理解，增强文化自信和爱国信念，达到“以文化人”、“以文育人”的目的。

4）新时代辽宁精神系列课程

通过对“长子情怀、忠诚担当、创新实干、奋斗自强”为表述语的新时代辽宁精神的解读，引导大学生加深对辽宁老工业基地的历史、对辽宁革命传统、对辽宁历史变迁等的了解，感受到辽宁发展变化。使同学们深刻认识到辽宁精神是中国人民伟大创造精神、伟大奋斗精神、伟大团结精神、伟大梦想精神的具体展现，是弘扬和践行社会主义核心价值观的生动载体，是传承和发扬中华民族优秀传统文化的具体实践。

四个系列作为五门思政必修课的有益补充，并不断扩充完善，以满足学生需求，拓宽大学生思想政治教育的主渠道，更好的实现“立德树人”、“以文化人”、“以文育人”的目标，发挥多学科优势，全过程、全方位育人。

3.1.1.3 呈现显著育人效果

（1）培育优秀人才奉献社会

沈阳建筑大学通过对“三全育人”和特色育人模式的建设和探索，取得了丰硕的育人成果。学校的知名度和社会认可度逐年上升，学风、师风和校风建设成效显著，学校人才培养质量逐年提升，总计为社会输送了11万余名毕业生，受到用人单位认可和好评。

特别是培养出了以中国特种计算机创始人、研祥集团董事局主席陈志列；中国工匠精神的代表、中国建筑一局董事长罗世威；中国专利第一人、国家星火科技奖获得者邱则有；感恩奉献的少数民族学生典型努尔麦麦提；“会飞的盒子”公益项目创始人、辽宁好人和最美大学生刘佳颖等为代表的各类优秀人才。这些优秀人才在促进经济社会发展，增加社会工作机会的同时，也正在改变着中国经济生活，提高着中国在全球的影响力。

（2）鼓励优秀校友反哺学校

作为沈阳建筑大学的校友，他们关心学校的发展，真诚反哺母校，先后为学校设立了“校友导师”“校友奖学金”“校友捐建学校基础设施”“校友招聘会”等项目，充分演绎了“校友携手，共创未来”的建大情怀。

沈阳建筑大学将继续强化特色，不断完善十大育人格局、扎实推进三大育人模式，特别是着力打磨其中的十大文化育人体系，使其特色更鲜明、成效更明显、示范效应更突出，为国家正在积极推进的“三全育人”综合改革提供强有力的全方位立体化支撑。为我国建筑类高校立德树人提供有益的经验借鉴。

3.1.2 建设绿色生态校园培养新型建设人才——江苏城乡建设职业学院

3.1.2.1 学院概况

江苏城乡建设职业学院是一所独立设置的公办全日制专科层次普通高等学校，隶属于江苏省住房和城乡建设厅，2015 年 2 月经江苏省人民政府批准，由江苏省常州建设高等职业技术学校和常州市职工大学合并组建。江苏省常州建设高等职业技术学校前身为江苏省城镇建设学校，创建于 1986 年，2003 年升格为五年制高等职业技术学校。常州市职工大学前身为常州市建筑职工大学，创建于 1979 年，1993 年与常州市建材职工大学、常州市纺织工业职工大学合并，更名为常州市职工大学。

学院位于全国职教名城和智造名城江苏常州，拥有殷村和清潭两个校区，占地总面积 813 亩，建筑总面积 28.9 万平方米。学院设有建筑艺术、土木工程、管理工程、设备工程、公用事业等 5 个二级学院，设有基础部、思政部、体育部和继续教育学院，开设 30 余个高中后三年制和初中后五年制高职专业，所有专业均与住房和城乡建设行业密切相关，形成了建筑设计、土建施工、建筑设备、建设工程管理等专业群。学院现有全日制在校生 7000 余人，现有教职工 430 余人，其中专兼职教师 380 余人，副高以上职称 130 余人，双师素质教师比例超 70%。现有教学科研仪器设备 6000 余万元，纸质图书 46.5 万册。

学院集职业教育、职业培训、技能鉴定、科技服务于一体。设有“江苏省一级建设职业技能城建岗位培训站”“江苏省建设职业技能城建岗位鉴定站”“江苏建设行业第一国家职业技能鉴定所”“常州城建学校国家职业技能鉴定所”和“常州市建设教育培训中心”，年均开展行业相关培训超 25000 人次，各类技能鉴定超3000人次。建有建筑规划设计院、工程咨询有限公司、绿色技术有限公司等3个科技服务实体，拥有建筑设计甲级、造价咨询甲级、招标代理甲级、城乡规划乙级、工程咨询丙级等多项资质，年均产值超3000万元。

在30余年的办学实践中，学院坚持“明志、笃行”的校训，秉承“崇德尚能、知行合一、全面发展”的人才培养理念，立足建设行业，扎根江苏大地，培养了25000余名合格的技术技能人才。学院是国家和江苏省建设行业技能型紧缺人才培养培训基地，是中国建设教育协会常委单位和江苏省建设教育协会理事长单位。学院先后获得了全国职业教育先进单位、全国职业技术学校职业指导工作先进学校、全国建设领域人才培养特别贡献奖、江苏省职业教育先进单位、江苏省文明单位、江苏省德育先进学校、江苏省高技能人才摇篮等荣誉称号。

作为一所建设类高职院校，学院坚守“打造行业特色型高职院校”的发展目标。从2008年起，学院紧抓易地建设新校区的历史机遇，按照江苏省住建厅党组“把新校区建设成为江苏城乡建设行业对外展示的窗口与国内一流的绿色建筑示范区”和“把绿色文章做实、做深、做精”的要求，深入践行绿色发展理念，打造全寿命周期的绿色校园，实现绿色建筑园区、海绵技术园区、绿色文化园区“三区合一”，并全方位服务新型建设技术技能人才的培养，走出了一条绿色发展、特色发展之路。

3.1.2.2 全寿命周期绿色校园建设实践

（1）建设目标明确绿色发展之路

党的十八大提出发展生态文明、建设美丽中国。党的十九大强调推进绿色发展，开展创建节约型机关、绿色家庭、绿色学校、绿色社区和绿色出行等行动。

江苏作为经济大省和建筑大省，人口密度高，能源资源相对匮乏，绿色建筑发展一直走在全国前列。同时，大学校园作为一种代表性聚居环境，集办公、教学、社区于一体，覆盖区域广大，建筑类型复杂，其本身就是能源消费大户。据有关统计，全国高校能耗约占全国消费总能耗的8.4%，大学生的耗能是全国城市居民耗能的4倍，耗水是一般市民的2倍，能源资源节约潜力巨大。

因此，作为一所建设类高职院校，在学院易地建设新校区之初，江苏省住房和城乡建设厅党组就明确了用绿色理念建设一所新时代大学校园的目标要求，按照“建筑节能和绿色建筑示范区”以及“海绵城市示范项目”的标准，开启了覆盖规划设计、建设施工、运行管理全过程的“全寿命周期绿色校园”建设历程。

（2）规划设计融入绿色生态理念

绿色发展目标确立后，学院联合深圳市建筑科学研究院、常州市规划设计院、江苏省绿色建筑工程技术研究中心等设计院所组成团队，并聘请王建国院士、韩冬青教授等知名专家、设计大师担任顾问。项目团队先后赴广东、湖北、黑龙江、江西、天津等省市开展绿色技术考察学习及校园能源资源利用情况调研。

学院新校区总体规划贯彻“水墨江南、田园绿岛、建筑学园、持续空间”的规划理念，突出地域性、示范性、职业性和时代性，并全面响应《绿色校园评价标准》(CSUS/GBC04—2013)，专门编制了绿色交通、生态景观、物理环境、能源利用、能源监管体系建设、水资源利用、垃圾资源利用等7个专项规划，为全寿命周期绿色校园建设提供了一个理念先进、景观生态、实际可行的顶层架构。

在深化设计过程中，新校区建筑单体通过采用“粉墙黛瓦、形体简洁、细部丰富”的新中式建筑风格，营造出集约紧凑的校园环境，并遵循“因地制宜、被动优先、主动优化”的设计策略，全面对标国家《绿色建筑评价标准》，对整个校园建筑单体运用软件进行日照、采光、室内外风环境、噪音等建筑环境计算机模拟分析，寻求最节约低碳设计方案。

经过精心规划设计，江苏城乡建设职业学院新校区主要功能建筑实现了绿色建筑全覆盖，绿色建筑达20幢，总建筑面积达25.92万平方米，均取得了国家绿色建筑设计标识。其中科研楼和国际交流中心为三星级绿色建筑，面积2.32万平方米，学生宿舍、图书馆、教育技术中心为二星级绿色建筑，面积10.52万平方米，二星以上绿色建筑占比近50%。

(3) 因地制宜运用绿色生态技术

为实现全寿命周期的绿色发展，江苏城乡建设职业学院新校区因地制宜地综合运用了50余项绿色生态技术，构建了校区绿色基础设施体系。新校区构建了包含地源热泵能源站系统、污水源空气源双热源热泵热水系统、太阳能光伏系统、太阳能热水系统在内的复合型绿色能源系统；建设了分类分室、实时上传数据的能耗监管系统；充分利用采光设计、自动控制、光导管、节能灯等节能照明技术设备，打造了综合节能照明系统；建设了以公共交通、慢行交通为主的绿色交通系统；建设了包含雨水收集处理、中水回用等的绿色节水系统；推广实施了绿色施工。

学院光伏总装机容量达2.2MWp，年上网（发）电量达240万kWh，70%自用，达到学院总用电量的30%，同时与建筑一体化设计、施工、安装，大量节约了屋面建造成本。学院的小型复合式地源热泵区域能源站系统，结合学校特点，采取错峰供能方式，白天对教学区和办公区供能，晚上对学生宿舍供能，使得能源站用5300kW的装机容量服务15.38万平方米的建筑面积。针对学生洗浴这一学校重大能耗项目，采用了双热源热泵（污水源、空气源）热能循环系统，利用热能回收机组将学生淋浴后的30多℃废水降至10℃左右回收热能，热能不足部分再由空气源热泵加以补充，使其年均能效比达 4.3 以上。通过利用多种可再生能源技术，学院全年可节约标煤约 2335.3 吨、CO_2 减排 6118.5 吨。

2017～2018 年，学院投入 500 万元专项资金，对新校区进行了海绵校园改造，通过建设屋顶花园、透水地面、植草沟、雨水花园、雨水调蓄池等海绵基础设施，实现了传统建筑“四水归堂”的设计意境和年径流总量控制率 75% 的设计目标。

学院新校区建设过程中全面实行了绿色施工管理。建立了绿色施工管理机构与制度，明确施工过程中各级人员的职责；广泛使用了雨水收集沉淀、旧模板围护降噪、临时道路绿化和硬化、土建装修一体化施工、预拌砂浆围护、临时场地覆绿等 20 余项绿色施工技术措施，在降低能源资源消耗的同时，营造了文明有序的施工环境。

（4）多措并举推进绿色运行管理

新校区建成后，为建立绿色校园长效运行管理机制，学院成立了“绿色校园建设管理委员会”，设立了“绿色运行管理办公室”专职机构，编制了《“十三五”绿色校园建设专项规划》，健全和完善了一系列运行管理制度，统筹协调学院后勤、教学、学生各条线、各部门，全方位深入开展以节能减排为基础的校园绿色运行管理和文化建设活动。学院建设了基于 BIM 技术的建筑信息与能耗监控综合管理平台，实现了全校各类建筑、部门的能耗地图导航、能耗实时监测、能耗统计分析、能源财务管理、能耗审计评价、数据上报、能耗预测与节能测评。

江苏城乡建设职业学院新校区自 2014 年 10 月基本建成以来，建设成果获得包括国务院参事、住房和城乡建设部原副部长仇保兴博士等多位领导和专家的高度评价，先后荣获“2015 年江苏省绿色建筑创新奖一等奖”“江苏省十二五建筑节能与绿色建筑先进集体”“2015～2016 年度江苏省高校节能先进单位”“2017 年江苏省人居环境范例奖”“2017 年度全国教育节能示范单位奖”等多项荣誉。

3.1.2.3 创建绿色大学，培养新型建设人才的探索

（1）打造教学平台，服务人才培养

打造校园大课堂。对于建设类高职院校来说，一个低碳节能、体现建设行业未来发展方向的绿色校园本身就是一个重要的、无可比拟的实习实训基地，校园规划、建设、管理、运行的过程中产生着大量的教学资源。该院在建设绿色校园过程中，一方面努力打造“精品工程”，让每一幢建筑、每一个节点都成为施工范例；另一方面努力打造“教学工程”，将新校区本身打造成为校园大课堂。在规划、设计阶段，该院尽可能采用了多种建筑、道路结构形式，运用多种建筑、装饰、路面材料；在建设过程中对于各类建筑、装饰节点、围护结构、楼内管

道尽量外露，展示其不同的施工工艺；对于绿色、海绵技术的选择和运用充分考虑其教学功能要求，比如在地源热泵区域能源站建设中将运行机房通过玻璃隔断供教学参观，在教育技术中心管线密集部位建设兼具教学功能的50m地下综合管廊，能耗监测的中央空调系统配备三维模拟教学软件，建设了海绵校园水环境数字化信息管理展示系统等。整个校园一共建设了近100块绿色建筑技术和海绵技术展示牌。

建设专门实训室。学院对接《江苏建造2025行动纲要》，服务江苏建设行业精细化、信息化、绿色化、工业化“四化”融合的发展要求，构建“政府引导、行业牵头、企业参与、学校主体、开放共享”的共建机制，在校内建设了江苏省建筑产业现代化人才公共实训基地。实训基地总建筑面积3.6万平方米，由建筑产业现代化技术中心、建筑产业现代化技能训练中心、建筑材料检测中心、绿色建材与装备展示中心、现代木结构建筑技术培训中心、BIM教学中心等6个部分组成。其中“江苏省建筑产业现代化技术中心”投资近500万元，于2016年6月建成。江苏省住建厅周岚厅长、顾小平书记亲自指导中心方案设计，全省建筑产业现代化龙头企业积极贡献实践案例，中心建筑面积约2000平方米，通过声光电等高科技技术和建筑模型等各种手段全面展示了全省建筑产业现代化、绿色建筑的起源、现状、技术特征和典型案例，是江苏省内规模最大、技术体系最集中、展示内容最全面的建筑产业现代化专门展馆。2017年12月，学院投资近400万元建设了建筑产业现代化技能训练中心，其装配式建筑教学模型集中展示技术节点超160个。

开发绿色专业和课程。学院在开发校园绿色技术教育教学节点的基础上，对整个绿色校园建设工程进行了系统总结梳理，举办了绿色校园建设成果展，将参观、体验绿色校园作为新生入学教育的必修内容。依托绿色校园建设成果，学院老师立项编写了《绿色建筑概论》《绿色建筑施工图识读》《BIM技术—Revit建筑模型设计》《绿色建筑评价与应用》等多本校本教材。2015年以来，学院对接建设行业绿色发展要求，新增了建设项目信息化管理（BIM）、工业节能技术（建筑节能技术方向）、物联网应用技术、建筑钢结构工程技术、供热通风与空调工程技术等新专业，对既有专业进行了绿色化改造，植入了BIM技术应用、绿色施工、绿色运行管理等课程模块。2018年，学院在《关于专业人才培养方案制定（修订）工作的原则意见》中明确提出“开发与专业培养相融合的绿色教育课程体系，将绿色教育融入人才培养全过程”，除开设专业类的绿色课程之外，将绿色生态类课程作为全校所有专业的9类公共基础课程模块之一，规定每个专业必须从《生态城市》《低碳建筑》《绿色校园与未来》《环境保护与可持续发展》等15门绿色生态课程中选择开设2门（4学分）以上课程。

开展专项人才培训。升格以来，学院依托绿色校园教学平台，主动承接了全省建筑产业现代化人才专项培训任务。根据企业需求，开发了建筑工业化质检员、成品化装修施工员、成品化装饰质检员、成品化装饰镶贴工、PC 工程水电工、PC 工程智能化系统技术员、PC 工程物联网系统技术员、装配式住宅智慧物业管理员等培训项目，2015～2017 年培训人数达 5780 人。学院还与省建筑行业协会、省勘察设计行业协会、省建设教育协会、省土木工程协会合作，面向企业负责人、专业技术人员、经营管理人员等共同开展了"绿色施工高级研修"、"建筑产业现代化与装配式建筑设计"等专题培训，参培人数达 1100 人。

（2）打造科研平台，提升师资水平

加强学习培训。作为一所新建高职院校，提升教师科研能力是学院内涵升级的重要内容之一，而绿色新校区建设为此提供了难得机遇和平台。在新校区建设过程中，学院一方面通过多种方式，全面加强学习培训，一方面组织老师成立团队，积极参与新校区建设和研究。2013 年以来，学院举办了 20 余讲专家讲坛，邀请包括深圳市建筑科学研究院叶青院长、江苏省住建厅科技发展中心孙晓文主任在内的专家为老师开设专题讲座，讲解建筑产业、绿色建筑发展趋势和要求。组织教师走出去参加各类高水平论坛和国家级、省级培训，了解行业发展前沿信息，从 2013 年起连续 6 年派出 100 余人次参加全国绿建大会，两次参加亚洲可持续校园国际会议，派出 30 余名老师赴深圳市建筑科学研究院等企业开展访问工程师研训、赴清华大学等进行访问学者研修。在新校区建设过程中，专门成立了 10 个教师项目组，全面参与绿色校园建设、开展相关研究。

建设研究平台。2013 年校园建设之初，学院便与国内绿色建筑和生态城市研究领军企业深圳市建筑科学研究院合作设立了"绿色建筑工程技术联合中心"，2015 年又共同投资成立了"常州市城建艾科绿色技术有限公司"，在面向社会开展绿色建筑技术咨询服务的同时，为校内师生提供实践锻炼和科研平台。学院还与其他企业共同在校内成立了建筑节能、市政工程等多个研究中心。此外，学院还加入了中国绿色建筑与节能专业委员会、中国绿色大学联盟、中国教育后勤协会能源管理专业委员会等组织，积极开拓交流与学习平台。学院两次在全国绿建大会介绍和展示绿色校园建设成果，在全国高校建筑节能与运行管理交流会分享建设经验。

开展课题研究。基于绿色校区建设实践，学院《新校区绿色校园建设示范工程》和《高效可再生能源建筑应用示范工程》获批 2017 年度住建部科技示范项目。新校区开工以来，以其本身为研究对象，学院老师获批并完成了《低成本绿色校园适宜技术体系研究》《海绵校园降水总量消减测量方法研究》《基于绿色建筑的能效测评技术体系及推进机制研究》等 10 余项省、市科技研究项目。

2013 年以来，学院老师结合新校区建设工程，开展绿色校园建设、绿色人才培养、绿色建筑技术等相关研究，公开发表论文近50篇，其中被全国绿建大会收录9篇。同时，同济大学、东南大学的教授研究团队也来到学院，和该院老师一起开展地源热泵中央空调系统调适、绿色建筑后评估等相关课题研究。

(3) 打造科普平台，全面开放共享

建设科普基地。教育推广是绿色校园评价的特有指标，也是绿色校园建设的核心价值所在，除了面向建设行业人才培养培训，该院还着力将绿色校园打造成绿色科普平台。学院在绿色校园建设的基础上，按照省级科普基地的要求，以绿色建筑展示、绿色交通展示、资源利用展示、绿建技术展示、绿色人文展示为主要脉络，以星语心愿、快乐穿行、低碳践行、绿意萦绕、人文熏陶为展示主题，构建了独具特色的 2 公里绿色建筑科普圈。同时依托绿色运行管理办公室，成立了专门的科普机构和专兼职科普队伍，制定了科普基地管理制度。建立了线上线下相结合的绿色校园专题网页和宣传栏，定期更新发布绿色建筑、绿色校园发展建设的新技术、新成果，宣传绿色校园建设先进集体和个人事迹案例，经常性开展绿色科普活动。学院于 2015 年获批江苏省科普教育基地，2018 年获批中国建筑学会科普教育基地。

全面开放共享。学院贯彻共享发展理念，面向周边社区、面向中小学生、面向来到职教小镇的中外游客全面开放。学院为周边社区居民发放了“友邻卡”，居民可以到学院散步健身、用餐购物、读书学习；学院面向中小学生，设计了多条绿色建筑技术科普线路，开发了《微景观制作》《室内环境检测》《绿色小屋设计》等 10 余门绿色实践课程；学院制作了《绿色校园技术卡通宣传册》《绿色生活手册》发放给到校参观者，建设了碳足迹计算模型，让参观者通过碳足迹计算，增强参与性，提高绿色意识。2015 年以来，学院承办了江苏省绿色校园现场观摩交流会，承办了全国青少年绿色科普教育巡回课堂、全国建设职业院校技能大赛、全国建设职业院校大学生夏令营，共接待各类参观交流 300 余批次、5000 余人次，接待了常州市二十四中、兰陵中学、西藏民族中学等 10 余所学校 3000 余名中小学生到校开展绿色教育实践活动。

(4) 打造育人平台，培育绿色文化

开展绿色活动。当前，绿色发展已经成为全人类的共识，绿色发展既需要绿色技术的支持，更需要生活理念和行为方式的转变。对于践行绿色发展理念的该院来说，建设绿色校园是基础，培养绿色理念是核心，培育绿色文化是灵魂。在近年来的绿色发展探索中，该院充分发挥绿色校园的育人作用，通过成立绿色社团、开展绿色活动、推广绿色生活等途径培养学生绿色理念和绿色行为习惯，培育浓厚的校园绿色文化。该院结合“世界水日”“世界环境日”“节能宣传周”等举办了系列活动，开展了“绿在城建”“我是环保先行军”等主题教育活动，举办了绿色讲堂、绿色创意作品比赛、低碳毅行、校园绿色形象大使评选等多项学生喜闻乐见的活动，覆盖了绿色学习、绿色工作、绿色生活等多个方面。学院成立了由师生共同组成的绿色校园咨询委员会，由师生共商、共建、共享绿色校园。

推广绿色生活。学院发布了《绿色校园行为公约三字经》，组织编印了《绿色校园生活指南》，从绿色办公、绿色生活、绿色饮食、绿色出行、绿色购物、绿色学习等6个方面，引导广大师生养成绿色行为习惯。学院由点到面推行了垃圾分类收集，正在建设“绿色校园生活积分系统”。围绕绿色认知、绿色行为、绿色推广等维度，学院的绿色文化内涵不断丰富，与红色传统文化、蓝色工匠文化一道，构成了学院独具特色的“三色”文化育人体系。

不忘初心，方得始终。党的十九大提出了“坚持人与自然和谐共生”基本方略，要求推动绿色发展，开展绿色学校创建。在2017年颁布的学院章程中，总则第八条专列一条绿色发展条款，指出“学院践行绿色发展理念，建设绿色校园，推进绿色教育，培养绿色人才，开展绿色科研，传播和推广绿色生产和生活方式，服务和引领建设行业和地方经济社会转型发展”。近年来，学院在建设绿色校园的基础上，全方位推进绿色大学建设，深入打造教学平台、科研平台、科普平台和育人平台，充分发挥校园的综合功能，服务新型建设技术技能人才培养，取得了一定的成效。未来该院还将继续深入推进绿色校园建设，持续做实做深做精绿色发展文章，为培养具有绿色理念、绿色技术、绿色习惯、绿色人格的可持续发展人才而不断努力，共同创造人类更加美好的未来！

3.1.3 传承工匠精神，培养技能人才，着力打造形象与内涵相适应的现代职业院校——重庆建筑技师学院

重庆建筑技师学院（重庆建筑高级技工学校）成立于1978年，上级主管部门为重庆建工投资控股有限责任公司。学校地处重庆市九龙坡区，交通便利，设施完备。1992年、2005年，学校在建工集团的主导下先后成立了重庆市建筑业教育中心、重庆电大建筑工程学院，实行“三块牌子、一套班子的管理模式”。

建校40年来，学校始终以立德树人和培育工匠精神为根本，按照“稳增长、夯基础、抓管理、重质量、树形象”的十五字办学方针，立足行业面向社会，深化职业教育、远程教育、岗位培训三教统筹的办学模式，深化办学体制机制改革，创新技能人才培养模式，全面提升技能人才培养质量，构建与经济社会发展相适应的现代技工教育体系，构筑以建筑为特色的终身教育体系，着力培养具有工匠精神和职业素养的后备产业工人和高技能人才。2017年，学校

完成各类学历招生 1758 人，顶岗实习安置率 100%，毕业生就业率 100%；成功申报重庆建筑技师学院并进入筹建期，“抹灰与隔墙系统”成功申报为第 45 届世界技能大赛重庆市级选拔集训基地。2018 年 4 月，学校顺利通过重庆市中等职业教育改革发展示范学校验收。作为重庆建工集团旗下唯一职工教育培训基地，2017 年累计完成岗位培训 57489 人次，承接社会统考 22504 人次。培训质量和服务工作得到主办单位和学员的高度认可，培训总体满意度 90% 以上。

作为一所专注于建筑专业，集职业教育、岗位培训和远程开放教育为一体的综合办学机构，学校始终坚持“内涵发展、特色办校”理念，以提高人才培养质量为根本，走“做精职业教育、做强岗位培训、做专远程教育”的特色发展之路。围绕“十三五”期间国家技工教育改革发展目标和重点任务，学校以三大板块业务统筹发展为抓手，综合运用学校和企业的人力、物力、财力资源，将中职教育、岗位培训、远程开放教育三种教育形式统筹管理，有机结合，实现三种不同教育形式的相互促进，学校教育与企业实践的良性互动，学历教育与终身教育的无缝结合，通过多层次办学，打造终身学习的立交桥，彰显办学特色。

3.1.3.1 深化教学改革，全面提升人才培养质量

(1) 创新培养模式。学校与重庆建工集团等 20 家优质企业建立了长效的合作机制，建立了企业参与的“双主体”学生学业成绩评价机制，探索“以德育为先导，以技能为载体，培养德技双馨的新一代建筑工匠”的“双才”教育。该测评方式目前为重庆市职业院校首创，它以就业为导向，打破原有的专业课程结构框架，将学生的考核交给行业企业，实现职业教育让市场说话，以评促教，以评促学，促使职业教育更好地服务企业用人需求。以“双主体、交替式工学结合现代学徒制”改革为契机，以企业参与的“双主体”测评为手段，实现校企双师共育，通过企业、学校共同努力，“内塑以德、外塑以技”，培养具有“工匠精神”的新一代建筑技能人才。学生的职业技能得到进一步强化，学生的实践能力、创新能力、综合能力得到大幅提升。毕业生的“双证率”达到 99%，就业满意率达到 97%，企业满意率达到 98% 以上。

(2) 深化校企合作。学校坚持“工学结合，校企合作”，行业的人才来自学校，学校的生源来自行业；行业为学校提供实训场地，培养出的技能人才又进入行业；学校引进经验丰富的行业师资，培养出优秀学生回馈行业。行业与学院在信息交流、实训场地、实习基地、师资补充等方面取得了实质性的合作成果，校企合作不断深化，实现了校企双赢。近年来，学校与重庆建工集团旗下 30 余家子（分）公司及行业企业签订了校企合作协议，引进企业的经营理念、人才管理理念和岗位技能要求用于指导教学，共建实训基地，着力打造集教学、培训、实习、

就业推荐为一体的人才培养和就业平台。

（3）强化师资培养。学校制定了专业带头人、骨干教师、“双师素质”教师培养实施计划，建立了教师到企业挂职、专家聘请暨兼职教师聘用管理等相关制度。近两年累计培养建筑工程施工专业 2 名专业带头人、4 名骨干教师以及 25 名“双师素质”教师；培养工程造价专业 2 名专业带头人、4 名骨干教师以及 22 名“双师素质”教师。学校教师编写 12 本专业课教材，开发 31 门课程实训手册，编撰了 31 门课程标准；承接了重庆市城乡建设委员会 4 本教材的开发；指导学生参加各类职业技能大赛，荣获市级、国家级奖项共 39 个；指导学生参加文明风采竞赛，获得市级、国家级奖项共 142 个。

（4）增强区域服务能力。近两年，学校为重庆建筑行业的 200 余家建筑企业输送 2539 名毕业生，成为重庆建筑产业发展最稳定的人才培训基地和人才输出基地，助推了产业的发展。对企业员工、农民工等进行各类职业技能培训、鉴定、考核共计 13 万人次以上。与重庆建工集团设计院共建“BIM”协同中心，合作开展“BIM”技术的培训、推广和研发，为重庆建工集团及所属总承包公司、重庆建工集团市政交通公司、重庆交通建设（集团）有限责任公司等企业提供了订单式培训，提高从业人员的业务素质和综合能力，为区域经济和产业发展做出了积极的贡献。

3.1.3.2　紧跟行业升级步伐，打造实训与培训品牌

（1）创新培训机制。深入重庆市乃至全国的大中型建筑企业进行深入调研，全面掌握职工培训的需求以及岗位的需求。由学校专业教师会同建筑企业骨干，共同研制培训方案，对培训的目标定位、人才规格、课程体系、专业师资、培训评价等内容进行了明确的界定。同时，根据建筑企业用工需求，适时调整培训方案，建立培训运行与质量监控体系，对培训工作实施动态管理，构建起行业指导、企业配合、学校实施的“三位一体”的培训机制。

（2）加强实训基地建设。学校建成了以世界技能大赛（抹灰与隔墙系统项目）市级选拔集训基地为龙头，涵盖砌筑、瓷砖贴面、物联网、楼宇智能化、建筑制图、BIM 技术、给排水、钢筋平法、焊工、电工、建筑起重机械、建筑实体模型展示等十四个专项，集教学科研、竞赛训练、技能鉴定、技术服务和社会培训等功能为一体的标准化、综合性实训基地。进一步完善了学生校内实训的资源，添置 BIM 培训软件、开发了《施工升降机与电动吊篮》《建筑焊接与热切割技术》《建筑架子工》《塔式起重机》4 门培训课程，参与了住建部八大员考核试题库建设，组织编写了建筑行业专业技术管理人员八大员培训大纲。

（3）创新实训方式。在“订单式”培养的基础上创新了“工厂化”培训，即将真实的企业环境引入到教学环境之中，将两者融合在一起进行培训。为了

满足“工厂化”教学实训的需要，学校搭建了信息化教学平台，将企业的生产过程、工作流程等信息实时传送到学校教学实训课堂，实现了实训课程与企业需求的对接，极大地提高了实训的有效性。

(4) 培训内容全覆盖。与重庆建委安管站、质量协会、监理协会、轨道协会等部门合作开展培训。培训内容几乎囊括了建筑类的所有培训工种。包括一、二级建造师的学校自培项目；市人力社保局的高级工、技师、高级技师培训；建委的塔机、升降机、信号指挥等特殊工种培训以及20多个建筑工种的培训；安监局的电工、架子工、焊工特殊工种的培训。

(5) 培训鉴定一体化。我校除了积极开展建工类的各级各类培训之外，还利用我校是重庆市人社局5所考试中心直属考点、重庆市职业技能鉴定中心考点、重庆市建委直属考点、重庆市安监局特种作业人员考点的得天独厚的优越条件，为广大培训学员提供技能等级鉴定服务，实现了培训鉴定一体化。

(6) 推广战略新型技术培训。BIM技术是住房和城乡建设部《2011～2015年建筑业信息化发展纲要》中推广的主要新技术，国内多数的建筑企业已经把BIM技术作为企业创新发展的重要技术手段之一。2016年4月，我校成为全国“BIM”应用技能报名考试点及重庆市行业考试管理中心。2016年6月获得“住建部”国家级“BIM”应用技能考评及培训省级业务管理中心，2016年8月与重庆建工集团设计院签约共建BIM协同中心，同时被中国建设教育协会授予全国BIM应用技能考评省级业务管理中心，成为重庆乃至西南地区唯一一家拥省级管理权限和管理员账号单位。2017年12月，学校成为重庆市行业考试管理中心，负责管理全市25个区县建筑工程八大员的考试，2018年1月荣获2017年度全国BIM应用技能省级考评管理中心工作先进单位。

3.1.3.3 资源整合，三教统筹助推学校全面发展

所谓三教统筹，即是以满足建筑行业各类人才需求为核心，以开放教育为基本办学理念，综合运用学校和企业的人力、物力、财力资源，将中职教育、电大开放教育、行业岗位培训三种教育形式统筹管理，有机结合，实现三种不同教育形式的相互促进，学校教育与企业实践的良性互动，学历教育与终身教育的无缝结合。

(1) 管理统筹。学校实行三块牌子、一套班子的管理模式，各部门分工明确，管理制度健全，工作规范有序。学校制订的各种管理制度，在照顾到三种教育形式各自特点的同时，尽量避免将其割裂开来。因此，学校在日常管理中把三种不同教育形式看作是一个整体中的三个相互联系不同阶段，在招生、教学、师资等方面进行统筹管理。

(2) 生源统筹。中技教育的学生可以在毕业后直接升入开放大专、本科教

育，也可以在工作一个阶段后再到学校进行远程开放教育深造；开放教育学生毕业后可以随时根据工作需要回学校进行各种岗位理论或技能培训，开放教育、中职教育、岗位培训三类学生资源相互支撑，学生规模不断壮大。这种开放性的办学模式不仅满足了学生不断学习的需求，也沟通了学校教育与企业实践的联系，使学院成为一个终身教育的开放平台。

（3）教学统筹。三年制中职教育与三年制成人脱产专科人才培养方案，均从综合能力和专项能力方面强调学生在识图与绘图、建筑材料应用、施工技术管理、施工现场管理、安全管理和计算机应用等方面的能力。教学过程中，结合实际，积极探究教学改革，实施项目教学法，实行课程过程性考试，统筹实践教学课程体系，达成了开放教育、中职教育和岗位培训的课程有机对接与统筹。

（4）师资统筹。学校按照“面向社会要人才、深入社会挖人才、不拘一格用人才”的用人方针，通过开展校内外培训、专题讲座、观摩学习、技能竞赛以及“一对一”师徒结对等多种形式，构建了一支数量足够、结构合理、素质优良、师德高尚，教学水平高、实践能力强，专兼职结合的师资队伍，并且同时够适应三种教育形式的发展整体要求，实现了师资资源的合理布局和利用。

（5）资源统筹。根据三类教育的教学需求和时间节点统筹安排多媒体教室、教学资源、网络资源，实训场地等，在满足开放教育，中职教育，岗位培训共享学院教学硬件软件资源的同时，将资源利用发挥到最大化。

3.2　继续教育与职业培训案例分析

3.2.1　中建三局教育培训工作的转型与创新实践

近年，中国建筑第三工程局有限公司（以下简称中建三局）以成为中国建筑业最具价值创造力的现代企业集团为愿景，坚持“人才强企”战略，实施以“调结构、提效能、控规模”为主线的人才发展策略，践行企业发展与员工进步并重，始终把教育培训工作作为提升企业核心竞争力的大事来抓，坚持以学员为中心，以教育培训全员覆盖为目标，聚焦企业转型发展需要，突出核心人才队伍培育，致力业务骨干能力提升，加速培训体系构建，提升培训管理水平，全面支撑局人才队伍建设目标落地。

3.2.1.1　中建三局概况

中建三局隶属于中管央企中国建筑集团有限公司。是中国首家行业全覆盖建筑工程施工总承包特级资质企业，于1965年在四川攀枝花成立。

半个多世纪来，中建三局历经三线拓荒、调迁湖北、出征特区、布局全国、走向海外，在波澜壮阔的历史征程中，逐渐培育形成了“敢为天下先、永远争第一”的企业品格，完成了一大批国家和地方重点建设项目，树立了“建筑铁军”“工程劲旅”的良好形象。80 年代末、90 年代初相继承建深圳国际贸易中心大厦、深圳地王大厦，创造了三天一层楼的“深圳速度”和两天半一层楼的“新深圳速度”。进入 21 世纪，又先后承建上海环球金融中心、央视新台址、香港环球贸易广场、天津 117、武汉绿地中心、北京中国尊、雄安市民服务中心等一批顶尖项目和全国 20 多个省区市第一高楼。国内现有 500 米以上超高层建筑 9 座，其中 8 座为三局承建或参建。

中建三局坚持坚持党的领导，加强党的建设，坚持党管干部、党管人才，充分发挥国有企业 6 种力量，以服务国家战略、打造国家品牌、履行央企责任为已任，实施建造与投资“两轮”驱动发展战略，为壮大综合国力、促进经济社会发展、保障和改善民生做出应有的贡献。

目前，中建三局在建项目 1200 余个，遍布全国 30 个省（自治区、直辖市）以及巴基斯坦、马来西亚等十余个国家。具备房建、市政工程、公路“三特三甲”资质。业务范围覆盖高端房建、基础设施、投资开发及海外等领域。2017 年全局新签合同额 3700 亿元，完成营业收入 1700 亿元，在中建集团工程局中，主要指标多年来位居第一。综合实力连续位居中国建筑业竞争力百强企业榜首、湖北百强企业第二名，已达到中国企业 100 强、ENR 国际工程承包商 91 位标准、世界 500 强 448 位标准。

中建三局取得的成绩是与人才强企战略全面实施，人力资源保障作用不断增强密不可分的。

3.2.1.2 中建三局教育培训体系

中建三局紧密围绕企业人才发展战略要求，深耕培训体系设计，逐步建立起分层分级的培训组织体系、标准规范的培训运营体系、多维立体的培训课程体系、共建共享的培训资源体系、移动开放的知识学习平台，形成“五位一体”良性学习生态圈。

（1）分层分级的培训组织体系

根据“谁使用，谁培训”的原则，中建三局实行分层分级的培训组织管理体系，培训组织分为局、局属二级单位、局属三级单位、项目部四个层级。明确了各级培训工作指导委员会、人力资源部门、业务部门及财务部门四大责任主体。局主要承担培训体系设计、资源支撑、业务指导及重点培训项目实施等职能，局属单位在局统筹部署下，结合本单位实际开展具体培训工作，具体组织架构见图 3-1。

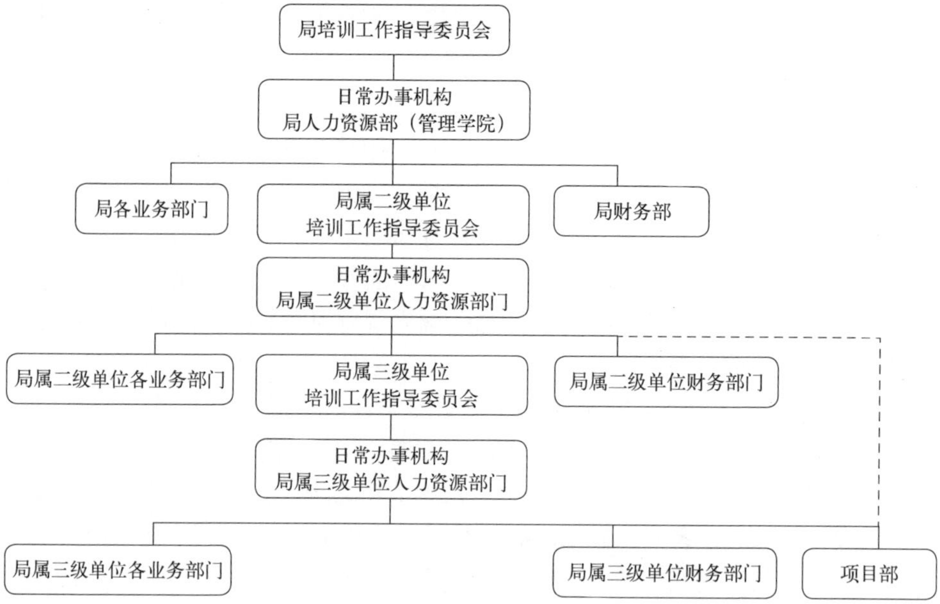

图 3-1　中建三局培训组织构架图

（2）标准规范的运营体系

中建三局将培训项目分为三级，一级培训项目是根据企业发展战略以及人才队伍建设要求开展的培训；二级培训项目是针对业务系统重点提升能力项开展的培训；三级培训项目是以基本业务知识及操作技能为主开展的培训。明确教育经费计提与使用标准，课程采购与师资配备标准，通过“经费、课程和师资”三项资源集中，为培训工作标准化奠定了基础。通过编制《中建三局培训管理手册》，分门别类建立培训项目实施标准化模版，确保“有作业就有程序，有程序就有规范”，实现培训项目从策划、实施、评估到档案管理等全流程规范管理，采用“项目经理制”，推行“三步工作法”，实现项目实施人员配备、责任分工、流程工序以及服务水平的标准化运营。

（3）共建共享的资源体系

设置专人专岗，统筹全局培训资源建设，推行供应商入库管理，动态更新发布培训师资资源库、场地资源库，推动资源建设全局共同参与，培训资源全局共享。2017年，按照“自主报名、单位推选、试讲评审、TTT培训、考核聘任”的标准化流程，开展建造、技术、商务、质监、安全等共计15个序列的高级内训讲师评审工作，118人次完成试讲评审，284名特聘讲师、50名高级讲师、330名一、二、三级讲师完成认证（认证基本条件见表3-1）。通过开展外部试听、专家推荐、网络收集等多种途径开发储备讲师资源，集中打分评审新入库外部讲师173名。

中建三局内部讲师级别认证基本条件 **表 3-1**

讲师级别	基本条件			
	工作年限	专业知识	学历	培训经历
特级讲师	该专业 / 领域工作年限 20 年以上	通过特级专家级序列评审	本科及以上	具备 TTT 培训经历
高级讲师	该专业 / 领域工作年限 15 年以上	通过专家级及以上序列评审		
一级讲师	该专业 / 领域工作年限 10 年以上	通过高级序列评审		
二级讲师	该专业 / 领域工作年限 7 年以上	通过中级序列评审		
三级讲师	该专业 / 领域工作年限 5 年以上	通过中级序列评审		

备注：1. 部分重点、前沿专业 / 领域的稀缺人才，可根据情况适当放宽认证基本条件。

2. 硕士、博士员工可根据实际情况适当放宽工作年限要求，45 岁以上员工可根据实际情况适当放宽学历要求。

3. 首次申报且未参加 TTT 培训的可以先通过评审后 1 年内参加培训，且必须通过 TTT 培训认证合格，否则取消内训师资格。

4. 专业知识与各序列专业职级挂钩。序列专业职级还未开展的，待其开展后再进行讲师认证

（4）多维立体的课程体系

通过全面总结以往课程体系建设经验，中建三局试点先行，引入行动工作坊，深入梳理了契合企业实际的课程体系构建规划，创造性开发“两模板一指南”（即学习地图梳理模板和内部课程开发模板，学习地图梳理及课程开发实操指南），完成全部 21 个序列人才学习地图搭建。形成覆盖企业全岗位类别以及晋升级别的一个“横向到边、纵向到底”的立体式培训课程体系，其中横向涵盖房建全部岗位专业能力和通用能力素质要求，纵向覆盖了全部 21 个序列 P1 ~ P6 所有专业职级。针对战略转型重点，结合企业人才队伍建设规划构建多个补充性培训课程体系，形成多维立体的体系格局。

（5）移动开放的学习平台

创办中建三局网络学院，升级网络教育平台，形成具有三局特色的六大分院（即企业文化与党政分院、领导力分院、专业分院、星青年分院、讲师分院和外部课堂），引入领导力等各类课程 5108 门，同步开发手机移动学习 APP——三局掌院，基本实现了学员线上学习、线上签到、培训评估，在线考试等功能，2017 年，网络学院注册学员突破 3 万人次，总学时达到 16.6 万课时，首次超过线下培训班，线上知识平台作用逐步凸显。

3.2.1.3 “5+3”培训项目创新实践

中建三局着力构建“5+3”培训品牌，即以战略人才培养为核心的“五个能力提升”培训品牌；以青年人才培养为重点的“星青年”培训品牌；以专业骨干培养为目标的基础业务能力提升培训品牌；以岗位技能提升为方向的专项取证培训品牌。

（1）以战略人才培养为核心的“五个能力提升”培训品牌

聚焦战略人才，中建三局着力打造“五个能力提升工程”专项培养计划，围绕领导力、总承包管理、投资管理、海外管理、专家能力5个方面，致力于培养一支素质优良、具有企业家精神、能引领企业高质量发展的现代化经营团队；一支实践经验丰富、业绩突出，能提高企业总承包管理能力的职业化团队；一支专门从事房地产投资开发、融投资建造、固定资产和金融投资项目管理的高端化管理及运营团队；一支具有国际视野、熟悉国际惯例，具备跨文化沟通能力，能推动企业战略转型的国际化海外团队；一支专业精通、乐于钻研、具有行业知名度和社会影响力，能推动企业传承与创新的专业化人才队伍。

1）领导力提升培训。按照局管领导干部的不同层级，领导力提升培训项目分C2级及以上（局部门及二级机构班子正职）、C3级（局部门及二级机构班子副职）、D1级（局部门及二级机构助理总经理级）、D2级中的局属三级单位主职领导四个层级组织开展，每年集中举办四期。培训以形势政策、财经热点、管理科学、商业模式创新、国学及人文素养为主要内容，邀请国内顶级教授、政府国策高参、知名企业精英、各类名家大师通过现代管理理念传播、经典案例分析、现场咨询答疑等形式，引导中高层领导人员开阔经营视野、培养创新思维、提高决策能力。

2）总承包管理能力培训。为促进项目管理模式与国际接轨，不断转化推广总承包管理成果，中建三局每年实施总承包管理能力提升培训班不少于三期，每期4天。采取长期培训与短期轮训相结合、基础理论与实际操作相统一的方式，将培训内容与培训对象进一步细化，分系列对建造、计划、商务、设计、组织五个专业版块管理行为知识进行讲解，重点以总承包管理五项核心能力、试点项目总承包管理探索与实践经验、《项目集成管理体系1.0版》（PIMS）等为主要培训内容。提升学员项目计划管理、设计（深化设计）管理、商务合约管理、分包协调和公共资源管理等总承包管理方面的能力，支撑我局“441”计划顺利推进。

3）投资管理能力提升培训。为深入践行“建造+投资”两轮驱动战略，中建三局每年举办2-3期投资管理能力提升培训班，每期3-5天。邀请高端师资及业内专家，针对商业与融资模式创新、资本运作、招商运营、融资建造、地产开发、新兴投资业务等需提升的重点业务能力，开展了PPP项目操作流程及案例、商务谈判、风险防控、投资运营分析等课程培训，学员综合满意度达到95%，反响较好。

4）海外管理能力提升培训。为深入践行“海外优先”战略，提升海外人员的科学管理能力和实际运作能力。中建三局每年举办2期海外能力提升培训班。

邀请国内知名企业专家人员讲授国际工程市场开发与项目运作以及国际工程投标实务与商务谈判技巧、国际工程融资以及业务模式创新、新版 FIDIC 合同条款解读以及适用条件，海外大客户营销策略方法、国际工程项目的环境与合同风险、海外项目的计划控制和工具方法等，参训学员全部顺利完成国际项目经理（IPMP）认证工作。

5）专家能力提升培训。中建三局每年对已聘任的局级专家及以上职级人员分批次进行能力提升培训。2017 年。培训 179 人次，培训着眼经验传承，通过组织经验最佳实践和案例的萃取让学员们迅速掌握并能根据自身情况总结萃取自身专业经验，设置师带徒 - 下属辅导与高效激励实战，让专家真正掌握辅导和激励徒弟和下属的技巧。着力提升专家人员管理经验总结能力、培训讲授能力等，效果良好。

（2）以青年人才培养为重点的“星青年”培训品牌

中建三局“星青年”计划，是针对进入企业工作 9 年以内的优秀青年开展的系统性、持续性、阶梯式专项人才培养方案，包括由总部负责的“恒星青年”计划、二级单位负责的“行星青年”计划、三级单位负责的“卫星青年”计划，参见图 3-2。

图 3-2　中建三局“星青年”计划

青年人才骨干培训营是“星青年”计划的重要实施载体，培训营以积分制形式进行班级管理，以“管理自我—管理他人—管理团队—管理战略”为课程框架，“星青年”计划学员必须按要求完成所有必修课和相应学分数量的选修课，系统的学习管理知识。培训营采用“素质拓展、沙盘模拟、案例分析、实景演练、行动学习、标杆学习、座谈交流”等多种“实战型”培训组合拳，重点培训

“卫星青年”的企业认知能力、沟通能力、执行能力；“行星青年”的目标管理、个人效能和团队协作能力；“恒星青年”的企业战略、理性决策、团队管理和创新思维能力。通过系统化的进阶式课程体系，多元化的培养载体，针对不同阶段的“星青年”实现滚动培养。2017 年全局举办各类型青年人才骨干培训营 72 期，培训 3574 人次。

（3）以专业骨干培养为目标的基础业务能力提升培训品牌

中建三局秉持业务系统在系统人才培养中的主体责任的理念，加强系统联动，由人力资源部（管理学院）提供专业方法支持，各业务系统牵头完成全岗位能力素质要求梳理及全序列学习地图搭建工作，并组织专家着手课程开发，应知应会知识库建设工作。管理学院每年根据局年度工作报告及各系统工作要点，联合业务系统共同确定年度培训计划。并按照“突出重点、以用为本；强调传承、内培为主；注重实效、逢培必考”的原则实施，旨在通过加强交流探讨，促进知识更新、提升专业水平。2017 年，业务系统围绕年度工作重点，依托岗位任职资格库及学习发展路径图，局总部牵头开展各类培训项目 50 个，培训 7000 余人。

（4）以岗位技能提升为方向的专项取证培训品牌

企业的战略转型及业务发展对执业资格证书及岗位证书需求更为迫切，2017 年开始，中建三局将专项取证培训作为重点工作纳入年度培训计划。一方面提前谋划，统筹部署，采用送外脱产培训与内部专家辅导相结合的方式，开展一级建造师、造价师、安全工程师等关键执业资格的取证培训；另一方面针对安管人员，关键岗位人员等岗位证书的培训取证工作，探索线上线下相融合的培训模式，在分批分区送考上门的同时，依托网络学院，开发专业培训课程，通过建立线上视频考核抽查机制，强化培训过程管控，提高取证通过率。2017 年，局层面举办职业资格培训班 17 期，11454 人参加线上培训，9028 人取得职业资格合格证，446 人取得一级建造师证，取得了跨越式进步。

百舸争流，奋楫者先；千帆竞发，勇进者胜。在知识高速更迭的互联网时代，中建三局将根植争先文化沃土，对标一流企业大学，深耕培训体系设计，架构知识管理平台，砥砺前行，开拓创新，打造具有企业战略适应性与前瞻性的良性学习生态圈，不断向现代化企业大学迈进，为实现“一最四强”“五个企业”战略目标不懈奋斗！

3.2.2 中建教育职业教育案例

3.2.2.1 机构概况

中建教育成立于 2009 年，深耕建筑职业教育，专注建工人才培养。公司秉承客户优先、产品优良、服务优质、企业优德的经营理念，多年来致力于建工人才终身学习体系建设，相继成立了郑州中建教育培训中心、江苏中建教育科技有限公司、山东中建教育科技有限公司，投资研发了河南省继续教育公共服务平台，开设了南阳、洛阳、平顶山、新乡、安阳、信阳、南京、扬州分校，建立了贵阳、西宁、济南等合作校，并充分发挥自身优势逐渐成长为集工程造价、EPC 总承包、项目管理、风险内控和财税咨询为一体的专业服务机构。经过十余年的发展，已成为一家师资力量雄厚、服务质量优秀、培训效果显著的职教品牌。

未来，中建教育将始终专注于建工人才终身教育服务，致力于建筑行业人力银行建设，构建“建筑人”终身教育生态链体系。

3.2.2.2 建筑行业人才培养目前存在的问题及现状

作为一家专注于服务建筑行业人才培养的教育培训机构，在十余年的发展历程中，也面对过很多的问题：

(1) 建工人才可选择的培训市场混乱，教学质量参差不齐，没有标准化的课程提供给学员，“一锤子交易”的情况普遍存在，培训机构众多，同质化严重，客户缺乏信任感。

(2) 职业院校资源运营效能不高，面对建筑市场的深度和细分需求，受到体制方面的限制，培养的人才无法对接企业，现场实操技能缺乏，社会机构受体制影响合作深度不够。

(3) 建筑企业面临人才危机，人才策略执行效率低，质量不可控，没有系统的培训和评价体系。

3.2.2.3 遵循市场需求，构建服务体系

基于市场的反馈和中建教育“客户优先”的企业经营观，经过多年的研磨，根据建筑行业人才的职业生涯规划，形成了校企实训中心、执业考辅中心、学历提升中心、继续教育中心、创业就业平台五大职能中心，同时逐步完善了服务体系：

(1) 建立“双师”师资库。中建教育目前自有师资 50 多名，兼职师资 800 多名，包括建工行业政策专家、高校名师、教材编委、习题编委、实战型专家等，分别来自清华大学启迪商学院及其他建工类院校、大型建工央企和优秀民企，由专家负责项目的教学、教辅工作，从教学设计和师资选用上进行合理搭配，保证学以致用。

(2) 课程体系设计以客户需求优先为原则，满足不同阶段的学员需求。如：成人考证类的课程，针对学员时间碎片化的特点，提供了线上和线下相结合的课程；管理类提升课程，为企业客户提供量身订制的课程服务；校企共建为学生

提供实训课程，为企业输送带有企业元素的人才；创业课程对有创业梦想的人员提供项目评价、企业开办指导、导师帮带、法律辅导、投融资等方面的服务。

（3）班主任特色服务。成人的教学服务工作与学校学生不同，因此配备的班主任都是持有一、二级建造师及造价工程师等注册证书的专业技术人员，均有现场工作经验，学员的认同感较强。他们70%的时间为学员提供答疑解惑，30%的时间给学员做好时间规划、职业生涯建议和心理辅导。

（4）丰富建筑行业人力资源库，做好行业人才的“搬运工”。通过实操课程、校企共建等形式为企业输送合格的员工。通过岗位证书、学历提升、管理类培训、执业资格证书等相关培训提升企业在行业的人才竞争力。

（5）创业孵化，帮助有梦想的人才实现梦想。通过创业孵化实现学员梦想，更好地服务社会，助力国家提出的大众创业、万众创新。联合启迪之星孵化器，推荐种子项目，通过项目评审会后可入孵到创业园区。

3.2.2.4 具体做法

（1）校企合作，产教融合，弥补建筑企业招人和留人难的问题

随着国家对高职高专和应用型大学的要求，死板教条的教学模式和过时的评价模式都要进行改革，人才培养模式要进行改变，双师教学是当前学校面临的痛点，只有“走出去、请进来”，让企业参与教育教学的全过程，才能实现突破。该机构利用自身成熟的课程，如造价实训、BIM实训、资料员等课程，目前与河南十多个高校相关院系实现对接，合作方式有“师资培训”“特色专业上门”“专业共建”等。自2015年以来，已经培训了3000多名学员，毕业学员可直接就业于中建教育人才培养合作企业。另外，中建教育已先后和郑州大学、河南工业大学、河南城建学院、河南牧业经济学院、中国石油大学（华东）等高校进行合作办学，开展学历提升和行业短期培训项目。

（2）牵手建筑企业，实现优势互补

该机构专门成立了“中人工程学院”（河南中人工程管理有限公司），职责是搭建合作平台，建立机制、凝聚各方共识，整合各类资源，实现优势互补，互利共赢。

1）帮助企业建立和开发人才、培训系统。以水利十一局为例，企业每年花在员工培训上的经费上千万，涉及企业各层级的培训。为了帮助企业实现人才升级，该机构摸清企业需求，成立合作办公室，提升合作效率。优化系统方案，为企业量身定制了课程服务包，并制定了相应的考评机制，送教上门，让企业员工享受到高质量的线上、线下课程专属服务。

2）企业帮助中建教育实现课程升级，并更好地贯彻落实“学徒制”。实操性强的课程离不开企业的现场教育，该机构定期安排学员走进现场参加实践活

动，已先后与中国水利水电十一局、水利二局、中国六冶、中国九冶、中建五局、中国国家电网、中机六院、河南豫信造价咨询、河南信基工程造价咨询、信永中和（北京）国际工程管理咨询等单位开展送教上门、内训合作，输送、培养优秀人才。

(3) 多措并举，推动行业人才升级

1）每年举办建筑行业的人才招聘会，线上线下同时开展，为企业精准输送专业人才。

2）与清华启迪控股合作，成立启迪之星创业孵化器。引入优质资源，为建筑行业人才创业助力。借助平台提供的创业营的服务及投资平台，加速创业者的成长，让河南建筑行业小微企业有机会插上科技、金融的翅膀。

3）每年为企业提供免费的政策解读增值服务，开展国家资质新政策解读、考试政策、BIM 技术、装配式建筑、造价行业新政策交流会等活动，为企业发展保驾护航。

4）积极打造河南省继续教育公共服务平台。此平台是河南省教育厅高教处评审通过的继续教育在线学习平台，旨在为在职人员提供继续教育线上学习，为高校、企业及从业人员提供优质的线上教育产品。

中建教育凭借多年来对建工企业人才教育的不断探索积累的经验，以及设施完善的培训基地、以人为本的服务理念，在社会上树立了良好的形象。2015年以来，先后被河南省建设行政主管部门推荐为："河南省住房和城乡建设系统（现场专业人员）培训机构"和"河南省住房和城乡建设系统（职业技能）培训机构"。

在新的历史发展时期，中建教育将深刻领会党的十九大报告精神，把继续教育、终身学习的理念贯彻落实到中建教育的每一项具体工作中，指引中建教育的发展。中建教育将把行业继续教育作为公司的核心项目大力推动，不断加强培训体系的优化和提升，注重精品课程的打造，突出行业特点，不断创新培训模式，构建"建筑人"终身教育生态链体系，为企业、高校、学员人才梯队循环发展提供高质量的人才教育服务，为建工行业培养更多优秀人才。

3.2.3 平臂式教学型塔式起重机实训应用与培训模式创新

随着建筑业的发展，塔机作为高层建筑施工的主要起重机械，在建筑业得到了广泛的应用，然而在建筑施工中，塔机事故发生率居高不下，因此如何提高塔机使用安全成为急需解决的难题之一。降低事故发生目前一般从两个方面着手：一是提高设计制造方面的标准；二是对广大操作、管理人员进行深入的安全技术教育和培训。

目前，国内塔机驾驶人员培训中，普遍使用工地淘汰的二手塔式起重机带病进行培训，因此事故多发；使用施工用塔机进行培训能耗高、成本高，培训效果差、效率低下，一般塔机司机的培训周期需要两个月以上；由于部分塔司学员缺乏安全意识，而施工用塔式起重机培训的适应性又不足，培训中存在安全隐患。因此是塔机驶员培训装备不够先进导致了塔机培训工作整体滞后于塔机技术发展的要求，进而带来了塔机操作安全方面的隐患，开发实训专用的教学型装备已迫在眉睫。

3.2.3.1 建设机械培训行业的问题分析

中国建设教育协会建设机械职业教育专业委员会开展了深入的行业调研，将建设机械培训行业面临的主要问题归纳如下：

（1）培训周期长无法满足快速发展的建筑行业对塔机司机的数量需求。

（2）学员上下塔机耗时费力，学员上机实操时间短，操作不熟练、不规范，给日后操作带来了隐患。

（3）普通塔机教学容员量较小，可开展的教学科目有限，教学效果不理想，教学安全保障不够。

（4）安全冗余小，不允许多人同时登塔，学员无法近距离了解塔机结构组成，也无法当场交流实操技能。

（5）缺乏监控回溯系统，导致实操培训与考试过程不够透明。

我国塔机存量大，塔机流动性强，驾驶人员需求大，培训市场活跃但学员数量和效果不能满足现阶段市场上的塔机应用需要。

3.2.3.2 本行业的解决方案

解决方案的总体思路是：改变培训模式，降低实操成本的同时延长实操培训机时，提升安全素养，提高班次培训速度，改善培训效果。

（1）研发专业化的培训装备。通过平臂式教学型塔式起重机的开发，克服普通塔机用来教学的种种弊端。增加司机室容员量，减少教学成本的同时还提高了教学效率。塔机整体设计更加侧重于塔机的教学安全及教学实用性，能真实再现施工作业场景和施工作业吊装动作，为了学员下一步真正进入塔机操作的工作打下坚实基础，为保障建筑施工安全做出贡献。

（2）研究新型培训模式研究教材体系。通过研究编制建筑机械培训新教材体系并编写实施，形成整体教学解决方案。包括：安全解决方案、施工安全标准培训、操作能力层面培训、施工现场安全教育等。

该解决方案的价值与意义：一是形成具有建设机械行业特色的“系统性教学培训与实操训练体系”；二是提高培训机构系统性教学能力，提升实操教具装备整体水平，保障培养出理论知识扎实、实操技能优秀的操作手；三是促进行业自律，降低会员单位实操培训成本，进一步提升建设机械职业教育专业委员会服务水平。

3.2.3.3 试验示范结论

经过河南大博金培训学校和濮阳县硕博教育培训中心两年来的教学试验和实训示范，教学专用塔式起重机使用效果表现出如下优势：

（1）塔机高度13米左右，学员上下方便，各种功能齐全，操作灵活，控制精准，速度设计适中，安全系数大，适合训练和考试使用。

（2）平臂式教学型塔机为塔机教学专门设计，允许多人同时登塔开展教学和空中体验观摩。

（3）配置双座椅驾驶室便于进行示范操作和考察。

（4）塔式起重机外观设计简洁，安全系数可靠，具有较大安全冗量，保证学员误操作情况下的结构安全。

（5）配备安全作业监管信息化系统保障安全；配备视频图像系统，可以远程考评、教室内观摩；纠纷数据回溯复核。

（6）设计了装配式预制基础、快拆快装系统，安拆方便，便于转场运输和快速架设。

（7）七大效果，如表3-2所示。

七大效果 　　表3-2

序号	效果描述
1	学员实操安全风险指数降低，实操考试进行速度大大增加，显著提高学校收益
2	学员视频教学观摩系统、视频考评回溯与纠纷处理，学员实操过程能实现全程记录，实操档案建设更加规范
3	超大型训练驾驶室、教练副驾驶位、双排学员观摩区，高空作业体感体验区，双考官与远程评分、能实现对实操学员全程监控和技术指导
4	教练员在紧急情况下可以切断控制电源。整机采用超冗余结构安全设计，保证教学全程安全操作
5	安全监控系统对故障有预警、报警、停止危险动作并自动纠错、自动结束危险状态、自动归位等功能
6	显著增加实训机时，保障学员技能；满意度大幅提高，各方受益明显
7	推广后可以极大提高塔式起重机操作与维修保养人员的训练手段和装备水平

中国建设教育协会建设机械职业教育专业委员会申请并获得了相关专利，形成了自主知识产权的实训新模式和与之配套的环保绿色节能教具装备、教材体系。

综上，平臂式教学型塔式起重机实训应用与培训模式创新运用了新教材、新培训体系和新实操培训装备，对引领塔式起重机培训行业完成实操教学转型，促进建设机械岗位人员实操技能水平具有创新意义。

4 中国建设教育年度热点问题研讨

本章根据中国建设教育协会及其各专业委员会提供的年会交流材料、研究报告，相关杂志发表的教育研究类论文，总结出教育发展模式研究、立德树人与校园文化建设、创新创业教育、教学研究与专业建设、校企合作与开放办学、转型发展等6个方面的24类突出问题和热点问题进行研讨。

4.1　教育发展模式研究

4.1.1　教育发展新模式的探索

为了贯彻“以人为本”的教育理念，推动学校教育大格局建设的全面常态化，加快与国家“双一流”建设工作的对接，青岛理工大学对教育发展新模式从以下方面进行了探索：

（1）改革创新激活教学本底。一是在面向新要求，将改革创新作为教学发展新常态的形势下，统一思想，明确专业教学改革的总体方向；二是促进目标转变，突出个性化培养；三是倡导模式改革，推动成效化转变；四是创新考核方式，树立素质型标准。

（2）落地生发学科特色。一是对标本土需求，生发学科地缘特色；二是畅通政校联系，创建政校联合新模式；三是组建地缘集群，建构学科发展新架构。

（3）开放托举教育全局。一是从校内到全球，建立教育开放大格局；二是从东方到西方，形成国际联合新跨度；三是从省内到全国，稳固校际联合新常态；四是从企业到社会，完善校企联合新模式；五是从课内到课外，细化社会参与全过程。

参见《中国建设教育》2017年第2期“青岛理工大学教育发展新模式探索”（第十二届全国建筑类高校书记、校（院）长论坛论文选）

4.1.2　建设具有鲜明建筑特色的创新型大学

近年来，北京建筑大学坚持以创新引领学校改革发展，积极承担起大学在国家创新驱动发展和北京科技创新中心建设中应有的使命，发挥学校的优势和特色，积极融入国家科技创新体系，主动服务北京“四个中心”城市战略新定位和建筑业转型升级新需求，持续打造卓越的创新人才培养体系、卓越的科技创新体系、卓越的现代大学治理体系和卓越的创新教育文化体系，努力探索具有鲜明建筑特色的创新型大学建设之路。时任北京建筑大学党委书记王建中对此进行了系统的总结：

（1）抢抓四大机遇，以创新的思维谋划未来发展。该校立足全局，紧紧抓住京津冀协同发展战略实施、北京建设国际一流的和谐宜居之都和“四个中心”城市战略新定位、国家推进“世界一流大学和一流学科”建设、中央城市工作会议和建筑业转型升级四大历史性机遇，以五大发展理念引领学校“十三五”规划，按照“着眼于30年、布局至20年、落实到10年”的三步走路线图，构建了一条具有鲜明建筑特色的创新型大学发展之路。

（2）坚持改革创新，全面推进学校综合改革。该校着眼于“十三五”规划确定的远景战略目标，坚持以立德树人为中心，以增强院系办学活力为抓手，以调动全体师生员工积极性为重要目标，以体制机制创新为着力点，系统深化学校综合改革，着力提高学校治理体系和治理能力的现代化水平，为实现学校新时期的发展目标提供坚实的管理服务支撑。一是实施卓越管理行动计划，构建运行高效的管理服务体系；二是深化人事制度改革，建设一流人才高地；三是深化科技体制改革，建设创新特区；四是深化国际化办学改革，搭建海外办学基地平台；五是坚持绩效先导，深化“大资产、大后勤”改革和校办产业体制机制改革；六是实施信息助校战略，建设智慧校园。

（3）强化质量内涵提升，大力推进人才培养综合改革。一是全面修订2016版人才培养方案，搭建“专业教育＋通识教育＋双创教育”三位一体的人才培养新模式；二是系统开展“双创”教育，全面构建学生创新创业教育体系。

（4）聚焦国家重大战略需求，探索一流特色学科建设之路。该校一流学科建设立足服务国家战略需求，主动融入地方经济社会发展进程，着眼于破解发展难题、增强发展动力、厚植发展优势，不断提升学科竞争力。学校主动对接服务北京“四个中心”城市战略新定位和城市副中心建设重大需求，协同有关高校和科研院所，牵头建设北京“未来城市设计高精尖创新中心”，为城市战略规划、建设管理等方面提供智力支持和决策咨询服务。中心既是我校创新服务首都北京新定位、服务北京城市副中心规划建设的重大平台，也是建设一流学科和一流大学的重大平台。一是依托中心五大研究领域，汇聚国内外高端人才，整体提升学科实力；二是依托北京城市副中心主战场，协同国内外顶级院所联合开展科技攻关；三是依托北京高精尖创新中心政策优势，探索建立高校创新的“改革特区”。

参见《中国建设教育》2017年第2期“贯彻‘创新、协调、绿色、开放、共享’发展理念建设具有鲜明建筑特色的创新型大学”（第十二届全国建筑类高校书记、校（院）长论坛论文选）

4.1.3 服务新型城镇化的探索

天津新型城镇化建设以示范小城镇建设为载体，已经形成中心城区和滨海新区核心区、新城、中心镇、一般镇的四级城镇体系。2015 年城镇化率达到 82.64%，滨海新区、环城四区基本实现农村城镇化，新型城镇化具有较好的发展基础和较大的发展空间。天津城建大学立足服务城市的办学定位，坚持创新产学研用相结合的体制机制，逐步提高学科专业布局与现代城市建设发展的匹配度，把全面提高教育教学质量，显著提高学科核心竞争力，着力强化科技创新能力，大力提升服务城镇化和城市现代化水平作为自觉责任和发展目标，在服务新型城镇化建设方面进行了一系列探索，形成了坚实基础。天津城建大学副校长王建廷将其经验总结为：

（1）强化学科建设，契合新型城镇化发展基础。该校为契合新型城镇化发展基础，进一步优化学科结构，加大了学科人才团队建设。一是根据城镇化与城市现代化的现实需求与发展趋势，构筑了服务新型城镇化和现代城市建设的城市规划、城市建设、城市管理、生态城市、智慧城市、城市经济、城市文化七大学科群；二是依据现代城市规划、建设与管理的新理念、新趋势和新技术特征，不断完善学科专业体系，实现对城建行业全覆盖；三是坚持以“专业集群对接产业链和行业企业需求，学科集群对接国家五大战略和新型城镇化发展战略的产业群”为发展思路，动态调整学科专业布局，鼓励学科专业群与行业企业产业群的对接合作，努力将行业特色转化成为办学特色；四是积极实施精品战略，加强学科内涵建设，培育“高峰高原”学科，形成以“高峰学科”为主导、以“高原学科”为支撑的学科体系。

（2）提升科技创新水平，支撑引领新型城镇化发展新动力。该校结合自身基础和条件，根据天津五大战略叠加需求，突出服务新型城镇化和现代城市建设任务需求，调整和优化科研方向战略布局。一是聚焦城市安全防护、建筑节能和绿色建筑、城市综合交通、城市风貌建筑保护和海绵城市等重大科技问题，在现代城市建设的重大关键技术领域形成突破。整合学校科研力量，加强组织协调，形成国家重点（重大）项目突破；二是建立形式多样的协同创新平台、工程中心、重点实验室、智库及人文社科研究基地；三是不断创新科研组织模式，在现代城市及新型城镇化建设的重大关键技术领域，强化科技纵横协作机制，促进不同学术团队之间的合作创新，鼓励跨学院、跨学科（群）形成课题组。通过建立健全以创新和质量为导向的科技评价机制和激励机制，促进科学研究质量提升，产出更多高质量接地气的科研成果。

（3）提升社会服务能力，瞄准塑造新型城镇化发展新空间。该校按照完善社会服务战略布局、搭建高水平社会服务平台和提升科技成果转化能力的目标，不断推进社会服务工作。一是围绕天津城建行业骨干企业转型升级和培育发展战略性新兴产业的需要，加大共性关键技术的研发及推广力度；深度融入建筑节能和绿色建筑、建筑工程、建设信息化、综合交通建设、城市生态环境、村镇建设、京津冀协同发展与城乡建设、城乡建设管理能力与管理体系现代化等领域，全面开展科技研发与技术服务；二是以科技创新平台为支撑，积极争取与地方政府和企业的横向科技合作，在重点产业和重点区域，通过产业技术创新战略联盟，加强共性关键技术的研发和应用推广平台建设，构建产、学、研、用多层次全方位合作体系；积极支持与中小型科技企业、科研院所的全方位合作，共建或联建一批工程技术研究中心、技术服务中心、人才培训基地等；争取更多、更高级别的行业资质，显著提升科技服务社会能力和水平；建立多学科组成的智库，加强重大项目和重大问题的人文社科研究，打造特色智库论坛品牌，推出一批高水平智库咨询服务成果；三是以学校科技成果转化中心为主体，完善知识产权管理、科技成果推广和交易中介服务，形成科技成果转化专业服务链；形成科技成果与天津建设行业需求直接对接的推广转化机制，科技成果转化率大幅度提高；积极向天津科技型企业选派科技特派员。

参见《中国建设教育》2017 年第 2 期“契合基础 融入前沿 支撑动力 塑造空间——天津城建大学服务新型城镇化发展的实践探索”（第十二届全国建筑类高校书记、校（院）长论坛论文选）

4.1.4 素质教育是高等职业教育改革和发展的战略主题

黑龙江建筑职业技术学院原书记王凤君认为：素质教育是当前高等职业教育改革和发展的战略主题。

（1）为什么将素质教育作为高等职业教育改革和发展的战略主题。一是高等职业教育的根本目的就是培养人，素质的发展是人的发展的核心和基础，这是素质教育的根本性；二是素质教育立足于人的发展的本质要求，贯穿于各级各类教育，这是素质教育的全局性；三是素质是较为稳定的对人长久起作用的因素，这是素质教育的长远性；四是素质教育还具有统领性。如：“学校的一切工作要以育人为本”“将学生的全面发展作为学校一切工作的出发点和落脚点”“学校教育要以立德树人为根本任务”等，深刻揭示了素质教育的统领性。素质教育的根本性、全局性、长远性、统领性，决定了素质教育在高等职业教育改革和发展中的战略主体地位。

（2）如何落实素质教育的战略主题。一是要有教育理论自信。按照中国的文化和实践轨迹建构我们自己的话语体系，科学地阐释中国教育实践的理论成果。同时，也要努力提高中国高等职业教育的国际话语权，通过多种途径介绍素质教育思想，解读好中国高等职业教育实践；二是要把全面实施素质教育作为高等职业教育改革发展的核心理念，系统设计、整体规划素质教育的重点任务；三是必须改革高等职业教育的人才培养模式，推进教育教学改革。要按照实施素质教育的总体要求，以课程改革为突破口，对课程体系进行全方位的系统设计。整体优化，同时辅之以缜密的策划和精细的落实举措。

（3）高等职业教育实施创新教育是全面推进素质教育目标的突破口。素质教育最基本的内涵，可以从“全民、全面和全体”三个方面来揭示。第一，素质教育是全民教育，旨在提高全体公民的素质。第二，素质教育是全面发展的教育，要全面提高学生的思想品德、科学文化、劳动技能和身体心理等素质和能力。全面发展有利于发挥人的创造性。第三、素质教育是面向全体学生的教育。上述素质教育的内涵表明，素质教育注重人性的完整性、潜质性、差异性，注重体现人的价值与尊严，而这些正是创新教育必备的基础和条件。长期以来，因受应试教育的影响，我们教育培养出来的学生缺乏创造性，综合素质差，不仅不适应市场经济的需要，也会使知识经济的发展陷入困境。由应试教育向素质教育的转变，是实施“科技兴国”伟大战略的需要，也是知识经济社会发展的必然趋势。素质教育的基础是培养文化素质，核心思想是做人，内涵是学会生存、学会创造，目的是成为全面发展的人。与应试教育相比，素质教育的优越性，主要体现在三个方面：一是面向全体受教育者；二是实现德、智、体、美诸方面全面发展；三是充分发挥受教育者的创造性。创新教育作为素质教育这一主题中的应有之义，追求在德、智、体、美诸方面全面发展的基础上，培养全体学生的创新精神和创新能力。实施素质教育，要变应试教育中灌输式教学为培养学生创新意识和创新能力的教学，其关键或突破口在于实施创新教育。可见素质教育的全面推进离不开创新教育。实施创新教育是推进素质教育目标的突破口。

参见《中国建设教育》2017年第1期“素质教育是高等职业教育改革和发展的战略主题”（第八届全国建设类高职院校书记、院长论坛论文选）

4.1.5 突显四大特色强化内涵建设

近年来，重庆建筑工程职业学院紧紧围绕“发挥办学优势，凝练专业特色，提升竞争能力，推动全面发展”的主题，学校开展了以加强内涵建设，彰显建设类高校特色为目的的一系列建设活动，逐步显现“建、企、地、赛”四张特色牌的办学特色和办学优势。重庆建筑工程职业学院院长吴国雄将其经验总结为：

(1) 以“建”牌为根本，提高人才培养质量。一是突出重点，推进品牌专业建设。学校以服务市场设置专业、依托行业建设专业、整合校企做强专业，构建有竞争优势、特色鲜明、适应社会需求的专业体系。围绕重庆市经济社会发展战略和重点领域，开办建设产业支撑型专业、人才紧缺型专业，择优发展特色引领型专业；二是依托平台，加强质量工程建设。学校高度重视“质量工程”建设，加大对质量工程的扶持力度。为实现优质教学资源共享，深化信息技术在教学中的应用，学校加大投入进行资源平台建设，启动学院混合式教学模式改革；三是更新理念，搭建多元培养平台。学校通过与若干重点中职合作，开办“3+2 中高职衔接”实验班。先后与多所本科院校开展专升本、第二专业学历教育，搭建起多层次人才培养立交桥。

(2) 以“企”牌为依托，深度推进校企合作。一是加大投入，改善实验实训条件。学院加强实验室和校内实践教学基地建设，已建成校内实训基地面积 4.15 万平方米，实验实训室 57 间。建有 9 个市级重点实训基地和多个专业群校内实践实训基地；二是携手企业，共建校企合作平台。学校坚持产学研合作办学，校企合作成效显著。学校牵头成立了“重庆建设教育校企合作发展理事会”，在 60 家知名企业挂牌“重庆建筑工程职业学院实习就业基地”，实现专业全覆盖，为学生创造了优质、充足的校外顶岗实习条件。与多家企事业单位签订“订单班”“冠名班”及定向培养协议，共同开展人才培养工作，实现了三分之一的专业开展“订单班”“冠名班”人才培养，三分之一的教学任务在实习实训基地完成，三分之一的学生在合作企业就业。

(3) 以“地”牌为支撑，服务区域经济发展。一是合作共建，打造创新创业平台。学校依托地方重点发展的四大产业及三大工业园开发新型合作项目，建设就业创业实践基地。成立创新创业教育领导机构，开发相关课程项目，加快场所条件建设，引进行业优势企业，建立特色鲜明的“众筑小驿·民生翼创”众创空间，以校园数字信息化平台传播创客文化。启动“建工职院创新创业园”，引入“艺术设计工作室”、“大益爱心茶室”、“E 创驿站”等创业项目。创新创业教育扎实推进，创新创业项目与日俱增；二是拓宽思路，增强科技服务能力。近年来，学校获批 200 余项科研项目，其中直接面向市场，服务地方经济建设的项目超过 65%。部分科研成果产生了较好的经济和社会效益。为了适应重庆市建筑产业化的发展需求，搭建科技创新平台，重庆市建筑产业化工程技术中心落户该校，有效促进科研与产业无缝衔接。

(4) 以“赛”牌为抓手，推行职业素质教育。一是以赛促教，提升学生综合能力。学校把每年 5 月、11 月确定为技能竞赛月，开展测量大赛、砌筑大赛、桥模大赛、CAD 绘图大赛等形式多样的技能竞赛，培养学生的实践动手能力，将“教、学、赛、训”进行有机结合。近年来，学生积极参加各级各类竞赛，成绩突出，在全国建筑类高职院校“鲁班杯”建筑工程识图技能竞赛、全国建设类高职院校优秀毕业设计作品大赛、重庆市高等职业院校技能竞赛等重要赛事中屡创佳绩；二是育人树人，提高实践教学质量。学校坚持标本兼治、综合治理的原则，多措并举，活跃办学形式，促进学生“乐学、勤学、会学”，以职业素质教育为核心全面推进素质教育。构建专升本、“专衔本”、第二专业的人才培养立交桥，为学生搭建再学习、再提升的平台。学校共有学生社团 26 个，每年 11 月举办“社团活动月”活动，展示各学生社团风采，肯定学生第二课堂成绩。积极开展专业社团的培训，以赛促学、以赛促教。通过培养动手能力、搭建再学习平台、开展社团活动，把学生的课余时间、精力都吸引到学习上，实现学习、实践两手抓，深化学风建设内涵，提升人才培养质量。

参见《中国建设教育》2017 年第 1 期“突显四大特色 强化内涵建设”（第八届全国建设类高职院校书记、院长论坛论文选）

4.1.6 “4+4”协同育人新模式的探索与实践

河南城建学院作为一所以工科为主、以“城建”为特色的多学科协调发展的省属本科建筑类高校，紧跟时代发展步伐，主动融入五大发展理念，明确了应用技术型人才培养的新方向，形成了人才培养的新理念、新思路、新模式，取得了新的成效。

（1）创新人才培养理念，开辟特色育人新思路。河南城建学院围绕应用技术型人才培养目标定位和学校办学实际，形成了“以人才培养为根本，以培养质量为核心，以教学工作为中心，全面提升办学实力、行业竞争力和社会影响力”的人才培养新理念。按照人才培养新理念，构建了“一型五化”的特色育人新思路。一型即应用型；五化即以职业需求为导向，学生职业素养培养职业化、人才培养方案个性化、人才培养模式多样化、视野国际化、人才培养过程和工程型人才培养的卓越化。

（2）探究人才培养机制，构建协同育人新模式。该院以内涵建设和体制机制创新为重点，在协同创新发展战略引领下，积极探索建立与地方政府、行业和企业稳定有效的合作育人和服务机制，初步形成了“4+4”协同育人新模式：即“校企行政四方联动，学产研用立体推进”。这一协同育人新模式坚持开放办学，突出了高校育人工作的中心位置，在应用中培养了一批高级应用技术型人才，同时又彰显了高校的社会服务职能，提升了服务行业和地方经济社会发展的能力。

（3）深化校企行政合作，搭建培育人才新平台。该院在应用技术型人才培养过程中，坚持校政行企合作，搭建育人平台，实现了“六共同”：即共同设置专业、共同制定人才培养方案、共同构建课程体系、共同建设实习实训基地、共同组建教学团队、共同实施人才培养过程，实现人才培养规格、产业行业发展、用人单位实际需求无缝对接。

(4) 强化创新创业教育，丰富人才培养新举措。该院积极贯彻国家关于大学生创新创业教育的各项政策，深化人才培养模式改革，努力培养具有综合素质和创新创业能力的高级应用技术型人才。在“创新创业课程建设、创新创业平台搭建、创新创业训练、创新创业竞赛、创新创业保障机制”等方面不断创新举措，形成了“五位一体”的创新创业教育新模式，对强化大学生创新精神和创新能力，深化人才培养模式改革，推动学校转型发展发挥了积极作用，也促进了学校就业工作质量的稳步提升。

参见《中国建设教育》2017 年第 2 期“改革创新 转型提升——河南城建学院“4+4”协同育人新模式的探索与实践”（第十二届全国建筑类高校书记、校（院）长论坛论文选）

4.1.7 推动转型发展提升服务能力

作为一所地方普通本科高校，黑龙江工程学院始终坚持立足地方，主动服务地方，为东北老工业基地振兴，为黑龙江“五大规划”实施和“十大重点产业”建设，为“黑龙江陆海丝绸之路经济带”建设不断输送优秀人才，提供技术支持。黑龙江工程学院校长张洪田对该校推动转型发展、提升服务能力的经验进行了系统的总结。

(1) 调整专业布局，强化内涵建设，为黑龙江发展输送高质量应用型人才。学校对接地方和行业产业升级产业链的需要，围绕黑龙江省以高端装备制造、资源精深加工、战略性新兴产业为重要支撑的产业新格局，实现专业布局向“精而特的质量凸显效应”转型；坚持区域性、行业性的服务面向定位，以“专业（群）对接区域产业群”为基本原则，合理设置专业；以专业认证为引领，强化专业内涵建设，与行业、企业深入合作，联合培养满足需要的应用型人才。

(2) 优化学科结构，加强特色学科建设，不断增强科研和服务能力。该校面向地方经济和交通、测绘等行业发展需求，主动适应地方产业结构转型升级的需要，调整学科结构，提升了与区域经济社会发展的符合度；按照“整合、共享、完善、提高”的原则，与行业企业、科研院所和相关院校紧密联合，加强科研基地建设；依托科技创新平台、甲级资质公司和汽车产品质量检测中心等，不断拓展科技服务范围，提高社会服务水平。

(3) 建设科技产业园，提升科技创新能力。为推动创新创业教育深入开展，提升科技创新能力，该校加快建设以“智”为主题的科技产业园，以便服务师生科技成果转化及创新创业实践。

(4) 建设“行业学院”，打造校企合作升级版。行业学院是学校二级学院（系）与一个或多个合作企业共同组建的“院中院”。校企双方以行业学院为平台，实现全面深度合作，将教学环境和企业职场环境相对接，将学校智力优势和企业技术优势相结合，将学校课程和企业项目相结合，形成学校、行业企业和社会发展的“共同体”。

参见《中国建设教育》2017 年第 2 期“深化产教融合 推动转型发展提高服务黑龙江经济社会发展能力”（第十二届全国建筑类高校书记、校（院）长论坛论文选）

4.2 立德树人与校园文化建设

4.2.1 实施“铸魂工程”，把立德树人、“三全”育人落到实处

宁夏建设职业技术学院院长马精凭认为：高职院校如何培养既有远大理想、坚定信念，又有良好社会责任感，既有“四个自信”，又有良好职业和专业素养的社会主义事业合格人才和接班人，是一个必须冷静面对、认真解决的教育问题。

(1) 实施“铸魂工程”，把立德树人、“三全”育人落到实处。坚持立德树人，培育大学生社会主义核心价值观，必须把“全员”培养体现到教书育人的“全过程”，落实到学校教育工作的“全方位”，切实做好各个方面的基础性建设和基础性工作。学校要坚持把立德树人作为中心环节，把思想价值引领贯穿教育教学全过程和各环节，形成教书育人、科研育人、实践育人、管理育人、服务育人、文化育人、组织育人的长效机制。教师要在立德树人的实践中，自觉承担正人正己、言传身教的社会责任，做学生人生奋斗的“方向盘”，青春奋进的“发动机”。学生的一切行为都是发展行为。当代大学生所面临的冲撞和干扰比以往任何一个时期同类人群都更加复杂，更加严峻。尤其是在市场经济纵深发展，各类文化与思潮持续涌入，各类矛盾“无缝对接”的状态下，处在学习知识、陶冶情操、增长本领、创新创业黄金时期的大学生，更应该学会系好人生的第一粒扣子。唯其如此，才能在思想道德、生活信念、行为修养、素质能力上实现共同价值，得以正常“生长”，成为对国家、对人民、对社会有用有益的人。因此，大学思想政治教育要科学实施问题导向式教育教学，促进大学生完整准确地理解社会主义核心价值观的内涵，实现个人愿景和共同理想的认识

认同；要突出文化育人功能，实施文化养校方略，关注行业文化脉搏，实现校园文化和社会环境的情感认同；有效引导大学生明辨是非，在正确推理、有益判断的基础上进行评价与选择，实现问题判断与价值批评的理性认同；有效引导大学生以核心价值为日常行为准则，积极投身社会公益和志愿实践，自我教育、自我管理、自我反思、自我调适，实现人生进步与事业成功的行为认同。

(2) 实施“铸能工程”，把“工匠精神”培育做为大学质量建设的重要内容。一是把传承“工匠精神”作为产教融合、校企合作的校企共同责任。高职院校只要坚持走产教融合、校企合作发展之路，让学生既有共同理想又能面对现实，体验课堂与职场“双角色”、书本与实践“双通道”，就能够实现从学生到工匠的身份转变。只要切实有效引导企业参与工匠培养过程，赋予企业社会责任，就能够实现高职院校改革创新的时代要求，承担“制造强国”战略对人才培养的现实责任；二是把培养“工匠精神”作为提升职业素质、引导学生可持续发展的教育目标。高职院校作为培养技术技能人才的主阵地，应当承载培养“大国工匠”、培育“工匠精神”的重要责任。高职院校要实现价值转向，确定与“大国工匠”培养、“工匠精神”培育相对称的人才观、质量观、发展观。学校要加强顶层设计，把培养“工匠精神”注入到办学思想、教育理念、内涵建设、文化建设、“三风”（校风、教风、学风）建设等价值体系中；教师要切实讲求教育教学目标设定、内容选择、设计更新、方法优化、评价改进、质量监控、绩效考核等知行要素，使弘扬“工匠精神”成为行为自觉、文化自觉以及文化追求；三是对接企业文化，引进标准规范，夯实实践基础。对接企业科学先进文化，就是系统搭建企业文化教育平台，促进企业文化进校园、进教材、进课堂，构建具有先进文化特征的职业素质教育课程体系，帮助学生理解工作价值，强化职业修为，优化职业品质；引进标准规范，就是在课程教学和项目实践中，实现课本专业知识和工业企业技术体系的有效对接，帮助学生在有效的审美体验中敬畏规则、体悟精神，欣赏来自前人的创新精神、创造力；夯实实践教学基础，是高职院校区别于普通本科教育的固有特征，是培养科学技术人才、技术技能人才，造就现代卓越现场工程师的必由之路。

参见《中国建设教育》2017 年第 1 期“铸‘魂’与筑‘能’——工科高职院校思想政治教育与工匠精神培养的思考”（第八届全国建设类高职院校书记、院长论坛论文选）

4.2.2 大学文化建设的实践与思考

大学文化是一个丰富、系统的体系，由许多相互联系、相互渗透、相互制约的要素构成。它至少涵盖有物质、精神、制度等三个维度。这其中，环境是基础、精神是核心、制度是保障。山东建筑大学党委书记王崇杰分别用“源流”、“对话”、“经纬”这三个规划设计界的“术语”，结合山东建筑大学文化建设的实践，对大学文化之表征与意蕴进行了探讨。

（1）精神文化中的“源流”。构建大学文化、塑造大学精神，必须尊重历史，在理清大学的创建缘起和历史发展脉络的基础上，全面挖掘和总结已经形成的文化要素，加以提练和升华。大学文化和大学精神是在历史传统和当代语境的结合中不断建构、不断完善、不断创新的动态开放系统。它既反映国家、民族和本校的优良传统，同时也应符合当代社会的发展趋势，响应当代社会的现实需求，兼具厚重的历史感和鲜明的时代感，体现历史传承和与时俱进的有机统一，在传承与再造中不断实现自我超越。

（2）“源流”中的文化“对话”。与历史对话，体现了对人类文明的传承、对民族历史的尊重和对办学历程的延续。当这一对话运用到校园环境文化的设计中，一副立体图景也将豁然开朗。山东建筑大学新校区的文化景观设计，就体现了与大学精神的对话。有形的雕像，以及以先贤命名的论坛、讲座等，带给师生的必将是一种文化的浸润与陶冶、一种思想的启迪与引领、一种信念的坚守与力行。从“校园文化”到“文化校园”，使人文教育和文化启蒙渗透到专业成长中，使大学的“课上课下”、校园的一园一景都渗透着浓厚的人文教育，都培养学生的现代人文素养，都激发学生自主学习、独立思考、勇于创新的自由本质，从而建构全方位的育人文化场景。这是一种与建筑文化的“对话”，是更为全方位、更为深层次的大学文化建设。

（3）制度文化中的“经纬”。制度是联结大学精神文化、环境文化的纽带。学校为维护正常运转和教学生活秩序而制定的各种规章制度，具有鲜明的规范性和组织性，对大学师生的思维方式及日常行为具有引领和约束作用。“没有规矩不成方圆”。培育大学制度文化，要更加充分地调动广大师生员工的积极性、主动性、创造性，发挥社会主义核心价值观在师生行为中的引领作用，鼓励他们根据自己对大学的认知和感受来参与制度设计。从环境文化的润物无声到精神文化的浸润熏陶，再到制度文化的规矩方圆，根本落脚点还在于师生的行为，这主要通过校风、教风、学风等来加以体现。这种见之于师生教学、科研、学习、管理等活动中形成的集体风尚，是文化在一所大学中真正的体现。当然，这些从一个闭环的角度来看，应从制度上予以贯彻和保证，从物质文化环境上予以呈现和展示，从整个知识传授和学术探求过程中予以渗透，更要在全体师生的一切活动和日常行为上予以践行，从而突出大学精神文化的主导作用，体现大学制度文化的规范协调作用，发挥大学环境文化的熏陶作用，拓展大学形象文化的认同作用。

参见《中国建设教育》2017 年第 2 期“源流·对话·经纬——山东建筑大学文化建设的实践与思考”（第十二届全国建筑类高校书记、校（院）长论坛论文选）

4.2.3 培育精技强能的善建者

山东是鲁班的家乡。山东城市建设职业学院在建设行业办学实践和建设类人才培养过程中，重视大学文化和大学精神对学生的熏陶和引领，挖掘、研究、弘扬中华民族独有的，体现建设行业特质的鲁班文化，把鲁班精神凝练为“踏实严谨、精技强能、勤奋进取、自主创新”。鲁班精神作为学院文化育人的核心理念，体现学院办学特色，对于学院内涵建设和人才培养质量提升具有更重要的现实意义和长远的历史意义。山东城市建设职业学院院长王斌等将其鲁班文化余人的经验总结为：

（1）鲁班文化育人的目标与思路。鲁班文化育人的目标是：用鲁班精神塑造精技强能的善建者，培育鲁班传人，建设美丽城市是山东城市建设职业学院鲁班文化育人工作的目标。“精技强能的善建者”是当代鲁班传人，具备坚定的理想信念、积极的人生态度、优良的职业操守、高尚的工程伦理、丰富的文化积淀、扎实的专业知识、精湛的技术技能、持续的创新能力、健康的身心状态等现代建设行业的职业素质。开展鲁班文化育人就是把鲁班文化融入人才培养、教育教学的全过程，引导学生以能力为重，全面发展，成长为熟悉具体实操的技术管理人才和拥有职业发展光明前景的“鲁班传人”。学院通过打造“精技强能的善建者”人才品牌，筑道悟魂，让“鲁班特色”文化育人理念开花结果。鲁班文化育人的思路是：制定实施《基于鲁班精神的文化育人平台建设方案》。坚持边研究、边实践、边完善，明确以“鲁班精神”为内核的特色校园文化建设，进行“文化育人体制建设”“文化育人资源建设”“文化育人基地建设”，搭建起坚实的鲁班文化育人平台，渗透鲁班精神，持续开展“文化育人学生活动”，从文化研究、教育教学、主题活动、社会实践四个层面协同推进，注重育人实效，探索学生职业素质提升的新模式。

（2）鲁班文化育人实践。一是形成育人机制。主要包括：组建鲁班文化育人队伍。学院成立了文化育人工作领导小组，进行鲁班文化育人的顶层设计，在全校范围落实鲁班文化育人工作。组建四支鲁班文化育人队伍：即以专业教师为主体的鲁班文化教学育人队伍；以辅导员为骨干的鲁班文化思想政治育人队伍；以“鲁班非物质文化遗产保护志愿者协会”等学生社团干部组成鲁班文化自主育人队伍；成立鲁班文化育人顾问团队；重视鲁班文化研究。学院成立鲁班文化研究所，开展鲁班文化研究和实践，推进鲁班文化育人工作；二是丰富文化育人资源。主要包括：推进资源库建设。建设具备资源检索、自主学习、数字交流功能的鲁班文化资源库；开发鲁班文化教材。鲁班文化研究所牵头组织骨干教师主编鲁班文化职业素质校本教材，使学生了解“建筑是科学的艺术，也是艺术的科学”，实现鲁班精神进教材、进课堂、进学生头脑，丰富学院通识教育；三是文化育人基地的运行。主要包括：举办鲁班名士讲堂，使之成为学院传统文化交流的平台；建设实践育人基地。巩固与中国孔子研究院、滕州鲁班纪念馆、泰安博物馆的合作育人关系，提高共建质量。通过职教集团与山东浩岳、鲁班装饰等鲁班文化特质鲜明的企业建立共建关系，拓展实践育人基地。开工建设的全国最大的“被动式超低能耗绿色建筑实验实训楼”，其中明确把获得“鲁班奖”作为建设目标。

参见《中国建设教育》2017 年第 1 期“培育精技强能的善建者——山东城市建设职业学院鲁班文化育人研究与实践”（第八届全国建设类高职院校书记、院长论坛论文选）

4.3 创新创业教育

4.3.1 基于工程教育评估（认证）的创新型本科人才培养体系构建

创新人才培养是一个庞大的系统工程，需要教育教学各环节密切协调和有机整合。近年来，特别是 2013 年实现更名以来，安徽建筑大学注重发挥自己的办学优势和特色，通过在课程、师资、学生、环境、管理等方面的建设，不断探索创新型本科人才培养体系构建。安徽建筑大学党委书记杨兵对此进行了系统的总结。

（1）科学设计人才培养方案、构建“五大平台”课程框架，通过课程体系和教学内容改革推动创新人才培养。该校在启动 2015 版本科专业人才培养方案修订工作时，在原则意见中明确提出了三项基本原则：一是细化标准，突显特色；二是整体优化，传承创新；三是以人为本，能力为重。在 2015 版人才培养方案课程体系设置上，进一步改革教学内容、优化课程体系，坚持以学生为中心，以知识、能力、素质协调发展为原则，课程设置总体分为两大体系和五大平台。两大体系指理论教学体系和实践教学体系，五大平台为通识教育基础课程平台、大类学科基础与专业基础课程平台、专业与专业方向课程平台、实践教育平台、素质拓展与创新平台。各平台的课程设置以及相应的知识、能力和素质培养应能与培养标准通过二维矩阵图形成对应达成关系，形成专业人才培养目标实现矩阵。

（2）加强本科教学名师队伍建设，实现本科教学与科研协调发展。为了确保教学质量不断提高，通过加强以国家、省、校各级教学名师为核心、以优秀教师为骨干的教学队伍建设，采取激励政策，吸引知名教授为本科生讲授通识基础课或学科、专业基础课程。通过鼓励科研教学水平高的名师为本科生授课，将最新的科研成果融入教学内容，有利于学生构建扎实的知识结构和形成创新意识。同时，学校积极鼓励教授承担教学研究、教学改革与项目建设。为了充分发挥高职称、高学历教师的科研优势，以高水平的科研作为教学背景，促使教学与科研融为一体，学校结合"质量工程项目"实施，采取多项教改激励政策，鼓励名师承担教学改革研究课题，并将教科研成果反哺教学。

（3）注重学生科学研究训练，培养学生实践能力和创新意识。通过实践和研究的参与，使学生体验科学知识生成的过程，通过与自然、社会的互动，树立新的态度、情感、价值观，形成科学研究的品质。一是通过实行课程学分与创新学分结合制，激励学生开展科研及创新实践；二是资助学生课题研究，引导学生开展创新创业研究。

（4）积极培育浓厚学术氛围，营造独具特色的校园文化环境。依托安徽建筑大学徽派建筑人文底蕴的人文环境特色，始终把培育浓厚的学术氛围作为提高教学质量和培养学生创新意识、创新精神及创新能力的重要措施。一是融入课堂教学，提高学生的传统文化素养；二是融入学术研究，提升文化传承创新能力；三是融入校园文化，推动传统文化传播弘扬；四是引导学生开展学术社团活动。

（5）逐步完善科学管理方法，优化本科创新人才培养机制。该校在积极推进和完善学分制改革的基础上，建立起适应学分制改革的管理运行机制，主要体现在：一是实行更为自由的选课制，赋予学生学习自主性；二是实施专业导师制，加强学生个性培养；三是建立以目标管理为中心的学籍管理制度；四是建立与学分制相适应的质量监控体系，完善师生综合评价体系。

参见《中国建设教育》2017年第2期"基于工程教育评估（认证）的创新型本科人才培养体系构建"（第十二届全国建筑类高校书记、校（院）长论坛论文选）

4.3.2　以学生发展能力为导向的建筑类大学创新创业教育改革路径研究

近年来，西安建筑科技大学进行了以学生发展能力为导向的大学生创新创业培养模式改革探索。西安建筑科技大学校长刘晓君将其经验总结为：

（1）构建统一领导、层层落实、全员参与、有序统一的创新创业教育服务管理体系。为了有效地开展创新创业教育工作，该校从领导、学术、具体落实等多个层面建立健全创新创业教育组织机构，形成了校领导、相关职能处室、学院领导齐抓共管的创新创业教育服务管理体系。

（2）搭建课堂教学、实践教学和课外教学有机融合的创新创业教育人才培养体系。该校在积极转变人才培养观念的同时，立足本校学科和专业人才培养现状，通过优化课堂教学、实践教学和课外教学等教学环节，探索构建多层次、多类型、相互交融的创新创业教育人才培养体系。一是构建“1+X”模式的创新创业课程体系；二是健全第二课堂（课外）创新创业实践体系；三是稳步推进学籍和考核方式改革。

（3）完善学生、教师和院（系）三位一体的创新创业教育约束与激励机制。学生通过参加创新创业教育活动，取得毕业时获取学位所需的学分，同时可以在每年学生评优评奖时获得附加分，可以作为向用人单位展示自己能力的依据；教师指导学生参加综合素质教育活动可以获得相应的工作量和现金奖励，并在职务评审和岗位评聘中，把指导学生获奖的情况作为教师工作业绩及学术水平的考核条件。

（4）创建社团建设、实验室开放、孵化基地功能互补的创新创业教育实践平台。该校积极创造各种有利条件，建设以创新创业为特色的校园文化平台，成立创新类、创业类和综合类社团组织，并通过建立健全社团章程，规范社团管理，来加强学生社团建设，从而吸引更多优秀的学生参与创新创业活动。进一步扩大实验室开放比例，积极创造条件对学生开放，鼓励和支持学生在课余时间参加开放性实验；通过项目驱动形式，使学生直接参与实验方案设计、实验研究等科技活动，锻炼学生的创新思维和动手能力。充分利用校内资源，建立大学生创业园、大学生科技园等创新创业孵化基地，发挥大学生创业园、科技园作为高校与企业的桥梁作用，为大学生创新创业提供咨询指导和资金场地保障。同时，加强与企业合作，建立校外创新创业实践基地，通过实习实训环节开展创新创业实践训练，让大学生在学习、实践的过程中进行创新创业。

参见《中国建设教育》2017年第2期“以学生发展能力为导向的建筑类大学创新创业教育改革路径研究”（第十二届全国建筑类高校书记、校（院）长论坛论文选）

4.3.3 新常态下大学生创新创业教育体系构建

河北建筑工程学院张文海、王明贤认为：为了更好地适应国家对创新创业型人才的培养要求，有效地推动大学生创新创业教育的全面开展，高校应努力构建多层次、立体化、全方位的“三三三”大学生创新创业教育体系，即“三层次、三平台、三保障”，将创新创业能力的培养贯穿于人才培养全过程，与专业教育有效融合。

（1）构建三层次的创新创业课程体系。第一课堂仍是开展创新创业教育的主渠道，将大学生创新创业教育纳入必修课领域，并注重与专业课的有机融合，是高校实施创新创业教育的有力举措。根据教育对象的不同，创新创业教育可分为面向所有大学生的普及化教育（即创新创业基本素养的培育）和针对不同专业学生的专业化教育（即通过与各个专业教育的具体结合,达到二者的双赢），以及面向少数学生的精英化教育（即对有创新创业潜质的学生的深层次教育）3个目标层次。

（2）搭建立体化的创新创业实践平台。实践是实施创新创业教育的基础，重视大学生创新创业实践能力的培养，是目前尤为关键和迫切的任务，而实践能力的培养必须依托相应的实践平台来实施，高校应着力构建以培养创业能力为核心、集九大模块于一体的立体化的“三平台”实践体系（见图4-1）。

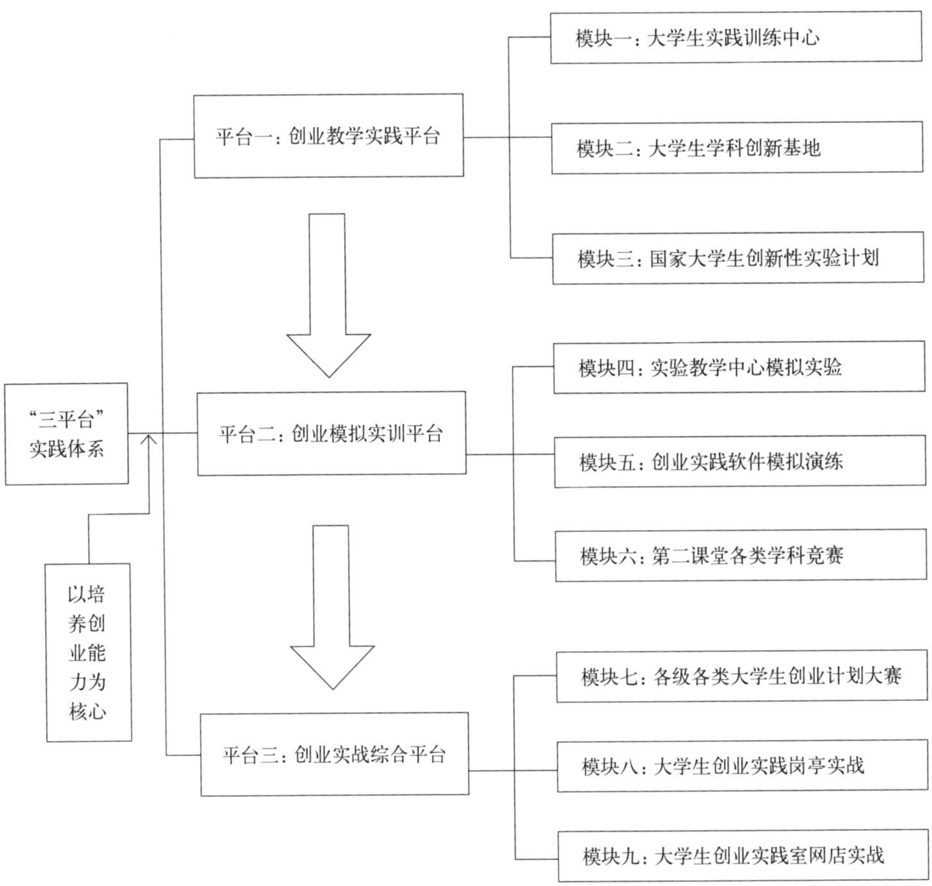

图4-1 “三平台”大学生创新创业实践体系

（3）制定全方位的创新创业保障措施。为有效推动课程体系建设，搭建实践平台，高校应积极出台有利于大学生创新创业的长效保障机制，积极制定“三保障”规划，即创新创业组织机构保障、创新创业师资保障和创新创业一站式服务保障。

参见《高等建设教育》2017年第26卷第2期“新常态下大学生创新创业教育体系构建”

4.3.4 高职院校的创业就业工作

湖北城市建设职业技术学院科研处、校企合作处处长王佑华认为：高职院校在创业型人才培养上呈现出以下几个现象：一是部分院校对创业教育认识不足，将创业教育等同于简单的就业培训，忽略了创新创业教育对素质人才创新思想及能力的培养目标，和创新创业教育的初衷不符；二是多数院校更多的只是重视创业理论知识的传授，而忽视了对创业者素质及能力的培养；三是实施创业教育的教师自身缺乏创业实战经验，甚至没有在企业的工作经历，导致了创业型人才培养教育的效果不明显；四是由于缺乏有力的物质保障和实践平台，致使创业氛围不浓，实践环境不完善；五是学生创业的要求未能得到正确的引导和能力储备，学生创业信心不足，心态不稳定，处事并不成熟。因此，高职院校创新创业工作的推进要结合院校自身与学生的特点，有的放矢地进行。

湖北城市建设职业技术学院在创业就业工作中，采用了如下做法：

（1）专项研究，顶层设计，为有效实践提供保障。包括科学谋划，顶层设计；专项研究，理性思考；系统指导，形式多样；举办讲座，创新思维等4个方面。

（2）提升能力，参与比赛，为创新创业提供可能。包括提升实践能力、参与各项赛事、搭建创业基地等3个方面。

高职院校创新创业教育工作的开展还需要从以下几个方面不断探索和实践：一要转变思想，创新培养机制；二要完善课程，规避创业风险；三要争取资金，保障基地运营；四要建设队伍，有效指导工作；五要组成梯队，接力创业项目。

参见《中国建设教育》2017年第1期“新形势背景下建设类高职院校创业就业工作探析——以湖北城市建设职业技术学院为例”（第八届全国建设类高职院校书记、院长论坛论文选）

4.3.5 创新创业教育平台的构建

内蒙古建筑职业技术学院副院长乔志远总结了该院构建创新创业教育平台的基本做法：

（1）构建大学生创业教育平台，夯实学生理论基础。2014年起，该院将“大学生创业教育”列为公共选修课，面向全院学生进行创业教育。同时，鼓励支持应届毕业生参加创新创业实训课程。2015 年起，该院每年在大三毕业生中组织两期大学生创业实训班。通过创业教育，帮助大学生了解就业创业过程中所必备的知识，全面提升大学生创业意识和能力。为了帮助大学生树立创新创业理念，指导创业实践，该院还完善了包括各二级学院党总支副书记、团总支书记、招生就业处教师以及优秀创业校友在内的专兼职创业指导师资队伍，并鼓励学生督促老师参加 KAB、SIYB、领航者创业实训等创业培训以提高授课水平。

（2）构建第二课堂活动平台，培养学生实践能力。该院采用多种形式，把创新创业教育融入第二课堂活动中，作为拓展学生素质、培养学生创新创业能力的重要途径。一是积极组织学生参加“挑战杯”“互联网 +”等各级各类大学生创新创业大赛；二是组织开展创业讲座、论坛、沙龙等活动；三是在学生中广泛。建立创新创业兴趣小组、创新创业社团，坚持兴趣驱动，不断提高学生创新创业的体验度和参与度，营造良好的创新创业教育氛围。

（3）构建创业孵化平台，助推学生创业项目孵化。该院把推进校地合作、协同创新作为创新创业工作的重点，积极整合创业资源，充分利用学院教育教学成果、科研成果等资源密集优势，探索合作共建创新创业、成果转化等平台。

参见《中国建设教育》2017 年第 1 期“构建三大平台 助推我院创新创业教育”（第八届全国建设类高职院校书记、院长论坛论文选）

4.4 教学研究与专业建设

4.4.1 高校工科课程探究式翻转教学设计模型

为适应高校探究式教学改革的发展趋势，在研究翻转课堂教学模式和高校工科课程特点的基础上，重庆大学提出了以学生为核心的“三区六环”工科课程探究式翻转教学设计模型。该模型将工科知识的传递、建构和内化 3 个典型区域细化为 6 个环节（见图 4-2）。在这个模型中，学生居于教学设计核心，教师是教学活动的组织引领者，教师活动和教学互动均围绕学生展开。

模型将工科教学过程分解为 3 个区，课前信息传递区、课堂理论建构区和课堂内化应用区。模型中指向学生的箭头表示输入过程，指向教师的箭头表示输出过程，双向箭头是师生互动过程。每个区域包含 2 个环节，总共 6 个环节。信息传递区由微视频输入和课前辅助的互动环节组成；理论建构区由课堂串讲输入和课堂研讨互动环节组成；内化应用区由师生互动的案例辨析和学生输出的学习效果评估组成。

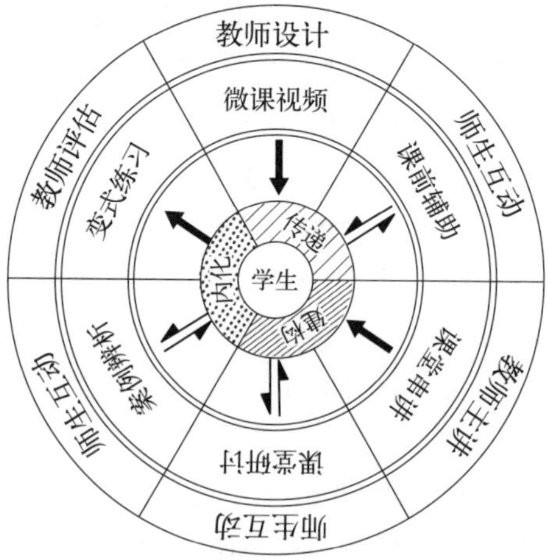

图 4-2　工科“三区六环”翻转教学设计模型

在这个教学设计模型中，信息传递区通过课前视频完成理论建模，提出解决问题的基本方法，给出简单问题的解法示例；理论建构区是在课堂上通过串讲和研讨这两个典型环节，深入理解知识，建构知识系统，为深化综合应用作准备；在内化应用区中解决综合应用问题，强调实践应用，学生只有通过案例辨析和变式练习的考验，才能达成工科知识的真正内化。

参见《中国建设教育》2017 第 3 期“高校工科课程探究式翻转教学设计模型和实践”。

4.4.2　多阶段、多层次工程管理专业 BIM 培养体系构建

华侨大学土木工程学院张泳、付君认为：工程管理专业人才培养是一个复杂的过程，特别对于 BIM 这样专业性强、体系复杂、实践要求高的教学内容而言问题更加突出。综合分析国内外高校工程管理专业 BIM 能力培养模式，基本可以划分为单课程模式（ 集中式）、多课程联合模式（分散式）和毕业设计模式 3 种。单课程模式的课程开设难度小，实施容易，缺点在于和相关专业知识结合不紧密；多课程联合模式的优点是 BIM 与相关专业知识结合比较紧密，缺点是整个 BIM 自身知识体系分散，相关教学资源整合难度大；毕业设计模式的优缺点和多课程联合模式类似。通过以上分析发现，在 BIM 能力培养中，由于各种基本教学模式自身的限制，往往采用单一教学模式无法达到最优效果。同时，知识的学习是一个渐进的过程，在学习开始前和学习中，充分激发学生的学习兴趣，是得到良好教学效果的关键。为激发学生自主性学习，可以充分考虑将课堂教学和课外活动紧密结合。综合以上因素，可以构建如图 4-3 所示的工程

管理专业多阶段综合型 BIM 教学模式。

参见《高等建筑教育》2017 第 26 卷第 6 期“多阶段、多层次工程管理专业 BIM 培养体系构建”。

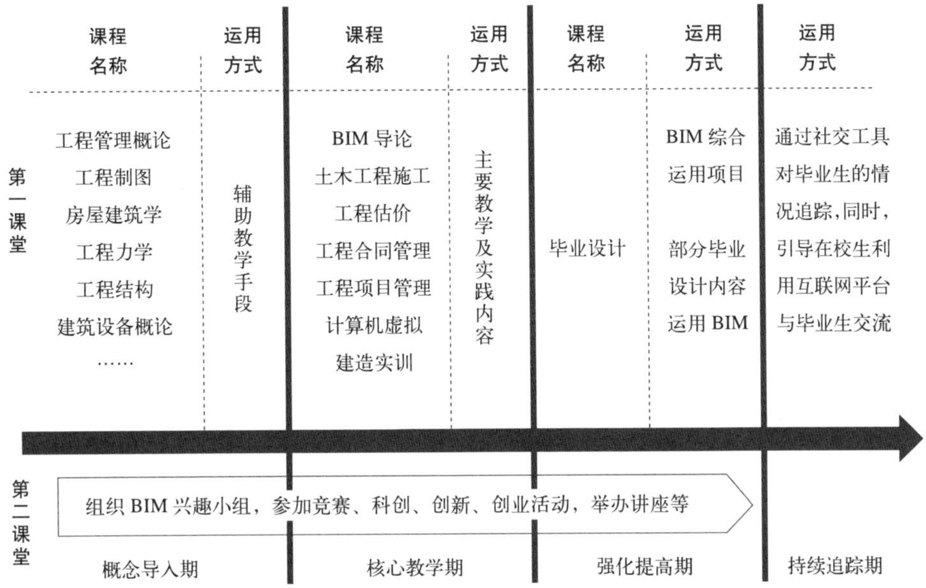

图 4-3　多阶段 BIM 教学体系

4.4.3　基于微课协同教学的结构设计原理课程教学改革与实践

南京林业大学土木工程学院端茂军等认为：结构设计原理课程知识点多，理论性强，与实践结合紧密，传统教学方法无法完全满足学生学习的要求。利用微课这一新兴的教学手段，配合课堂讲授，建立四阶段协同教学体系，充分发挥传统课堂讲授与微课讲授的特点，能够取得良好的教学效果，可以为今后完全实现翻转课堂打下坚实基础。

（1）微课教学平台建设。南京林业大学自 2015 年以来实施了校级“教学质量提升工程”，专门建立了数字化教学平台，提供包括微课、MOOC、精品视频课程等网络课程库。教师在数字化教学平台的教师空间中可以建立网上虚拟班级，授权学生参与微课学习，而学生通过输入学号及预设密码即可参与学习互动。在微课教学平台上教师可以与学生实时交流，以及答疑、批改作业、查看学生学习进度、进行教学调查等，还可以根据学生的作业及回答问题情况建立课程考核评价机制。

（2）四阶段协同教学法。端茂军等在实践教学中，建立了课堂与微课协同的四阶段教学法，具体操作如下。一是课前准备阶段。教师根据教学计划安排，将教学内容进行梳理划分，把传统课堂讲授内容之外的一些难点分离出来进行微课讲授，并根据微课讲授内容的特点进行微课教学设计、录制微视频；二是课堂讲授阶段。教师在课堂上讲授单元核心内容，对于难点及需要深入讨论的问题提醒学生课后观看微课视频；三是微课学习阶段。学生课后首先复习教师课堂讲授的内容，然后观看微视频，以加深对课堂讲授内容的理解，完成教师所设置的过关任务，同时参与在线答疑、讨论等教学环节，实现知识（技能）的传递。教师通过查阅学生过关任务的完成情况，分析在线答疑和讨论情况，获取微课的教学效果并发现学生的问题。学生微课学习的时间要充足，讨论要深入，教师要多引导。四是巩固提高阶段。在课堂讲授新的教学内容之前，教师根据学生在微课教学平台完成学习任务的情况进行点评，对学有余力的学生设置拓展任务，实现学生对知识的巩固和提高。

参见《高等建筑教育》2017 第 26 卷第 6 期“基于微课协同教学的结构设计原理课程教学改革与实践”。

4.4.4 专业建设服务地方经济社会发展的实现路径

江苏建筑职业技术学院院长孙进认为：专业建设是高职院校开展人才培养、实施特色办学、推进校企合作、服务地方经济等一切办学行为的逻辑起点。专业建设是高职院校的灵魂，是高职院校内涵建设的核心内容，也是学校建设和发展的立足点。专业建设是系统工程，围绕专业建设，高水平师资的支撑功能、高水平科研的反哺功能、高水平实训的保障功能、高职院校人才培养模式改革、教育教学方法改进、校企共建深度融合、质量评价体系构建等重要任务贯穿其中。抓好专业建设，就是抓住了高职院校人才培养工作的“牛鼻子”。以专业建设为核心，辐射带动学校人才培养工作涉及的方方面面。抓好专业建设是推进学校内涵发展的根本途径，能够直接体现学校的核心竞争力，直接促进人才培养质量的提升，直接反映高职院校服务经济发展的重大价值。

多年来，江苏建筑职业技术学院坚持内涵式发展，狠抓专业建设，取得了积极成效。学校现已形成以现代建筑类专业为基本场，重点推进信息电子类、文化创意类、现代服务类、高端制造类为拓展域，多类别协调发展的专业布局，实现学校专业建设从一枝独秀走向百花齐放，开拓专业建设百舸争流的新局面。围绕服务地方经济社会发展，着力实现 3 个融合。

（1）专业建设的思路与地方经济发展的指导思想相融合。学校基于地方经济发展的指导思想，明确提出专业建设的整体思路——坚持“两个服务”、实现“三个全面提升”：坚持服务地方经济转型升级，坚持服务学生成长成才；牢牢把握技术技能人才培养规律，创新体制机制，实现专业内涵建设的全面提升；协同构建“产学研一体化”新体系，打造校企协同育人平台，实现专业发展水平的全面提升；加快实施“走出去、请进来”战略，接轨国际标准，实现专业竞争力的全面提升。“十三五”时期，学校为了将专业建设落到实处，将在专业建设、实训基地建设上每年投入150 0万，师资建设每年投入1000万元，科研工作每年投入500万元，累计投入1.5亿元，全面加强专业建设服务地方经济社会发展能力的提升。

(2) 专业集群的建设与地方经济社会发展的产业布局相融合。学校立足地方经济社会发展需求，适应专业集群建设和大类招生，计划将专业数调整到45个。重点加强专业群建设，不断提高专业适应地方产业的匹配度，建立完善地方产业结构调整驱动专业设置与调整的机制。学校将主动适应建筑工业化和建筑信息化对建设类技术技能人才培养的新要求，围绕设计、建造、运营等建筑全产业链打造建筑类专业链，优化7个建筑类专业集群。面向先进轨道交通装备、高档数控机床和机器人、节能环保、新一代信息技术产业相关专业的发展，构建4个现代服务类专业集群，适应淮海经济区经济发展。为了适应“中国工程机械之都”徐州制造业转型升级，优化整合3个装备制造类专业集群。重点加强与徐工集团等徐州本地的名企合作。

(3) 专业建设的举措与地方企业提档升级的实际要求相融合。围绕服务地方经济社会发展能力的提升，学校通过实施信息化教学与改革、实践教学改革与创新、教师教学发展、人才培养模式改革、专业国际化水平提升、人文素养嵌入等“七项工程”紧接地方需求，实施品牌专业建设工程。对接地方经济转型升级，力争把建筑工程技术、建筑装饰工程技术2个专业建设成为在全国同层次、同类别专业中具有领先优势和较强影响力和竞争力的品牌专业。围绕徐州市新兴产业，重点打造10个校级品牌专业，进一步推进品牌专业与地方企业的深度融合。积极发挥品牌专业服务地方企业的示范作用，带动更多专业加快融入到地方经济发展的产业格局中。

参见《中国建设教育》2017年第1期“专业建设服务地方经济社会发展的实现路径研究——以江苏建筑职业技术学院为例”（第八届全国建设类高职院校书记、院长论坛论文选）

4.4.5 突出工程能力和创新能力培养的土木工程专业实践教学体系

桂林理工大学覃荷瑛、邢心魁认为：实践教学是土木工程专业整个教学体系的重要组成部分，是培养学生工程能力和创新能力的关键环节。桂林理工大学土木工程专业以地方经济建设发展需要和人才需求为目标，理清专业发展总体思路，以专业评估为契机，围绕“培养学生工程能力和创新能力”的主线，通过一系列相关举措，对土木工程专业实践教学体系进行改革和优化，取得了较为明显的成效，为培养具有工程实践创新能力的土木工程技术、管理人才打下良好基础。

（1）搭建校企合作平台，构建产学研结合模式。产学研结合是指生产、教学与科研相互合作的模式，通过校企合作平台，学校、企业实现“优势互补、资源共享、互惠互利、共同发展”。学校通过校企合作平台，可以提高办学水平与人才培养质量，并为学生的就业开拓渠道；企业通过该平台可以选择优秀的毕业生作为人才储备，同时与教师的科研项目合作，促进企业转型升级；教师尤其是青年教师通过与企业的合作，更进一步了解行业动态，使自己的科研内容与行业需求有机结合；学生通过该平台，在专业教师和企业专家联合指导下，在真实工程环境下开展各类实习实践活动，不仅可以接触到企业先进的生产技术，锻炼自己的工程实践能力，还可以提前感受企业的工作氛围，学习企业文化，提前适应和融入企业的工作和生活环境，了解企业运行机制，培养自己的职业修养，提高职业道德，缩短从学校到工作的过渡期。

（2）以专业评估为契机，加大实践教学经费的投入。2012 年，桂林理工大学迎来了住房和城乡建设部高等教育土木工程专业教育评估工作，2016 年又迎来了复评工作。按照“以评促建、以评促改、以评促管、评建结合、重在建设”的工作方针，学校以积极的态度加强了土木工程专业建设，不断改善办学条件，加大实践教学经费的投入。

（3）深化第二课堂教育。学校充分利用校内外资源，以学生为主体，开展各种专业竞赛、专业实践和社会实践活动，通过这些活动，发展了学生综合运用知识和解决实际问题的能力，培养了学生团队合作精神、创新能力以及综合素质。学校还建立了“桂工讲坛”，将行业内专家、学者以及本校实践经验丰富的教师引入讲坛，对学生进行讲座培训，进一步强化了学生的工程意识和工程素质。

（4）加强规章制度建设。学校出台了实践教学相关制度，建立了实践教学质量监控体系与实践教学质量信息反馈网络，为保障实践教学质量的提供了重要手段。

参见《高等建筑教育》2017 第 26 卷第 3 期“突出工程能力和创新能力培养的土木工程专业实践教学体系”。

4.5　校企合作与开放办学

4.5.1　基于产教融合的建筑类应用型人才培养的路径和措施

产教融合是我国高等教育分类发展、内涵发展、转型发展、合作发展的基本方式，是当下我国高等教育教学改革的新常态。湖南城市学院作为地方建筑类本科院校，主动适应社会经济发展，始终坚持应用型办学定位，坚持产教融合、校地（企）合作、工学结合，积极探索更有效的应用型人才的培养路径和措施，大大提高了应用型本科人才的培养质量。湖南城市学院党委书记罗成翼将其基于产教融合的建筑类应用型人才培养的路径和措施总结为：

（1）构建产教融合、企业深度参与人才培养的机制。产教融合要求高校与企业相互融入，共同介入人才培养的全过程，实行高校与企业“双主体”的育人模式。在学校治理方面，该校成立了湖南城市学院理事会，各二级学院均成立了地方、行业和用人单位参与的理事会，制定了理事会制度、专业指导委员会工作制度。在专业建设方面，行业（企业）参与专业建设方案制定与实施。

（2）创新产教融合能力本位的应用型人才培养模式。该校一直坚持“以社会需求为导向，以行业、职业要求为参照，以学生实践能力和创新精神培养为核心”的“能力本位”人才培养模式。在能力设计上，要求各个专业必须根据社会经济发展的要求和行业、职业的需求，设计好每个专业基本技能和专业能力的培养方案。在能力培养上，采取课程体系支撑、职业资格证书获取、实践教学技能考核、基本技能竞赛等方式来培养和验证，积极引导和辅导学生参与职业资格认证。在课程体系上，按“基本技能课程 + 专业能力课程”的方式构建了科学合理的应用型人才培养课程体系。在制度建设上，制订了《湖南城市学院学士学位授予工作细则》，正式将专业能力获取情况与学位授予挂钩。针对不同用人单位的需求、学科专业特点及学校实际情况，探索建立了“工匠式”“订单式”等个性化的人才培养模式。

（3）基于产教融合，专业建设紧密对接地方产业。该校在调整和申报专业过程中，始终紧跟湖南省建筑各行业与各环节链条，不断优化学科专业结构。

（4）打造产教融合的建筑类应用型人才培养平台。该校根据学科专业特色，打造了一系列平台。一是建立了校办产业群；二是拥有高水平的实践教学平台；三是开辟了海外合作办学平台。

（5）加强产教融合“双师双能型”师资队伍建设。根据应用型人才培养的需要，该校制订了高层次应用型人才聘用制度，引进聘用一批业绩突出、行业公认的高层次应用型专才，面向社会聘用一批企业优秀技术人才、管理人才和高技能人才作为相关专业兼职教师。搭建“双师双能型”教师培养平台，实施青年教师轮岗培训制度，有计划地选派专任教师到企业、行业部门等接受培训、任职等实践锻炼，开展应用型研究，鼓励教师取得相关执业、从业资格证书。适当引进一批具有高学历、高职称，具有一定工程实践能力和能胜任教学工作的应用型人才充实学校师资队伍。

（6）强化产教融合实践教学环节。一是完善实践教学体系；二是加强课程建设与改革；三是改革教学内容和手段，提高实践教学效果；四是加强实习基地和实验室建设，为实践教学提供良好平台；五是加强实践教学管理，确保实践教学质量。

参见《中国建设教育》2017 年第 2 期“基于产教融合的建筑类应用型人才培养改革与思考”（第十二届全国建筑类高校书记、校（院）长论坛论文选）

4.5.2　深化校企合作推进开放办学

重庆科技学院党委书记刘东燕对该校坚持校企合作，实现开放办学进行了探索和思考：

（1）深化一个理念。校企合作，理念转变是前提。该校长期坚持将校企合作贯穿于人才培养全过程这一核心理念，在招生、人才培养方案、专业教育、课程体系内容、实习实训、创新创业、毕业设计、就业各个环节体现校企合作的理念。校企共同组建招生委员会，把好人才培养“入口”关；共同制定人才培养方案，优化人才培养顶层设计；共同组建教学指导委员会，提升人才培养针对性；共推学生创新创业，以创新创业为导向，课赛结合，强化课程体系建设；共建校内外实习实训基地和创新创业实训基地；共同指导学生毕业设计；协力解决学生就业问题，打通人才培养“最后一公里”。

（2）创新五大机制。校企合作，体制机制是保障。该校着力构建常态化的校企合作机制，形成了互访互融的产教对接机制、双联双导的人才培养机制、两基两联的协同创新机制、双职双挂的人才交流机制和共建共享的平台建设机制。

（3）抓住一个关键。校企合作，师资队伍是关键。没有高水平的应用型师资队伍，就不可能培养出高素质的应用型人才。打造高水平的应用型师资队伍依赖于校企深度合作。为引导教师积极参与校企合作，学校出台了一些制度措施：一是校企共建共享教师和技术人才库；二是校企共育“双师双能型”师资队伍；三是转变教师评价和绩效考核方式。

参见《中国建设教育》2017 年第 2 期“深化校企合作 推进开放办学”（第

十二届全国建筑类高校书记、校（院）长论坛论文选）

4.5.3 建筑类高校走开放办学之路的理性思考

当前高等教育和建筑行业正处在转型发展的关键时期，建筑类高校能否以开放的心态适应并引领教育领域的综合改革和建设行业的转型升级，对我国建设高等教育强国和建设行业顺利转型具有重要意义。

沈阳建筑大学对建筑类高校走开放办学之路进行了理性思考，其主要观点：一是转变观念，牢固树立开放办学思想，用制度保障建筑类高校走开放办学之路；二是以建设行业需求为导向培育人才，是建筑类高校开放办学的基础；三是校企合作是建筑类高校开放办学的重要方式；四是校市合作是建筑类院校开放办学的重要载体；五是建筑类高校要更好地适应外部环境变化，抓住各种发展机会，开展广泛的对外合作，自身首先要成为一个开放的系统，拥有调度自如的资产资源和宽松有序的制度环境；六是加强国际交流是建筑类高校开放办学的重要手段。

基于上述思考，沈阳建筑大学积极开展了开放办学的实践。一是面向行业需求，创新人才培养模式，构建多层次人才培养体系。具体包括深化校企联合培养模式改革、深化专业人才培养模式改革、实施专业学位研究生培养基地建设工程等；二是积极搭建校市合作平台，努力服务地方经济；三是深化校企合作，实现校企互利共赢；四是扩大国际交流与合作，提升可持续发展竞争力。

参见《中国建设教育》2017年第2期“建筑类高校开放办学的探索与实践”（第十二届全国建筑类高校书记、校（院）长论坛论文选）

4.5.4 建筑类高校开放办学的路径选择

现代大学的发展一般会受到环境资源、资金设施、师资力量等多种因素的制约，要突破制约，加快发展，需要在办学思路上勇于突破、在办学路径上勇于拓展、在办学模式上勇于创新。尤其是行业特色鲜明的建筑类高校，要明晰服务向度，找准办学定位，立足本土，分析地方和行业需求，结合学校办学传统、学科专业优势以及区域优势等因素，实现开放办学，特色发展。苏州科技大学党委副书记黄勇对建筑类高校开放办学的路径选择进行了如下思考：

（1）多措并举保障开放办学的重大方向。开放办学是手段，是措施，是路径；科学发展是根本，是目标，是结果。目标的坚定不移决定了措施的多种选择。在开放办学中要讲“开放”，一切有利于学校科学发展的措施、路子都可以大胆地试，大胆地闯。要认真研究高等教育发展规律和高校办学规律，在更广领域、更高层次上推进开放办学，把开放办学的理念体现在促进学校科学发展的具体思路、方法和措施中，落实到加快发展的具体决策和工作部署上，以更大的气魄、更实的举措推动学校又好又快发展。坚持开放办学，科学发展思想是理论指导，体制机制创新是根本保障。建立起更加开放的制度体系，就是要认真梳理学校各项规章制度和政策措施，摒弃制约发展的条条框框，制定和完善新制度、新政策，加快构建充满活力、富有效率、更加开放、有利于学校科学发展的体制机制。要坚持把原则性与灵活性结合起来，把一般性与特殊性结合起来，把现实性与前瞻性结合起来，认真研究开放办学的规律，突出制度创新，突出工作创新，把开放办学过程中形成的好经验、好做法，用制度的形式固定下来，坚持下去，抓好落实，建立开放办学的长效机制。

（2）因地制宜将开放办学工作落到实处。建筑类高校要充分认知和结合自身发展实际，积极构建广泛有效的校际、校企、校地合作机制，多渠道、多层次、多方面地融入国家、地区的经济社会发展之中；应进一步扩大与高水平大学的实质性合作，学习借鉴国外先进经验，完善合作办学方式，提高教育国际化水平；应进一步增加教师派出人数，吸引海外优秀人才，增加专业外教的聘请，建立适应教育国际化需要的师资队伍；应进一步健全学生层面交流机制，实现学生求学经历的国际化，不断提高具有境外学习经历的学生比例；积极争取商务部各类援外培训项目，特别是援外硕士学历项目，扩大留学生规模，提升留学生层次。

参见《中国建设教育》2017年第2期“坚持需求导向 强化特色发展 开启建筑类高校开放办学的新征程——苏州科技大学开放办学的探索与实践”（第十二届全国建筑类高校书记、校（院）长论坛论文选）

4.5.5 紧跟行业发展、提升行业知识服务水平、推动高校校园文化和专业资源库建设

中国建筑工业出版社始终致力于为建筑行业提供最有价值的产品和服务。作为建设领域的专业科技出版社，建工社一直肩负着弘扬优秀的中国传统建筑文化、传播先进的建设科技、培养建筑专业人才的社会责任和历史使命，为社会和行业奉献了数以万计的优秀出版物。近年来，建工社立足专业，拓展相关，加快出版转型，为促进我国住房城乡建设事业的发展作了积极的贡献。

4.5.5.1 紧跟行业发展，为行业提供优质出版物

2017年建筑业发展生态悄然发生了改变。这种改变，首先来自于国家政策。2017年2月，国务院办公厅印发《关于促进建筑业持续健康发展的意见》，以国家“顶层设计”为建筑业“正名”。自2014年住房和城乡建设部发布《关于推进建筑业发展和改革的若干意见》以来，建筑业实质上已经进入系统性改革

的新阶段。但经济新常态与建筑业发展速度下滑的叠加效应，使行业企业对改革的态度出现分化，这也导致行业企业在战略选择和发展路径上出现了差异。从 2014 年到 2017 年，建筑业深化改革的方向和路径逐步明确，国家此时出台《意见》，其强力推进建筑业改革的意图是显而易见的。这也给最近几年在改革转型面前犹疑的企业发出了强烈的信号：不改变必将走向死亡。2017 年 4 月，住房城乡建设部印发《建筑业发展“十三五”规划》，对“十三五”期间建筑业改革重点进行了梳理，在行业形势明朗的前提下，建筑业企业应该怎样布局？专家认为，从战略层面来说，PPP 模式仍将是行业企业必须致力的重点。企业需认准方向，构建以 PPP 模式为核心的资源配置体系。

建筑业是对政策和市场变化极其敏感的行业，这要求企业必须时刻关注各界的动态，认清发展方向。中国建筑工业出版社紧跟国家政策要求，在充分了解政策的前提下，立即组织人员编写并出版了《PPP 模式实践与创新系列培训教材》《中国建筑工业化发展报告》《中国城市发展报告》《中国城市状况报告》《建筑业发展、改革与突围》《中国建设教育发展年度报告》《中国城市规划发展报告》《中国建筑业施工技术发展报告》等极具指导意义的图书，引领和指导企业改革，为企业发展提供可行性方案。并根据《建筑业发展“十三五”规划》及时推出《住房城乡建设部土建类学科专业“十三五”规划教材》，与时俱进，为培养建筑专业人才提供强有力的理论支撑。

近年来，建工社从机构改革到业务重组再到人员调整，均按照最优配置，简化流程，强化质量，优化出版，取得良好成效。中国建筑工业出版社连续四届获得中国政府出版奖“先进出版单位奖”；《园冶注释》喜获“世界最美的书”银奖；《中国近代建筑史》获“第四届中国出版政府奖图书奖”；《中国古建筑丛书》获“第四届中国出版政府奖图书奖提名奖”；《圆明园造园艺术探微》《文心飞渡》获“第四届中国出版政府奖装帧设计奖提名奖”；《中国人居史》荣获“第六届中华优秀出版物奖图书奖”；《装饰材料纵横》获“音像电子和游戏出版物奖（提名奖）”等。

在数字出版方面，中国建筑出版社荣获第七届中国数字出版博览会 2017 数字出版年度“创新企业”；“i 施工”产品荣获第七届中国数字出版博览会 2017 数字出版年度“创新作品”。同时国家新闻出版广电总局“出版融合发展重点实验室”暨“新闻出版业科技与标准重点实验室”在中国建筑工业出版社揭牌。

4.5.5.2 创新合作模式，与学校共建书店，促进校园文化建设

新时代的发展推动着企业服务模式的创新，徐州工程学院校园书店由此孕育而生，它由中国建筑工业出版社、徐州工程学院与博库书城徐州有限公司三方共同合作建设，是全国高校首家建筑类专业校园书店，同时挂牌“中国建筑

工业出版社精品图书展示暨学术交流中心”。（以下简称“校园书店”。）

（1）缘起

2016年6月，中宣部、国家新闻出版总局、教育部、住房和城乡建设部等11部委联合发布《关于支持实体书店发展的指导意见》，2017年江苏省发布《关于支持实体书店发展的实施意见》，校园书店建设是国家推动文化建设的要求，是响应和落实国家、省、市各级政府推动实体书店建设的一大举措。中国建筑工业出版社，拥有中国建筑工业方面权威的专业资源，在图书出版、专业性图书、专业讲座、学术交流等方面具备优势，在提升品牌意识，创新体制、机制上有大视野。徐州工程学院是一所以工科为主、多学科协调发展的应用型本科院校，全日制在校2.3万名师生有阅读、交流的需求，学校的“五个一”工程明确提出“系统研读一本书”以提升学生素养，学校对建设校园文化的氛围有需求。博库书城徐州有限公司是历经15年打造的徐州本地书店，在行业和市民中拥有良好的口碑，有专业的经营经验，贴近市场，能更好的为学科建设服务、为学校师生服务。因此建设校园书店，三方各有优势，同时也是三方发展的需要。校园书店的建设是融合发展的必然要求。三家单位有共同的文化情怀，形成了共同的价值观，立志于打造一家有文化底蕴的、专业的、温暖的书店。校园书店的建设是三方创新机制、通力合作的结果，从策划、论证、设计，到建设完成，经历9个月时间，校园书店于2017年4月23日正式揭牌。

（2）运行状况

截至2017年年底，在半年多时间里，校园书店围绕着“阅读体验，讲座沙龙，新书发布，教学服务，成果展示”的中心定位，开展丰富多彩的活动，取得了良好的社会效果。

1）围绕学校的教学和科研开展活动

校园书店始终以服务教学科研为首要任务，为土木工程学院工程管理专业评估验收做好资源保障及空间体验服务；并依托建工社的强大资源，承办了工程管理专业建设研讨会、工程财务管理课程研讨会、土木工程专业评估（认证）研讨会、高等学校工程管理和工程造价学科专业指导委员会2017年全体会议、全国装配式建筑教材编写第二次工作会议、《工程管理概论》课程教学研讨会暨工程管理类专业教材建设会议和徐州市腐蚀防护与表面工程学会会员大会等大型会议十余场，先后有几百所高校的领导老师参会。建工社还邀请《工程财务管理》作者重庆大学叶晓甦教授在校园书店举办了新书发布会，邀请国家清史办卜键主任、美国华人图书馆协会主席阮炼博士等知名专家学者在此作专题学术报告。这些会议与学术报告开拓了师生的视野，使大家对各自专业发展有了更明确的认识，为今后的教与学指明了方向，也使校园书店的影响力和作用力日益扩大。

2）让阅读走进师生的文化生活

邀请育儿专家徐智明与学校青年教师分享育儿经验并做了题为《让孩子做主》讲座；邀请作家和云峰为在校学生举办了《学会自己长大》讲座；邀请《你要么出众，要么出局》作者李尚龙、《你也走了很远的路吧》作者卢思浩，举办读者见面会及新书签售活动；邀请著名学者、作家张新科教授举行《苍茫大地》新书签赠活动。书店还定期举办以“土木建筑”为主题的图书展示和宣传活动。目前已举办了“建工社史展”“建工作者风采展”“《建筑师》青年女建筑师”“建工社历年获奖作品展”“建工社中国最美图书展”“徐州当地著名建筑图片展”“国内外特色博物馆建筑图片展”等主题展览。校园书店还举行了徐州工程学院师生朗读比赛、“文学的力量”主题征文及演讲比赛、“校园青春记忆”明信片设计大赛，“食语书香，追信仰之光”朗读比赛，“半亩方塘”读书活动，“书香溢满校园，心灵徜徉书海”读书心得交流会，服兵役学生座谈会，趣味数学竞赛，活字印刷体验，班级风采大赛等系列阅读分享体验活动。AI智能导览机器人体验，新入职教师阅读体验，很受师生欢迎。活动的开展激发了众多师生参与和相互交流的热情，不仅丰富了学校师生的文化生活，培育了良好的学术研究和阅读学习氛围，也提高了校园书店的知名度与美誉度。

3）将图书馆采购和促进学生阅读相结合

校园书店在阅读推广中承担着优秀读物的推荐者、阅读推广资源的整合者、全民阅读设施体系的完善者、全民阅读需求体系的关注者等部分社会公共服务角色，已经成为高校图书馆在阅读推广活动的主要渠道。“你选读，我付款”活动在图书馆已开展多年，在校园书店建成后，此活动已面向全校师生开展，使得读者选读工作实现了常态化，在前期扎实、全面探索和实践的基础上，制定了简洁的选读流程和管理模式，使读者2分钟完成选读手续。读者能够及时看到最新出版的图书，满足了他们的个性化需求，给读者带来了实实在在的便利，有效激发了读者的阅读热情。图书馆通过服务理念与方式的创新，实现图书馆与书店交汇融合，使图书馆具有书店的服务功能，书店具有图书馆的服务特色，有效实现了图书馆、书店、读者、社会的多方共赢。

4）发挥社科基地作用，助力全民阅读推广

校园书店不仅服务于本校师生，同时作为徐州市唯一的一家对市民开放的高校图书馆，坐落于此的校园书店每天都吸引了校外人员，成为社会公共文化服务体系的组成部分。承办了徐州市第十三届读书节开幕式、徐州市文联作家座谈会、徐州作协七届二次理事会扩大会议、爱尔兰科克郡为徐州市民赠书仪式。周边社区居民、中小学生等读者来此举办社团、亲子阅读等公益活动，收获赞誉。徐州市已获批淮海经济区中心城市，校园书店的影响力也将不断扩散，持续向淮海经济区周边20个城市等更大范围辐射。

截至2017年底，校园书店承办大型会议10余场，举办大型活动30余项，接待参观60余次，参观人数过千人。这里已经成为徐州市一个重要的文化交流平台。

（3）社会影响

校园书店建成后，教育部、江苏省、徐州市各级领导、专家，德国、法国、爱尔兰、科摩罗等国外宾，兄弟院校同行及社会各界人士参观、学习络绎不绝，获得广泛赞誉。徐州市副市长李燕揭牌时表示“徐州所有的社区都应该有一个这样的书店！”徐州工程学院的毕业生留言：“这是校园里最值得我留恋的地方！”外国友人评价：“I am very proud of what you have done! This is very impressive!（我为你们所做的感到骄傲，这一切令我印象十分深刻！）”。校园书店得到了各界的支持和肯定，徐州电视台，徐州日报、淮海新闻网、江苏教育等多家新闻媒体及网站进行报道。中国新闻出版广电报进行整版报道，对三方合作共建的校园书店给予了高度评价，赞誉是“后期校园书店建设的样板和示范”，认为它开创了校园书店建设管理新模式。

校园书店的建设开创了馆、社、店三方合作的新模式，实现了校、社、企三方共赢。为培养大学生良好的阅读习惯，丰富校园文化内容，提升校园文化品牌提供了一个有效的平台，也密切了图书馆与出版社之间的沟通交流，对于优化图书馆文献资源建设模式，提高文献资源保障水平，进一步完善图书馆功能，都具有积极的促进作用；对建工社和博库书城而言，也是其适应形势变化，创新业务形态，促进企业发展的重要举措。

基于校园书店的典型成功案例，为推进全国其他建设类高校校园书店建设，提升校园文化水平。中国建筑工业出版社牵头组织成立“全国建设类高校图书馆管理与校园书店建设工作联盟”。联盟的成立加强了建设类高校图书馆之间的交流与合作，为高校图书馆管理和校园书店建设提供一个全新的发展方向，并对建设类高校图书馆信息资源建设、图书馆服务水平的提高、构建知识服务体系、提升资源采购精准度具有积极的推动作用。联盟成立伊始，中国建筑工业出版社即与西安建筑科技大学、安徽建筑大学、内蒙古建筑职业技术学院、浙江建设职业技术学院等12家高校签署了合作建设校园书店意向书。

在校园实体书店的基础上，中国建筑工业出版社还构建了“基于网店一体化的校园实体书店建设和服务项目”线上、线下的销售服务平台，该平台的建立有利于实体书店的转型，建立线上、线下协同的发行渠道体系；有利于构建出版物现代供应链，在教材教辅领域形成全国统一、开放、竞争、有序出版物大市场，使实体书店构建网店+实体的模式，为实体书店生存与发展提供了新的思路。

4.5.5.3 社校合作，融合发展

中国建筑工业出版社始终坚持以国家政策为指导，坚持正确的出版导向，实现社会效益和经济效益相统一。一直视服务高校教学科研为己任，不断加强与高校的合作，实现出版社与高校的共同发展。近五年，先后与全国 30 多家高校签署了战略合作协议，陆续在 200 所高校图书馆建立建工书架。其中以徐州工程学院为例，中国建筑工业出版社与徐州工程学院签订了合作协议，就教材、专著出版，图书采购及捐赠，开展专业图书精品展，专业建设和人才培养，专业学术交流，学术研究等方面达成合作，双方表示要发挥各自优势，促进社校共建，实现共同发展目标。

（1）专业文献建设

2011 年 12 月，中国建筑工业出版社及时为徐州工程学院图书馆提供出版信息，捐赠给徐州工程学院土木学院、环境学院和艺术学院需要的教材近 800 册；徐州工程学院将文献利用信息反馈给中国建筑工业出版社，并在出版社样书库现场采选了 400 余册新书。同月土木工程专业文献建设现场会在徐州工程学院图书馆召开。

2012 年 11 月，中国建筑工业出版社向徐州工程学院捐赠价值 150 万元图书，为建筑类和环境类学科图书建设起到了重大的促进作用。

2015 年 4 月，中国建筑工业出版社教材展示暨出版座谈会在徐州工程学院图书馆举行，建工社社长沈元勤出席。姚攀峰先生向土木工程、艺术学院捐赠专著《科学地震逃生》等防震减灾系列图书。

2017 年 4 月起，借助中国建筑工业出版社精品图书展示暨学术交流中心这个平台，建工社持续为徐州工程学院图书馆捐赠最新出版的精品图书，图书馆同步购买建工社专业图书补充专业文献资源。

（2）学术报告，学习交流

中国建筑工业出版社借助资源优势，邀请知名专家学者到徐州工程学院做学术报告，为师生提供学习与交流的互动平台。天津大学王雪青教授《面向“新时代”发展背景的工程管理和工程造价专业建设与发展》的学术报告；广联达科技股份有限公司高级副总裁刘谦《计算改变生活，数字驱动建筑》做学术报告，激发了大家对数字建筑的兴趣；哈尔滨工业大学王要武教授《我国建筑业发展状况分析与管理创新趋势》的学术报告，带领大家对我国建筑业发展状况分析与管理创新趋势有了更全面的认识；东南大学李德智教授《时代变革下的新兴地产》的学术报告，使师生对时代变革下的新兴地产有了更全面的了解；江苏大学刘荣桂教授《混凝土自修复技术简介》的学术报告，介绍了混凝土自修复行为的实验和效果评价，对混凝土自修复技术进行了详细阐述；江苏大学韩豫博士《从智慧地

球到智慧工地》的学术报告，引领大家对从智慧地球到智慧工地的关键技术及发展问题有了更全面的认识。这些高水平高质量的学术报告，开阔了师生的学术视野，有效激发了同学们的专业学习兴趣，提高了专业认知水平。

（3）课题申报，科研共育

2015 年 5 月，徐州工程学院图书馆彭雪勤馆长主持的《淮海地区传统古村落资源的数字化保存》，储济明副馆长主持的《图书出版信息平台建设研究：以建筑类图书为例》两项课题获住建部立项。这是中国建筑工业出版社与图书馆共同申报的课题，是馆社合作的又一重要方式。同时，基于校园书店的《基于“平台 + 多媒体 + 培训”的复合入馆教育模式》获得江苏省高校图书馆新生入馆教育优秀案例二等奖，《“图书馆 + 书店 + 出版社”书香校园建设新模式》获全国高校图书馆阅读推广案例大赛优秀奖。2018 年 5 月“出版融合发展重点实验室徐州工作站”在徐州工程学院揭牌。

中国建筑工业出版社将持续邀请业内专家、知名图书作者，开展专业学术讲座、新书讲评等学术活动，继续开展联合申报科研课题、举办学术会议，为丰富校园文化及学术氛围，提高徐州工程学院人员的科研水平，促进徐州工程学院专业文献建设和教学科研发展，进一步加强交流与合作，不断探索、深化合作新模式，实现优势互补、互利共赢，为双方共同发展做出贡献。

中国建筑工业出版社将相应国家号召，陆续在全国建设类高校建设 50 所校园书店，推动建筑类高校校园文化建设和专业资源库建设。

4.6 继续教育与职业培训

4.6.1 提升农民工培训实效性

阜阳师范学院农民工研究中心金业文认为：实效性是农民工培训的目的和归宿，它更多关注的是学习者将培训所学知识、技能等应用到实际工作中所产生的效果。经研究发现，农民工培训实效性的发生是参训者、培训者和用人单位等三方共同作用的结果。从参训的农民工这条线看，大致需要经历产生学习动机、掌握培训内容、迁移运用产生实效三个环节；从培训机构这条线来看，要与农民工那条线耦合，也要经历激发学习愿望、按需施训、训后跟进指导三个环节；企业是农民工的需求方和工作场所，培训实效性的产生离不开企业的协同作用。这一作用主要体现在及时发布岗位需求信息、创设支持培训迁移的工作环境两个环节。提升农民工培训实效性的策略主要有：

(1) 畅通用工信息渠道，实现劳动力市场供需两侧有效对接。现实中，许多企业为招不到合适的农民工而发愁，而培训机构却不能为他们输送专业对口的劳动力，供需矛盾较为突出。个中缘由是多方面的，其中最重要的一点是信息渠道不畅通，培训机构未能准确而及时地把握企业的用工需求，所教与所需错位。建议政府、培训机构和行业企业加强合作，建立劳动力供求网络系统，通过网络系统，行业企业及时发布自己的岗位需求和具体的技能要求，保证用工信息及时、有效地流通；培训机构再根据用工单位的要求对农民工进行相应的技能培训，达到要求后进入企业工作。这一举措有助于劳动力市场供给侧与需求侧的对接，学员所学即所需，日后在岗位上迁移运用培训所学技能的概率与效果会大大增强。

(2)提升师资水平,强化实践技能训练。教师是教育的第一资源和核心要素。农民工培训的实效性在很大程度上取决于教师，教师的授课水平和培训能力直接决定着培训课程、培训方式等要素的效果，直接影响到农民工就业能力提高的程度。现实中的培训教师大多具备较丰富的理论知识，缺乏实践经验，习惯于单纯的理论灌输，指导实训的能力严重不足，导致农民工只是得到一些理论知识而不会应用，这些问题凸显师资建设的重要性和紧迫性。培训机构要大力加强内涵建设,大兴学习之风和教研之风,不断提升教师的教学水平和培训能力，尤其是要多渠道促进教师增长行业企业经验并熟练掌握生产一线的技术和工艺，使培训内容能够贴近行业企业的实际要求，并能有效地开展实践教学。为了确保农民工学而会用，在精要的知识讲解之后，要重点加强实践操作技能训练。在通常情况下，教师可以先结合实例讲解有关生产程序与操作要领，然后把农民工带到真实的或者模拟的场景中进行观摩、模仿和练习，把学与用有机结合起来，给予农民工更多的实训和动手操作的机会，确保农民工真正具备相关的操作技能和应用能力。

(3) 搞好后续的支持服务工作。培训机构应当延伸培训的“边界”，将训后跟进指导作为培训项目的重要组成部分，指定培训专家通过电话、QQ 群、微信群等形式，及时了解参加过培训的农民工在工作中遇到的实际问题，指导他们在工作中有效地应用培训所学。还可以把有关的操作技术要领拍摄成视频(配以解说词)，发布在网络平台上，供农民工模仿借鉴。企业应该认识到把农民工培养成熟练的技术工人是自己应尽的义务，要以正式员工的心态对待农民工，解决农民工的医疗和养老保险等问题，关心他们的成长和进步，使他们有一种认同感和归属感，以释放学习潜能，提升工作效果。还应积极鼓励农民工将培训所学应用于实际工作，及时帮助他们解决工作时所遇到的问题，使农民工能够将培训所学技能有效地、持续地运用于工作中。将农民工技能应用后产生的工作绩效与薪酬直接挂钩，以物质鼓励的形式肯定其培训迁移行为，提高农民工培训学习成果的转化率。

（4）提升农民工参训积极性。各级主管部门和培训机构要加大宣传力度和广度，通过网络、广播、电视、报纸、招生广告等途径，广泛宣传农民工培训的目的、意义和作用，使农民工认识到我国产业的转型升级对劳动者素质和技能的要求越来越高，参加培训学习是使自己找到体面、稳定工作的有效途径。通过宣传好的典型，让农民工感受到培训可以带来的益处，激发农民工参训积极性和主动性。与此同时，培训机构要树立做好农民工培训工作的责任感和使命感，不断提高培训的质量，增强培训的吸引力，确保学员真正掌握一门过硬的技术，此乃激发农民工参训积极性的根本措施。

参见《继续教育研究》2017年第10期“农民工培训实效性：产生机制与提升策略”

4.6.2 完善建筑产业工人培训机制

广州市晋拓建筑劳务有限公司吴志强、蔡思贤认为：建筑产业工人培训面临的现实困境是：培训有效性不足、缺乏吸引力；企业参与意愿不强；建筑行业产业化进展缓慢，高技能工种需求少；师资、场地有限，培训形式单一；参与培训工作的主体不明确、定位不清晰；政府培训资源分配不合理。完善建筑产业工人培训机制可采取如下措施：

（1）加快培训行业师资力量的挖掘及培训。通过技能大赛或者各种形式海选具有丰富实践知识的各工种工匠，对他们加以系统的理论培训及认证，选择优秀工匠放入师资库，并帮他们建立职业规划。政府通过制定培训机构培训师资要求，让他们顺利加入各培训机构，使其成为职业讲师对工人进行授课；或与企业签订长期合同，在企业作为“师傅”实行现代学徒制；也可以通过课时费形式，利用业余时间与培训机构合作，对农民工进行培训。

（2）对培训工种、专业加以区分。针对装配式建筑、铝模板专业分包、专业安装等附加值、技能要求较高、未来发展重点的技能工种培养一批业务骨干，帮他们建立职业规划。既可以为建筑工业化培养大批产业工人，也可以通过职业培训让工人在技术、工种职务、收入等方面得以提升，以增强工人的培训参与热情，带动整个行业培训的良性发展。

（3）对工人进行分类、分层次的多元化培训。建立工匠－中级技工－普通产业工人的三级培训体系，针对各层次工人制定个性化培训方案。工匠的培训重点以选取为主，加以理论、综合培训最终成为合格的“师傅”及行业技能专家；中级技工的培训以“教育下工地”形式，充分利用各项目部“农民工业余学校”，利用业余时间，通过 3 ~ 5 个月的时间对有学习动力、积极向上的建筑工人进行系统培训，培训考核通过后颁发相应的等级证书，通过认证肯定其能力，也方便他们就业及技能提升；普通产业工人培训除了简单的技能性培训外，应以引导性培训为主。所谓引导性培训是指对农民工进行职业道德、公共关系、就业指导、法律常识、安全意识、自我保护、行为举止等内容的培训。

(4) 利用现代学徒制进一步落实、完善工人培训。从经验来看，现代学徒制尤其适用于建筑行业技能型工人培训，政府应加块现代学徒制培训的立法工作，使其成为一种主流的培训方式，并在财政上加以支持。

参见《施工企业管理》2017 年第 6 期“完善建筑产业工人培训机制”

5

中国建设教育相关政策、文件汇编与发展大事记

5.1 2017年相关政策、文件汇编

5.1.1 国务院办公厅关于深化产教融合的若干意见

2017年12月5日，国务院办公厅下发了《关于深化产教融合的若干意见》（国办发[2017]95号），全文如下：

各省、自治区、直辖市人民政府，国务院各部委、各直属机构：

进入新世纪以来，我国教育事业蓬勃发展，为社会主义现代化建设培养输送了大批高素质人才，为加快发展壮大现代产业体系作出了重大贡献。但同时，受体制机制等多种因素影响，人才培养供给侧和产业需求侧在结构、质量、水平上还不能完全适应，“两张皮”问题仍然存在。深化产教融合，促进教育链、人才链与产业链、创新链有机衔接，是当前推进人力资源供给侧结构性改革的迫切要求，对新形势下全面提高教育质量、扩大就业创业、推进经济转型升级、培育经济发展新动能具有重要意义。为贯彻落实党的十九大精神，深化产教融合，全面提升人力资源质量，经国务院同意，现提出以下意见。

一、总体要求

（一）指导思想

全面贯彻党的十九大精神，坚持以习近平新时代中国特色社会主义思想为指导，紧紧围绕统筹推进“五位一体”总体布局和协调推进“四个全面”战略布局，坚持以人民为中心，坚持新发展理念，认真落实党中央、国务院关于教育综合改革的决策部署，深化职业教育、高等教育等改革，发挥企业重要主体作用，促进人才培养供给侧和产业需求侧结构要素全方位融合，培养大批高素质创新人才和技术技能人才，为加快建设实体经济、科技创新、现代金融、人力资源协同发展的产业体系，增强产业核心竞争力，汇聚发展新动能提供有力支撑。

（二）原则和目标

统筹协调，共同推进。将产教融合作为促进经济社会协调发展的重要举措，融入经济转型升级各环节，贯穿人才开发全过程，形成政府企业学校行业社会协同推进的工作格局。

服务需求，优化结构。面向产业和区域发展需求，完善教育资源布局，加快人才培养结构调整，创新教育组织形态，促进教育和产业联动发展。

校企协同，合作育人。充分调动企业参与产教融合的积极性和主动性，强

化政策引导，鼓励先行先试，促进供需对接和流程再造，构建校企合作长效机制。

深化产教融合的主要目标是，逐步提高行业企业参与办学程度，健全多元化办学体制，全面推行校企协同育人，用10年左右时间，教育和产业统筹融合、良性互动的发展格局总体形成，需求导向的人才培养模式健全完善，人才教育供给与产业需求重大结构性矛盾基本解决，职业教育、高等教育对经济发展和产业升级的贡献显著增强。

二、构建教育和产业统筹融合发展格局

（三）同步规划产教融合与经济社会发展。制定实施经济社会发展规划，以及区域发展、产业发展、城市建设和重大生产力布局规划，要明确产教融合发展要求，将教育优先、人才先行融入各项政策。结合实施创新驱动发展、新型城镇化、制造强国战略，统筹优化教育和产业结构，同步规划产教融合发展政策措施、支持方式、实现途径和重大项目。

（四）统筹职业教育与区域发展布局。按照国家区域发展总体战略和主体功能区规划，优化职业教育布局，引导职业教育资源逐步向产业和人口集聚区集中。面向脱贫攻坚主战场，积极推进贫困地区学生到城市优质职业学校就学。加强东部对口西部、城市支援农村职业教育扶贫。支持中部打造全国重要的先进制造业职业教育基地。支持东北等老工业基地振兴发展急需的职业教育。加强京津冀、长江经济带城市间协同合作，引导各地结合区域功能、产业特点探索差别化职业教育发展路径。

（五）促进高等教育融入国家创新体系和新型城镇化建设。完善世界一流大学和一流学科建设推进机制，注重发挥对国家和区域创新中心发展的支撑引领作用。健全高等学校与行业骨干企业、中小微创业型企业紧密协同的创新生态系统，增强创新中心集聚人才资源、牵引产业升级能力。适应以城市群为主体的新型城镇化发展，合理布局高等教育资源，增强中小城市产业承载和创新能力，构建梯次有序、功能互补、资源共享、合作紧密的产教融合网络。

（六）推动学科专业建设与产业转型升级相适应。建立紧密对接产业链、创新链的学科专业体系。大力发展现代农业、智能制造、高端装备、新一代信息技术、生物医药、节能环保、新能源、新材料以及研发设计、数字创意、现代交通运输、高效物流、融资租赁、电子商务、服务外包等产业急需紧缺学科专业。积极支持家政、健康、养老、文化、旅游等社会领域专业发展，推进标准化、规范化、品牌化建设。加强智慧城市、智能建筑等城市可持续发展能力相关专业建设。大力支持集成电路、航空发动机及燃气轮机、网络安全、人工智能等事关国家战略、国家安全等学科专业建设。适应新一轮科技革命和产业变革及新经济发展，促进学科专业交叉融合，加快推进新工科建设。

（七）健全需求导向的人才培养结构调整机制。加快推进教育“放管服”改革，注重发挥市场机制配置非基本公共教育资源作用，强化就业市场对人才供给的有效调节。进一步完善高校毕业生就业质量年度报告发布制度，注重发挥行业组织人才需求预测、用人单位职业能力评价作用，把市场供求比例、就业质量作为学校设置调整学科专业、确定培养规模的重要依据。新增研究生招生计划向承担国家重大战略任务、积极推行校企协同育人的高校和学科倾斜。严格实行专业预警和退出机制，引导学校对设置雷同、就业连续不达标专业，及时调减或停止招生。

三、强化企业重要主体作用

（八）拓宽企业参与途径。鼓励企业以独资、合资、合作等方式依法参与举办职业教育、教育。坚持准入条件透明化、审批范围最小化，细化标准、简化流程、优化服务，改进办审批环节。通过购买服务、委托管理等，支持企业参与公办职业学校办学。鼓励有条件的地区探索推进职业学校股份制、混合所有制改革，允许企业以资本、技术、管理等要素依法参与办学并享有相应权利。

（九）深化“引企入教”改革。支持引导企业深度参与职业学校、高等学校教育教学改革，多种方式参与学校专业规划、教材开发、教学设计、课程设置、实习实训，促进企业需求融入人才培养环节。推行面向企业真实生产环境的任务式培养模式。职业学校新设专业原则上应有相关行业企业参与。鼓励企业依托或联合职业学校、高等学校设立产业学院和企业工作室、实验室、创新基地、实践基地。

（十）开展生产性实习实训。健全学生到企业实习实训制度。鼓励以引企驻校、引校进企、校企一体等方式，吸引优势企业与学校共建共享生产性实训基地。支持各地依托学校建设行业或区域性实训基地，带动中小微企业参与校企合作。通过探索购买服务、落实税收政策等方式，鼓励企业直接接收学生实习实训。推进实习实训规范化，保障学生享有获得合理报酬等合法权益。

（十一）以企业为主体推进协同创新和成果转化。支持企业、学校、科研院所围绕产业关键技术、核心工艺和共性问题开展协同创新，加快基础研究成果向产业技术转化。引导高校将企业生产一线实际需求作为工程技术研究选题的重要来源。完善财政科技计划管理，高校、科研机构牵头申请的应用型、工程技术研究项目原则上应有行业企业参与并制订成果转化方案。完善高校科研后评价体系，将成果转化作为项目和人才评价重要内容。继续加强企业技术中心和高校技术创新平台建设，鼓励企业和高校共建产业技术实验室、中试和工程化基地。利用产业投资基金支持高校创新成果和核心技术产业化。

（十二）强化企业职工在岗教育培训。落实企业职工培训制度，足额提取教育培训经费，确保教育培训经费60%以上用于一线职工。创新教育培训方式，鼓励企业向职业学校、高等学校和培训机构购买培训服务。鼓励有条件的企业开展职工技能竞赛，对参加培训提升技能等级的职工予以奖励或补贴。支持企业一线骨干技术人员技能提升，加强产能严重过剩行业转岗就业人员再就业培训。将不按规定提取使用教育培训经费并拒不改正的行为记入企业信用记录。

（十三）发挥骨干企业引领作用。鼓励区域、行业骨干企业联合职业学校、高等学校共同组建产教融合集团（联盟），带动中小企业参与，推进实体化运作。注重发挥国有企业特别是中央企业示范带头作用，支持各类企业依法参与校企合作。结合推进国有企业改革，支持有条件的国有企业继续办好做强职业学校。

四、推进产教融合人才培养改革

（十四）将工匠精神培育融入基础教育。将动手实践内容纳入中小学相关课程和学生综合素质评价。加强学校劳动教育，开展生产实践体验，支持学校聘请劳动模范和高技能人才兼职授课。组织开展“大国工匠进校园”活动。鼓励有条件的普通中学开设职业类选修课程，鼓励职业学校实训基地向普通中学开放。鼓励有条件的地方在大型企业、产业园区周边试点建设普职融通的综合高中。

（十五）推进产教协同育人。坚持职业教育校企合作、工学结合的办学制度，推进职业学校和企业联盟、与行业联合、同园区联结。大力发展校企双制、工学一体的技工教育。深化全日制职业学校办学体制改革，在技术性、实践性较强的专业，全面推行现代学徒制和企业新型学徒制，推动学校招生与企业招工相衔接，校企育人“双重主体”，学生学徒“双重身份”，学校、企业和学生三方权利义务关系明晰。实践性教学课时不少于总课时的50%。

健全高等教育学术人才和应用人才分类培养体系，提高应用型人才培养比重。推动高水平大学加强创新创业人才培养，为学生提供多样化成长路径。大力支持应用型本科和行业特色类高校建设，紧密围绕产业需求，强化实践教学，完善以应用型人才为主的培养体系。推进专业学位研究生产学结合培养模式改革，增强复合型人才培养能力。

（十六）加强产教融合师资队伍建设。支持企业技术和管理人才到学校任教，鼓励有条件的地方探索产业教师（导师）特设岗位计划。探索符合职业教育和应用型高校特点的教师资格标准和专业技术职务（职称）评聘办法。允许职业学校和高等学校依法依规自主聘请兼职教师和确定兼职报酬。推动职业学校、应用型本科高校与大中型企业合作建设“双师型”教师培养培训基地。完善职业学校和高等学校教师实践假期制度，支持在职教师定期到企业实践锻炼。

（十七）完善考试招生配套改革。加快高等职业学校分类招考，完善“文化素质＋职业技能”评价方式。适度提高高等学校招收职业教育毕业生比例，建立复合型、创新型技术技能人才系统培养制度。逐步提高高等学校招收有工作实践经历人员的比例。

（十八）加快学校治理结构改革。建立健全职业学校和高等学校理事会制度，鼓励引入行业企业、科研院所、社会组织等多方参与。推动学校优化内部治理，充分体现一线教学科研机构自主权，积极发展跨学科、跨专业教学和科研组织。

（十九）创新教育培训服务供给。鼓励教育培训机构、行业企业联合开发优质教育资源，大力支持“互联网+教育培训”发展。支持有条件的社会组织整合校企资源，开发立体化、可选择的产业技术课程和职业培训包。推动探索高校和行业企业课程学分转换互认，允许和鼓励高校向行业企业和社会培训机构购买创新创业、前沿技术课程和教学服务。

五、促进产教供需双向对接

（二十）强化行业协调指导。行业主管部门要加强引导，通过职能转移、授权委托等方式，积极支持行业组织制定深化产教融合工作计划，开展人才需求预测、校企合作对接、教育教学指导、职业技能鉴定等服务。

（二十一）规范发展市场服务组织。鼓励地方政府、行业企业、学校通过购买服务、合作设立等方式，积极培育市场导向、对接供需、精准服务、规范运作的产教融合服务组织（企业）。支持利用市场合作和产业分工，提供专业化服务，构建校企利益共同体，形成稳定互惠的合作机制，促进校企紧密联结。

（二十二）打造信息服务平台。鼓励运用云计算、大数据等信息技术，建设市场化、专业化、开放共享的产教融合信息服务平台。依托平台汇聚区域和行业人才供需、校企合作、项目研发、技术服务等各类供求信息，向各类主体提供精准化产教融合信息发布、检索、推荐和相关增值服务。

（二十三）健全社会第三方评价。积极支持社会第三方机构开展产教融合效能评价，健全统计评价体系。强化监测评价结果运用，作为绩效考核、投入引导、试点开展、表彰激励的重要依据。

六、完善政策支持体系

（二十四）实施产教融合发展工程。“十三五”期间，支持一批中高等职业学校加强校企合作，共建共享技术技能实训设施。开展高水平应用型本科高校建设试点，加强产教融合实训环境、平台和载体建设。支持中西部普通本科高校面向产业需求，重点强化实践教学环节建设。支持世界一流大学和一流学科建设高校加强学科、人才、科研与产业互动，推进合作育人、协同创新和成果转化。

（二十五）落实财税用地等政策。优化政府投入，完善体现职业学校、应用型高校和行业特色类专业办学特点和成本的职业教育、高等教育拨款机制。职业学校、高等学校科研人员依法取得的科技成果转化奖励收入不纳入绩效工资，不纳入单位工资总额基数。各级财政、税务部门要把深化产教融合作为落实结构性减税政策，推进降成本、补短板的重要举措，落实社会力量举办教育有关财税政策，积极支持职业教育发展和企业参与办学。企业投资或与政府合作建设职业学校、高等学校的建设用地，按科教用地管理，符合《划拨用地目录》的，可通过划拨方式供地，鼓励企业自愿以出让、租赁方式取得土地。

（二十六）强化金融支持。鼓励金融机构按照风险可控、商业可持续原则支持产教融合项目。利用中国政企合作投资基金和国际金融组织、外国政府贷款，积极支持符合条件的产教融合项目建设。遵循相关程序、规则和章程，推动亚洲基础设施投资银行、丝路基金在业务领域内将“一带一路”职业教育项目纳入支持范围。引导银行业金融机构创新服务模式，开发适合产教融合项目特点的多元化融资品种，做好政府和社会资本合作模式的配套金融服务。积极支持符合条件的企业在资本市场进行股权融资，发行标准化债权产品，加大产教融合实训基地项目投资。加快发展学生实习责任保险和人身意外伤害保险，鼓励保险公司对现代学徒制、企业新型学徒制保险专门确定费率。

（二十七）开展产教融合建设试点。根据国家区域发展战略和产业布局，支持若干有较强代表性、影响力和改革意愿的城市、行业、企业开展试点。在认真总结试点经验基础上，鼓励第三方开展产教融合型城市和企业建设评价，完善支持激励政策。

（二十八）加强国际交流合作。鼓励职业学校、高等学校引进海外高层次人才和优质教育资源，开发符合国情、国际开放的校企合作培养人才和协同创新模式。探索构建应用技术教育创新国际合作网络，推动一批中外院校和企业结对联合培养国际化应用型人才。鼓励职业教育、高等教育参与配合“一带一路”建设和国际产能合作。

七、组织实施

（二十九）强化工作协调。加强组织领导，建立发展改革、教育、人力资源社会保障、财政、工业和信息化等部门密切配合，有关行业主管部门、国有资产监督管理部门积极参与的工作协调机制，加强协同联动，推进工作落实。各省级人民政府要结合本地实际制定具体实施办法。

（三十）营造良好环境。做好宣传动员和舆论引导，加快收入分配、企业用人制度以及学校编制、教学科研管理等配套改革，引导形成学校主动服务经济社会发展、企业重视“投资于人”的普遍共识，积极营造全社会充分理解、积极支持、主动参与产教融合的良好氛围。

5.1.2 教育部下发的相关文件

5.1.2.1 教育部关于进一步推进职业教育信息化发展的指导意见

2017 年 8 月 31 日，教育部以教职成〔2017〕4 号文印发了《关于进一步推进职业教育信息化发展的指导意见》，全文如下：

各省、自治区、直辖市教育厅（教委），各计划单列市教育局，新疆生产建设兵团教育局：

为深入贯彻落实《教育信息化“十三五”规划》，全面提升信息技术支撑和引领职业教育创新发展的能力，加快推进职业教育现代化，现就进一步推进职业教育信息化发展提出如下意见：

一、准确把握进一步推进职业教育信息化发展的重要机遇与基本要求

1.“十二五”以来，职业教育信息化发展取得了较大的进展。职业教育信息化的战略部署初步形成，基础设施建设进一步加强，管理规范和技术标准不断健全，数字教育资源开发和应用持续深入，教育资源和教育管理平台建设扎实推进，教师信息化意识与能力显著增强。但从总体来看，与国家实施“互联网 +”等重大战略的需求相比，与世界数字化、网络化、智能化发展的趋势相比，与实现职业教育现代化的要求相比，职业教育信息化发展水平还亟待提升。进一步推进我国职业教育信息化发展，是适应当今教育改革和信息技术创新应用趋势，如期实现职业教育现代化，为国家经济社会发展提供有力技术技能人才支撑的必然选择和战略举措。

2. 深入学习贯彻习近平总书记系列重要讲话精神，坚持服务全局、突出特色，统筹规划、协调推进，深化应用、融合创新，完善机制、持续发展，努力改善职业教育服务供给方式，提升现代化水平。职业教育信息化工作要围绕经济社会发展大局，主动服务国家重大发展战略，加大云计算、大数据、物联网、虚拟现实 / 增强现实、人工智能等新技术的应用，体现产教融合、校企合作、工学结合、知行合一等职业教育特色。要适应科技革命和产业革命要求，突出行业与区域特点，注重对薄弱学校的帮扶，推动协调发展。要面向职业教育各领域、各环节，以应用促融合、以融合促创新、以创新促发展，创新教学、服务和治理模式。要探索建立共建共享、开放合作新机制，鼓励行业、企业和社会参与职业教育信息化建设。

3. 到 2020 年，全面完成《教育信息化“十三五”规划》提出的目标任务。基础能力明显改善，落实“三通两平台”建设要求，90% 以上的职业院校建成不低于《职业院校数字校园建设规范》要求的数字校园，各地普遍建立推进职业教育信息化持续健康发展的政策机制；数字教育资源更加丰富，数字教育资

源基本覆盖职业院校公共基础课程和各专业领域，政府引导、市场参与的数字教育资源共建共享平台、认证标准和交易机制初步形成；应用水平显著提高，网络学习空间全面普及，线上线下混合教学模式广泛应用，自主、泛在、个性化的学习普遍开展，大数据、云计算等现代信息技术在职业院校决策、管理与服务中的应用水平普遍提升；信息素养全面提升，信息技术应用能力提升培训实现常态化，职业教育行政管理者和院（校）长的信息化领导力、保障支撑队伍的技术服务能力、教师的信息化教学能力和学生的信息素养全面提升。

二、全面落实推进职业教育信息化发展的重点任务

4. 提升职业教育信息化基础能力。广泛宣传和落实《职业院校数字校园建设规范》，采取“政府引导、标准引领、项目示范、分步实施”的方式，推进职业院校数字校园建设。加快建设具有职业教育特色的管理服务与资源服务信息化支撑平台。推动各地建设有线、无线一体化认证，高速、稳定、安全的校园网络，加强数字媒体制作室、数字化教室等教育信息化硬件基础建设，进一步优化职业院校信息化教学环境。在全国遴选推广一批示范性虚拟仿真实训基地，重点解决实训教学中“进不去、看不见、动不了、难再现”的难题。把信息化帮扶纳入职业教育东西协作行动计划，进一步加大政策、资金、技术、人才向中西部职业院校倾斜力度，采取送教上门、资源共享、教师结对等方式开展信息化帮扶，缩小区域间发展差距，实现职业教育信息化建设的均衡发展。

5. 推动优质数字教育资源共建共享。继续推进建设国家级职业教育专业教学资源库，引导各地各职业院校根据区域、行业特点建设和完善省级、校级资源库，突出资源库“能学、辅教”的功能定位。支持行业、企业与职业院校共同建设面向社会服务的企业信息库、岗位技能标准库、人才需求信息库、创新创业案例库等开放资源。根据需要，有序引导各地各职业院校开发基于职场环境与工作过程的虚拟仿真实训资源和个性化自主学习系统。探索建设政府引导、市场参与的数字教育资源共建共享平台，服务课程开发、教学设计、教学实施与教学评价。依托专业机构，建立健全共建共享平台的资源认证标准和交易机制，进一步扩大优质资源覆盖面，强化优质资源在教育教学中的实际应用。

6. 深化教育教学模式创新。开展信息化环境下的职业教育教学模式创新研究与实践，大力推进信息技术与教育教学深度融合。着力优化人才培养模式，建设适应信息化教学需要的专业课程体系，用信息技术改造传统教学。推进网络学习空间的建设与应用，加强教与学全过程的数据采集和效果分析。鼓励教师充分、合理运用数字教育资源开展教学，解决技能培养中的重点、难点问题。推广远程协作、实时互动、翻转课堂、移动学习等信息化教学模式，最大限度地调动学习者的主观能动性，促进教与学、教与教、学与学的全面互动，进一

步提高教学质量与人才培养质量。

7. 加快管理服务平台建设与应用。鼓励职业院校建成集行政、教学、科研、学生和后勤管理于一体的信息服务平台，支持学校实施校企合作信息发布、项目管理、顶岗实习管理、人力资源信息管理、就业信息分析等。推进平安校园、节能校园平台建设，实现对校园安全、能源管理过程跟踪、精准监控和数据分析。推动职业院校加强管理信息化应用，做好信息采集、统计和更新工作，提高管理效能。统筹完善信息化管理服务平台建设，建立统一集中的基础数据库，提高全国职业教育数据共享水平。充分发挥管理信息系统在学籍管理、人员管理、资产及设备管理、日常教学、实习跟踪、流程监控等重点工作中的作用，提高教育行政部门管理、服务与决策水平，推动职业教育治理能力现代化。

8. 提升师生和管理者信息素养。将信息技术应用能力纳入教师评聘考核内容。开展以深度融合信息技术为特点的培训，帮助教师树立正确的信息化教学理念、改进教学方法、提高教学质量，提高教师信息技术应用水平。进一步完善信息化教学大赛制度，国家与地方每年举办职业院校信息化教学大赛，提高参与率，积极转化大赛成果并广泛共享。推动职业院校增加信息技术在基础类课程教学中的应用，加强学生使用信息技术的综合应用训练，提高各专业学生信息化职业能力、数字化学习能力和综合信息素养。开展管理人员教育信息化领导力培训，增强各级教育行政部门、专业机构和职业院校管理者的信息化意识，提升其规划能力、执行能力和评价能力。在职业院校推广建立校领导担任首席信息官（CIO）的制度，全面负责本校信息化工作；建立信息化部门和业务部门的分工协作机制，统筹规划、归口管理。各地要将职业教育管理部门和职业院校的信息化建设效果、信息化发展水平纳入管理者绩效考核。

9. 增强网络与信息安全管控能力。各地各职业院校要按照《网络安全法》等法律法规政策要求，建立主要负责人为第一责任人的网络安全工作体系，落实网络安全责任制。结合职业教育实际，制定并完善相关规章制度，开展多种形式的教育和培训。全面实施信息安全等级保护制度，制定方案，建立多层次网络与信息安全技术防护体系，按需配置网络与信息安全防护设备和软件，构建可信、可控、可查的网络与信息安全技术防护环境。完善各地各职业院校信息公开与发布的流程、职责及相关制度，向社会各界展示成果、提供服务，努力提升职业教育吸引力。各地要制定网络与信息安全应急预案，明确应急处置流程和权限，落实应急处置技术支撑队伍，开展安全应急演练，提高网络与信息安全应急处置能力。

三、着力完善推进职业教育信息化发展的各项保障措施

10. 明确发展责任。各地要把发展职业教育信息化纳入职业教育和教育信息

化的总体规划，各地教育行政部门要加强区域统筹，组织、推动、落实、监管职业教育信息化各项工作。职业院校要深化信息技术在人才培养、技术技能传承和促进创新创业中的应用，加强优质数字教育资源的开发和使用。鼓励各类信息技术企业、专业机构、行业组织等积极有序平等参与职业教育信息化建设。支持社会组织开展战略研究，提供政策建议、决策支持和咨询评估。将教育信息化作为职业院校基本办学条件纳入办学评估指标体系并开展督导。引入第三方评测，建立科学的绩效指标体系，形成制度化的评估机制。

11. 健全工作机制。职业院校要健全信息化工作组织机构，建立信息化运维管理、安全保障、人员培训、经费保障等机制。将信息化教学研究列入职业院校科研课题，将信息化应用能力要求作为教师评聘考核的重要依据。职业院校要重视信息化专门人才的引进和培养，建立和完善信息化人才考评和激励机制，增强专业化技术支撑队伍服务能力。持续开展教育信息化专业人员能力培训，培养一批具有较强能力的信息化人才，形成结构合理的专业队伍。

12. 调动多方参与。通过生均拨款、专项经费、购买服务等方式，加大财政对职业教育信息化建设与应用的支持力度。充分发挥市场在资源配置中的决定性作用，鼓励社会资本参与职业教育信息化建设。建立健全相关信息化产品与服务的准入机制、知识产权保护机制和利益分配机制，调动参与各方的积极性。

13. 完善服务保障。鼓励各地各职业院校开展职业教育信息化的政策研究、应用研究以及相关标准规范研究，设立信息技术教育管理和教学改革专项课题，形成一批有利于职业教育信息化发展的研究成果。指导职业院校把信息化发展情况纳入年度质量报告。充分发挥信息化相关专业机构与社会组织的作用，建立信息技术交流及信息化应用推广平台，加强与行业、企业合作，定期举办职业教育信息化创新发展交流、研讨、培训以及典型应用的推广活动。

5.1.2.2 《普通高等学校本科专业类教学质量国家标准》有关情况介绍

2018年1月，教育部高等教育司司长吴岩从以下5个方面介绍了《普通高等学校本科专业类教学质量国家标准》的有关情况：

(1)《国标》研制的简要情况。研制《国标》是一项系统工程，工作量巨大。2013年4月，教育部委托92个专业类教学指导委员会启动了《国标》研制工作，前后历时四年多，先后组织了几百场工作研讨会和征求意见会。参与《国标》研制工作的专家教授达五千多人，很多知名专家和两院院士参与其中。《国标》涵盖了普通高校本科专业目录中全部92个本科专业类，包括全部587个本科专业、涉及全国高校56000多个专业点。

(2) 为什么要研制《国标》。党的十八大以来，习近平同志对高等教育发展做出了一列重要指示，提出高等教育要做好“四为服务”，即高等教育要为人民服务、为中国共产党治国理政服务、为巩固和发展中国特色社会主义制度服务、为改革开放和社会主义现代化建设服务。总书记强调，“办好我国高校，办出世界一流大学，必须牢牢抓住全面提高人才培养能力这个核心点”。总书记对高等教育最大关切是培养中国特色社会主义事业的合格建设者和可靠接班人。专业是高等学校人才培养的基本单元，制订专业类教学质量国家标准就是回应总书记的最大关切。有了标准才能加强引导、加强监管、加强问责。颁布《国标》特别特别重要，非常非常重要，是天大的事，因此，宝生部长说：“质量为王、标准先行”。

(3) 制订《国标》遵循的三大原则和突出的三大特点。《国标》研制过程中，紧紧把握世界高等教育发展的先进理念，遵循三大基本原则。一是突出学生中心。注重激发学生的学习兴趣和潜能，创新形式、改革教法、强化实践，推动本科教学从“教得好”向“学得好”转变；二是突出产出导向。主动对接经济社会发展需求，科学合理设定人才培养目标，完善人才培养方案，优化课程设置，更新教学内容，切实提高人才培养的目标达成度、社会适应度、条件保障度、质保有效度和结果满意度；三是突出持续改进。强调教学工作要建立学校质量保障体系，要把常态监测与定期评估有机结合起来，及时评价、及时反馈、持续改进，推动人才培养质量不断提升。首次颁布的国标有三大特点，一是既有“规矩”又有“空间”。可以把它概括为既有规定动作，又有自选动作。所谓“规定动作”就是对各专业类提出统一要求、保障基本质量。所谓“自选动作”就是为各专业人才培养特色留有足够拓展空间，形象地说就是“保底不封顶”；二是既有“底线”又有“目标”。既对各专业类提出教学基本要求，也就是“兜底线、保合格”，同时又对提升质量提出前瞻性要求，也就是“追求卓越”；三是既有“定性”又有“定量”。既对各专业类标准提出定性要求，同时注重量化指标，做到可比较、可核查。

(4)《国标》的八大内容。此次发布的《国标》涵盖了普通高校本科专业目录中全部92个本科专业类，尽管专业类之间各不相同，但《国标》内容形式基本一致，主要包括八个方面内容：一是概述。明确该专业类内涵、学科基础、人才培养方向等；二是适用专业范围。明确该标准适用的专业；三是培养目标。明确该专业类的培养目标，对各高校制定相应专业培养目标提出原则要求；四是培养规格。明确该专业类专业的学制、授予学位、参考总学时或学分，提出政治思想道德、业务知识能力等人才培养基本要求；五是师资队伍。对该专业类师资队伍数量和结构、教师学科专业背景和水平、教师教学发展条件等提出要求；六是教学条件。明确该专业类基本办学条件、基本信息资源、教学经费投入，包括实验室、实验教学仪器设备、实践基地、图书信息资源、教材及参考书、教学经费等量化要求；七是质量保障体系。明确该专业类教学过程质量监控机制、毕业生跟踪反馈机制、专业的持续改进机制等各方面要求；八是附录。列出该专业类知识体系和核心课程体系建议，并对有关量化标准进行定义。

(5) 下一步工作打算。“质量为王，标准先行”，可以再加一句“标准为先、使用为要”，立标准很重要，使用标准，让标准发挥以标促改、以标促建、以标促强更重要，决不能让标准束之高阁或者只挂在墙上。一是让教指委用起来。教指委一项最重要任务就是把《国标》学好吃透，用《国标》指导全国高校开展专业建设，使教指委成为提高教学质量的参谋部、咨询团、指导组、推动队；二是让高校动起来。《国标》涵盖 92 个本科专业类、包括目前 587 个本科专业，涉及 56000 个专业点。《国标》发布后，各地、各相关行业部门要根据《国标》研究制定人才评价标准；各高校要根据《国标》修订人才培养方案，培养多样化、高质量人才；三是把《国标》与“三个一流”建设紧密结合起来。“一流本科、一流专业、一流人才”是 2018 年全教会和教育部工作要点提出的重要任务。专业是人才培养的基本单元。我们将依据《国标》，做好“兜住底线、保障合格、追求卓越”三级专业认证工作，按照 2018 年教育部工作要点的要求，公布“六卓越一拔尖计划”2.0 版建设专业名单，同时对各高校的专业办学质量和水平进行监测认证，适时公布“成绩单”。

5.1.2.3 土木类专业教学质量国家标准（土木工程专业）

1. 概述

土木工程是建筑、桥梁、道路、隧道、岩土工程、地下工程、铁路工程、矿山设施、港口工程等的统称，其内涵为用各种土木建筑材料修建上述工程的生产活动及其相关工程技术，包括勘测、设计、施工、维护、管理等。

土木工程是国家重要行业和支柱产业，为人民的生活和生产提供各类设施，是提高人民生活水平和社会物质文明的基础保障，对拉动社会经济有重要作用，满足人们不断提高需求的现代土木工程也促进了材料、能源、环保、机械、服务业等领域的快速发展。土木工程在今后相当长的阶段会面临更高自身居住质量、更高出行需求、更全方位的空间拓展、更系统的基础设施维护、改造与升级以及更强抵御灾害能力等诸多方面的挑战，这些挑战也构成了土木工程专业长久不衰、不断创新的原动力。

土木工程是一门工程和技术相结合的学科，具有很强的应用性。土木工程的主干学科是结构工程学、岩土工程学等，以数学、物理学、化学、力学、材料科学、计算机科学与技术等学科为基础，与市政工程，供热、供燃气、通风及空调工程，水工结构工程，铁路，港口、海岸及近海工程等学科相互交叉。

土木工程专业分基本专业和特设专业，培养的人才面向工程建设的各个环节，即，数据收集、计划或者规划、设计、经济分析、现场施工以及日常运营或维护。毕业生可以从事工程的理论分析、设计、规划、建造、维护保养和管理、研究和教学等方面的工作，经过规定的执业实践年限，土木工程专业毕业生可以报考并获取不同等级的相关注册职业认证资格。

2. 适用专业范围

2.1 专业类代码

0810 土木类

2.2 本标准适用的专业

081001 土木工程

3. 培养目标

3.1 专业培养目标

培养适应社会主义现代化建设需要，德智体美全面发展，掌握土木工程学科的基本原理和基本知识，获得工程师基本训练，能胜任建筑、道路、桥梁、隧道、地下空间等土木工程设施的设计、施工与管理，具有较好基础理论、较宽厚专业知识和较强实践能力与创新能力，具有一定国际视野，能面向未来的高级专门人才。

*3.2 学校制订专业培养目标的要求

高校应根据上述培养目标和自身办学定位，结合专业基础和学科特色，在对区域和行业特点以及学生未来发展需求进行充分调研和分析的基础上，以适应国家和社会发展对多样化人才培养需要为目标，细化人才培养目标的内涵，准确定位本专业的人才培养目标。

高校还应根据科技及经济、社会持续发展的需要，对人才培养质量与培养目标的吻合度进行定期评估，建立适时调整专业发展定位和人才培养目标的有效机制。

4. 培养规格

4.1 学制

四年

4.2 授予学位

工学学士

4.3 参考总学时或学分

土木工程专业参考总学分为 160 ~ 180 学分，课内总学时为 2200 ~ 2500 学时，集中实践类环节安排 38 ~ 40 周。

4.4 人才培养基本要求

4.4.1 思想政治和德育方面

具有科学的世界观和正确的人生观，愿为国家富强、民族振兴服务；为人诚实、正直，具有高尚的道德品质；能体现人文和艺术方面的良好素养。具有严谨求实的科学态度和开拓进取精神；具有科学思维和辩证思维能力；具有创新意识和一定的创新能力。具有良好的职业道德和敬业精神，坚持原则，具有勇于承担技术责任，不断学习、获取新知识和寻找解决问题的愿望，具有推广新技术的进取精神；具有良好的心理和身体素质，能乐观面对挑战和挫折；具有良好的市场、质量和安全意识；注重土木工程对社会和环境的影响，并能在工程实践中自觉维护生态文明与社会和谐。

4.4.2 业务方面

1. 了解哲学、政治学、经济学、法学等方面的基本知识，了解文学、艺术等方面的基础知识；掌握工程经济、项目管理的基本理论和方法；掌握一门外国语。

2. 熟悉工程科学、环境科学的基本知识，了解当代科学技术发展的主要趋势和应用前景；掌握数学、力学和物理学的基本原理和分析方法；掌握至少一门计算机高级编程语言并能运用其解决一般工程问题。

3. 掌握工程材料的基本性能和选用原则，掌握工程测绘的基本原理和方法、工程制图的基本原理和方法。

4. 掌握工程结构选型、构造、计算原理和设计方法，掌握工程结构 CAD 和工程结构分析与设计软件应用技术；掌握土木工程施工的一般技术、过程、组织和管理，以及工程检测和试验基本方法。

5. 了解本专业的有关法规、规范与规程；了解建筑、给水与排水、建筑环境与能源应用、建筑电气与智能化等相关知识，了解土木工程机械、交通、环境的一般知识；了解本专业的发展动态和相近学科的一般知识。

6. 具有综合运用各种手段查询资料、获取信息、拓展知识领域、继续学习的能力。

7. 具有应用语言、图表等进行工程表达和交流的基本能力；具有常规工程测试仪器的运用能力。

8. 具有综合运用知识进行工程设计、施工和管理的能力。

9. 具有初步的科学研究和应用技术开发能力。

10. 有较好的组织管理、交流沟通、环境适应和团队合作能力。

4.4.3 体育方面

掌握体育运动的一般知识和基本方法，形成良好的体育锻炼和卫生习惯，达到国家规定的大学生体育锻炼合格标准。

5. 师资队伍

5.1 师资队伍数量和结构要求

有一支相对稳定、水平较高的教师队伍，整体结构（年龄、职称、学缘、专业）

合理。教师须具备高校教师资格。

承担本专业主干课程的任课教师不少于 2 人 / 每门；专业教师中高级职称教师比例不少于 40%，具有硕士及以上学历（学位）和讲师以上职称的教师占专任教师比例不低于 70%。平均每位教师指导毕业设计(论文)的人数不超过 10 人。

教师队伍中有正高职称的教师担任带头人，具有一定比例的有工程实践经历的专兼职教师。应有业务能力和组织协调能力较强、教学经验较为丰富的教师主持教学管理工作，并有一支胜任本专业各主干课程教学任务的骨干教学队伍。有足够的实验技术人员（或实验教师）指导实验课程。有企业或行业专家担任兼职教师并履行职责。

公共课、基础课和专业基础课教师应能够满足本专业教学的需要。

5.2 教师背景和水平要求

不少于 3/4 的专业教师在其学习经历中至少有一个阶段为土木工程学科。

专业教师应具有一定的工程背景。其中部分教师（约 50%）承担过实际工程性项目或具有与企业共同工作的经历。

授课教师应具备与所授课程相匹配的能力和从事土木工程领域科学研究的能力。

5.3 教师发展环境

教师有良好的工作环境和条件。学校有合理可行的师资队伍建设规划，为教师进修、从事学术交流和工程实践活动提供支持，促进教师专业发展，包括对青年教师的指导和培养。

学校拥有良好的相关学科基础，为教师从事学科研究与工程实践提供条件、环境和氛围。鼓励和支持教师指导学生、开展教学改革、学术研究与交流、工程设计与开发、社会服务等。教师明确其在教学质量提升过程中的责任，不断改进工作，满足培养目标的要求。

教师承担的课程数量和授课学时数应限定在合理范围内，保证教师有一定精力开展科学研究、工程实践和参加学术活动，不断提升个人专业能力。

6. 教学条件

6.1 教学设施要求

(1) 具备大学物理、化学、计算机、测量、力学（工程力学、流体力学、土力学）、材料、结构等实验室；实验设备、仪器完好，场地面积和设备台套数能满足实验教学的分组要求，操作型实验分组应满足人人动手的要求；实验标准符合现行工程规范规程要求。

(2) 有一支能有效指导学生基础实验和专业实验的人员队伍，管理规范有序，实验仪器设备运行良好。

(3) 多媒体、语音教室等能满足课程教学需要；计算机的数量和管理应满足学生学习的需要；课程设计、毕业设计有固定教室。

(4) 有稳定的、能覆盖所设专业的校内外实习基地，并符合专业实习的要求。

6.2 信息资源要求

6.2.1 基本信息资源

通过手册或者网站等形式，提供本专业的培养方案、各教学环节的教学内容、教学要求、考核要求，毕业审核要求等基本教学信息。

6.2.2 教材及参考书

(1) 基础课教材应尽量选用优秀、经典的国家级规划教材。

(2) 专业基础课教材应尽量选择优秀、经典的国家级规划教材。专业课程应尽量选用专业指导委员会推荐的教材。

6.2.3 图书信息资源

(1) 土木工程及其相关专业的图书量生均不低于50册，并且近几年年均进书量不少于生均2册。本专业的中文期刊不低于50种，外文期刊不低于30种。

(2) 有满足教学需要的现行工程建设法规文件、标准规范规程、标准图集。

(3) 有课程教学和毕业设计所必需的正版专业软件。

(4) 提供主要的数字化专业文献资源、数据库和检索工具，并提供使用指导。

(5) 建设专业基础课、专业必修课课程网站，或利用现有的网络课程资源，为学生提供一定数量的网络教学资源。

6.3 教学经费要求

6.3.1 新增教学科研仪器设备总值

在满足教育部对工科专业教学仪器设备总值基本要求的前提下，平均每年新增教学科研仪器总值不小于设备总价值的10%。

6.3.2 年生均日常教学经费

教学经费投入应满足人才培养需要，生均日常教学经费（包括实验、实习、毕业设计（论文）及答辩、教师办公、差旅及实验室日常维护费等）不低于1200元。

6.3.3 新开办专业经费要求

新设的土木工程专业，开办经费一般不低于生均1万元（不包括学生宿舍、教室、办公场所等）。

7. 质量保障体系

7.1 教学过程质量监控机制要求

专业应对主要教学环节（包括理论课、实验室课等）建立质量监控机制，使主要教学环节的实施过程处于有效监控状态；各主要教学环节应有明确的质量要求；应建立对课程体系设置和主要教学环节教学质量的定期评价机制，评价时应重视学生与校内外专家的意见。

7.2 毕业生跟踪反馈机制要求

专业应建立毕业生跟踪反馈机制，及时掌握毕业生就业去向和就业质量、毕业生职业满意度和工作成就感、用人单位对毕业生的满意度等；应采用科学的方法对毕业生跟踪反馈信息进行统计分析，形成分析报告，作为进行质量改进的主要依据。

7.3 专业的持续改进机制要求

专业应建立持续改进机制，针对教学质量存在的问题和薄弱环节，采取有效的纠正与预防措施，进行持续改进，不断提升教学质量。

附录

土木工程专业知识体系和核心课程体系建议

1. 专业知识体系

1.1 知识体系

1.1.1 通识类知识

通识类知识包括工具类知识、人文社会科学类知识、数学和自然科学类知识三类。

工具类知识包括外国语等。

人文社会科学类知识包括哲学、政治、思想道德修养与法律基础、经济学基础、管理学基础、大学生心理学、体育等基本内容。

数学和自然科学类包括高等数学（或数学分析）、线性代数、概率与数理统计、大学物理、大学物理实验、信息科学技术、计算机技术与应用、工程化学、环境保护概论等基本内容，具体应符合教育部相关课程教学指导委员会制订的基本要求，各高校可根据自身人才培养定位提高教学要求。

1.1.2 学科基础知识

学科基础知识也称专业基础知识。教学内容须覆盖以下知识领域的核心内容：力学原理与方法、专业技术相关基础、工程项目经济与管理、结构基本原理与方法、施工原理与方法等。

1.1.3 专业知识

专业知识主要指建筑工程、道路工程、桥梁工程、地下工程、铁道工程、港口建设、海洋设施工程等专业领域的专门知识，其中包括结构设计原理与方法的知识，以及施工原理与方法的知识。

1.2 主要实践性教学环节

实践教学环节由实验、实习、设计、社会实践以及创新训练等组成。

实验的内容主要包括普通物理实验、普通化学实验、材料力学实验、流体力学实验、土木工程材料实验、基本构件实验、土力学实验、土木工程测试技术等。

实习主要包括课程实习，以及结合专业的认识实习、生产实习和毕业实习。

设计包括结合专业的课程设计和毕业设计（论文）。

社会实践包括人文社会科学课程中的社会调查和专业教育中的专业调查，由学校自行掌握。土木工程专业人才的培养体现知识、能力、素质协调发展的原则，特别强调大学生创新思维、创新方法和创新能力的培养。鼓励学校在人才培养中遵循循序渐进的原则，以知识体系为载体，在实验、实习和设计中进行创新训练，组织大学生创新实践活动。

2. 专业核心课程建议

2.1 课程体系构建原则

课程设置应能支持专业培养目标的达成。为此，课程体系应支持人才培养各项要求的有效达成。

工具类课程、人文社会科学类课程约占28%；数学与自然科学类课程约占16%，学科基础知识类课程约占28%，专业知识课程和选修课程约占28%。实践类环节中，人文和自然科学类实践约占15%，学科基础和专业实践约占80%，社会实践和创新实践约占5%。

人文社会科学类教育能够使学生在从事工程设计时考虑经济、环境、法律、伦理等各种制约因素。

数学和自然科学教育能够使学生掌握基本理论和实验方法，将相应基本概念运用到实际工程中，并能进行分析推理。

学科基础类课程应包括本学科的基础内容，能体现力学、专业技术相关基础、工程经济与管理、结构、施工和计算机应用等在土木工程专业应用能力的培养。专业课程的设置应能体现土木工程设计和施工能力的培养。

所有的实践环节均为必修，其构建的原则是能够深化所学的知识，培养学生工程设计与施工的能力，以及实验技能和科学研究的初步能力。

课程体系的设置应有企业或行业专家参与意见。

2.2 核心课程体系示例（括号内为理论学时＋实验或实习学时）。

专业知识体系中的核心课程示例一。理论力学（60）、材料力学（54+10）、结构力学（78）、土力学（32+6）、流体力学（32+4）、土木工程材料（36+12）、土木工程概论（14）、工程地质（32）、土木工程制图（38）、土木工程测量（38）、土木工程试验（24+8）、工程项目经济原理（20）、工程项目管理（14）、土木法规（14）、工程荷载与可靠度设计原理（18）、混凝土结构基本原理（60+4）、钢结构基本原理（40）、基础工程（32）、土木工程施工技术（46）、土木工程施工组织（10）、计算机辅助设计（10）。

专业知识体系中的核心课程示例二。理论力学（50）、工程力学（160+10）、土力学（32+6）、流体力学（16+4）、土木工程材料（36+12）、土木工程概论（24）、工程地质（32）、土木工程制图（38）、测量（38）、土木工程试验（24+8）、工程项目经济与法规（36）、工程项目管理（14）、混凝土结构基本原理（80+4）、钢结构基本原理（60）、基础工程（32）、土木工程施工技术与组织（64）。

实习。工程地质实习（1周）、土木工程测量实习（2周）、专业认识实习（1周）、专业生产实习（4周）、专业毕业实习（2周）。

专业课程设计。建筑工程方向：钢筋混凝土肋梁楼盖设计（1周）、钢结构设计（1周）、房屋建筑学设计（1周）、单层厂房结构设计（2周）、工程概预算（1周）、基础工程设计（1周）、施工组织设计（1周）。道路与桥梁工程方向：桥梁工程设计（2周）、道路勘测设计（1周）、路基路面设计（1周）、挡土墙设计（1周）、桥梁施工组织设计（1周）、基础工程设计（1周）、工程概预算（1周）。地下工程方向：独立桩基础设计（2周）、基坑支护设计（2周）、地下建筑结构设计（2周）、地下工程施工（1周）、地下建筑规划设计（1周）。铁道工程方向：轨道无缝线路设计（2周）、线路设计（2周）、路基横断面设计（1周）、铁道工程施工组织设计（1周）、路基支档结构设计（1周）、铁路车站设计（1周）。

专业毕业设计或毕业论文（14周）。

3. 人才培养多样化建议

随着人类科学技术水平和现代化发展水平的提升，土木工程的业务范围也从工程的勘察、设计、施工扩大和外延到材料、管理、修缮、维护、运营、环保、物流等领域，要求土木工程专业的毕业生不仅要了解所建造工程的性能，还需要考虑建造和运行代价，以及其他可能带来的副作用。此外，随着工程建设国际化进程的加快，专业人才的跨文化交流能力和工程创新能力也是人才多样化的重要考虑因素。

土木工程涉及相当宽泛的技术领域，包括：建筑工程、交通土建工程、井巷工程、水利水运设施工程、城镇建设环境设施工程、防灾减灾及防护工程、铁道工程等。随着社会发展和技术进步，地下空间和海洋也将被开发和利用。鼓励学校根据自身办学定位和人才培养目标，淡化专业技术领域培养综合专业知识的人才，也可以在“土木工程专业”中培养土木工程某一个技术领域的专门人才，以满足行业对人才多样化的需求。

多样化人才培养的有效方式还在于更加重视实践训练和创新培养。应整合优化培养方案和教学计划，强化校内外实践基地的建设和学生实践能力的培养，把理论学习和实践创新有机的融合在一起。可根据人才的社会需求和学校的人才培养目标，着重培养更适合于从事土木工程设计、施工、管理、开发等的某一类职业的专门人才。

4. 有关名词释义和数据计算方法

4.1 名词释义

专业教师：能够承担专业课程并指导课程设计或毕业设计的教师。仅承担结构力学、流体力学、制图、测量、材料、土力学、工程地质学、计算机、实验课程的教师一般不计算在内。

专任教师：专业的专任教师是指承担学科基础知识和专业知识教学任务的教师。

4.2 数据的计算方法和依据

专业生师比 = 本专业在校生人数 / 本专业教师数。

日常教学经费：综合多方面因素，生均日常教学支出宜达到生均办学经费的 13% 左右，且不低于 1200 元。此经费应该用于承担学生实验、实习、课程设计与毕业设计（论文），实验室日常维护，教师旅差和办公等项目。专项教学经费不计算在内。

本标准所述的学时和学分的建议换算关系是，理论课 16 学时为 1 学分；实验课 24 学时为 1 学分。

5.1.2.4 土木类专业教学质量国家标准（建筑环境与能源应用工程专业）

1. 概述

建筑环境与能源应用工程专业是工学门类土木类本科专业，主要服务于建筑行业的建筑环境控制与建筑节能领域。

随着人类活动遍布全球，人类需要抵御不利的自然环境，因此营造适宜人类生存、生活、生产的室内环境就成为人类社会存在与发展的必要手段，这些手段包括取暖、通风、降温、照明等。而营造适宜的室内环境的代价就是能源的消耗。

随着社会经济发展和科技进步，人类居住、产品生产等对建筑环境的要求逐渐提高，建筑能耗快速增长。因此如何营造适宜的室内环境满足人类居住和生产过程对建筑环境品质不断提高的要求，同时避免消耗过多的化石能源，使得城乡建设可持续发展，成为全球都面临的必须解决的问题，也是涉及我国的国计民生的重要问题。

建筑环境与能源应用工程专业的任务就是以建筑为主要对象，采用人工环境与能源利用工程技术去创造适合人类生活与工作的舒适、健康、高效的建筑环境和满足特殊生产工艺过程与科学实验要求的环境，以及特殊应用领域的环境（如地下工程环境、国防工程环境、运载工具内部空间环境等）。在满足环境需求的情况下，必须做到充分利用自然能源，减少化石能源的消耗，同时减少各种污染物的排放，避免对外部环境的破坏。

建筑环境与能源应用工程专业以建筑环境学、流体力学、热工学为学科基础，融合自然科学、工程力学、机械学、电学、信息与自动控制、建筑科学、生理学、心理学、管理学、社会学等相关学科的科学理论与技术，来解决本专业相关的核心科学技术问题以及工程应用问题。本专业的学科特点是学科基础宽，毕业生适应能力强，是典型的厚基础宽口径的专业学科。

建筑环境与能源应用工程专业培养的人才主要服务面向本专业领域的各个方面，包括：工业建筑室内环境控制、民用建筑室内环境控制、建筑节能（包括建筑本体节能与暖通空调系统节能）、城市能源规划、暖通空调设备生产与研发等。

2. 适用专业范围

2.1 专业类代码

0810 土木类。

2.2 本标准适用的专业

081002 建筑环境与能源应用工程。

3. 培养目标

3.1 专业类的培养目标

建筑环境与能源应用工程专业培养适应我国社会主义现代化建设需要，德、智、体、美全面发展，具备较好的自然科学与人文科学基础，具备计算机和外语应用能力，掌握建筑环境与能源应用工程专业的基础理论和专业知识，获得工程师基本训练并具有一定创新能力的复合型工程技术人才。毕业生具有在设计研究院、工程建设公司、设备制造企业、运营公司、能源管理公司等单位从事采暖、通风、空调、净化、冷热源、供热、燃气等方面的规划设计、研发制造、施工安装、运行管理及系统保障等技术或管理岗位工作的能力。

3.2 学校制订相应专业培养目标的要求

各高校应根据上述培养目标和自身办学定位，结合各自专业基础和学科特色，在对区域和行业特点以及学生未来发展需求进行充分调研和分析的基础上，以适应国家和社会发展对多样化人才培养需要为目标，细化人才培养目标的内涵，准确定位本专业的人才培养目标。各高校还应根据科技及经济、社会持续发展的需要，对人才培养质量与培养目标的吻合度进行定期评估，建立适时调整专业发展定位和人才培养目标的有效机制。

4. 培养规格

4.1 学制

四年。

4.2 授予学位

工学学士。

4.3 参考总学时或学分

总学分为 140 ~ 180 学分。各校可根据具体情况做适当调整。

4.4 人才培养基本要求

4.4.1 思想政治和德育方面

按照教育部统一规定执行。

4.4.2 业务方面

(1) 具有基本的人文社会科学知识，具有哲学、政治学、经济学、社会学、法学等方面的基本知识，了解文学、艺术等方面的基础知识。

(2) 具有在本专业领域从事科学研究、工程开发和设计所需要的数学、物理、化学等自然科学的基础知识；了解现代物理学、信息科学、环境科学的基本知识，了解当代科学技术发展的主要方向和应用前景。

(3) 掌握工程力学（理论力学和材料力学）、电工学及电子学、机械设计基础及自动控制等有关工程技术基础的基本知识和分析方法。

(4) 系统掌握建筑环境学、流体力学、工程热力学、传热学等专业基础理论；系统掌握热质交换原理与设备、流体输配管网等专业基本理论和技术；系统掌握控制建筑环境的基本工程方法、建筑能源应用与城市能源供应的基本工程方法；了解本专业领域的现状和发展趋势。

(5) 具有综合运用所学专业知识与技能，提出和合理选择工程应用的技术方案、进行工程设计以及解决本专业一般工程问题的能力；具有使用该专业常规测试仪器仪表以及应用图表、计算机和网络技术等进行工程表达和交流的基本能力。

(6) 熟悉本专业设计、施工安装、调试与试验的基本方法；熟悉工程经济、项目管理的基本原理与方法，了解与本专业有关的法规、规范和标准；具有参与施工、调试、运行和维护管理的能力，具有进行产品开发、设计、技术改造的初步能力。

(7) 掌握文献检索、资料查询及运用现代信息技术获取相关信息的基本方法，具备科技论文写作基本能力，以及拓展知识领域、继续学习的能力。

(8) 掌握一门外国语，能阅读本专业外文资料，具有一定的国际视野和跨文化环境下的交流与合作能力；

(9) 具有一定的组织管理能力、表达能力和人际交往能力以及良好的团队协作精神，并具有应对本专业领域的危机与突发事件的初步能力。

4.4.3 体育方面

按照教育部统一规定执行。

5. 师资队伍

5.1 师资队伍数量和结构要求

专任教师数量和结构满足本专业教学需要，生师比______（给出具体数值）。

对于新开办专业，至少需要有 8 名专业教师，在每年招收 30 名学生基础上，每年招生每增加 8 名学生，需增加 2 名教师。

专任教师中具有硕士学位、博士学位的比例≥ 50%。

专任教师中具有高级职称教师占专任教师的比例≥ 30%。

每位教师指导课程设计的学生数一般不多于 30 人，每位教师指导毕业设计（论文）的学生数一般不多于 8 人。承担课程设计、毕业设计的指导教师需具有工程经验或工程背景。

5.2 教师背景和水平要求

从事本专业教学工作的教师，其本科、硕士和博士学历中，至少有一个学历为建筑环境与能源工程专业或相关专业。

专业课教师应具有企业或相关工程实践经验，承担相对稳定的教学课程。

5.3 教师发展环境（可选）

设有专业教学机构。为教师提供良好的工作环境和条件。有合理可行的师资队伍建设规划，为教师进修、从事学术交流活动提供支持，促进教师专业发展，包括对青年教师的指导和培养。

拥有良好的学科专业基础，能为教师从事教学、科学研究与工程实践提供基本的条件。鼓励和支持教师开展教学研究与改革、学术研究与交流、工程设计与开发、社会服务等。使教师明确其在教学质量提升过程中的责任，不断改进工作，满足专业教育不断发展的要求。

6. 教学条件

6.1 教学设施要求（实验室、实践基地等）

（1）实验室

应有专门设置的专业实验室，以满足专业基础课和专业课的实验要求。实验内容可根据各高校的具体情况有所侧重，提倡开设综合型实验。

实验室管理应有完备的实验教学大纲、教学计划、任务书、实验指导书等教学文件，以及管理条例、设备使用情况记录等管理文件。

实验设备拥有率应保证操作性实验每组不多于 5 人，演示性实验每组不多于 20 人。

实验经费落实到专业实验室，保证仪器设备完好率不低于 95%，每年有一定的补充更新量。

(2) 实习基地

有相对稳定的校内外实习基地不少于3个，实习基地应符合专业认识实习、生产（运行）实习、毕业实习的要求，配备实习大纲和实习指导书等文件。

实习基地应有相应的规章制度、相对稳定的兼职指导教师和必要的实习资料档案。

6.2 信息资源要求

(1) 图书资料

学校图书馆应有与本专业学生数量成比例的专业图书、刊物、资料，应具有数字化资源和具有检索这些信息资源的工具。

专业所在学院可设置专业资料室，存放专业主要参考书籍、规范、手册、刊物、图纸资料供本专业教师与学生使用，每年有一定的补充量。

(2) 其他

有供学生进行课程设计和毕业设计的专用教室或计算机房。计算机房应配置一定数量的计算机以满足学生进行科学计算和设计绘图。

6.3 教学经费要求

教学经费主要指用于本科教学师资队伍的建设费用、实验室费用、图书资料费用、学生实习实践活动费用、教学基地建设费用等。

开办的建筑环境与能源应用工程专业的教学仪器设备总价值应不低于100万元，且生均教学仪器设备应不低于6000元。学校每年应提供专业实验室用于仪器设备维护、更新的经费。

教学经费投入较好地满足人才培养需要，专业生均年教学日常运行支出不低于1200元。

7. 质量保障体系

7.1 教学过程质量监控机制要求

专业应对主要教学环节（包括理论课、实验室课等）建立质量监控机制，使主要教学环节的实施过程处于有效监控状态；各主要教学环节应有明确的质量要求；应建立对课程体系设置和主要教学环节教学质量的定期评价机制，评价时应重视学生与校内外专家的意见。

7.2 毕业生跟踪反馈机制要求

专业应建立毕业生跟踪反馈机制，及时掌握毕业生就业去向和就业质量、毕业生职业满意度和工作成就感、用人单位对毕业生的满意度等；应采用科学的方法对毕业生跟踪反馈信息进行统计分析，形成分析报告，作为进行质量改进的主要依据。

7.3 专业的持续改进机制要求

专业应建立持续改进机制，针对教学质量存在的问题和薄弱环节，采取有效的纠正与预防措施，进行持续改进，不断提升教学质量。

附录一

建筑环境与能源应用工程专业知识体系和核心课程体系建议

1. 专业类知识体系

1.1 知识体系

1.1.1 通识类知识

人文社会科学类：哲学、政治、经济、历史、法律、心理学、社会学、经济学、体育、军事等。

自然科学知识类：数学、物理学、普通化学。

工具性知识：外国语、计算机技术与应用。

1.1.2 学科基础知识

涉及热科学原理与方法、力学原理与方法、机械原理与方法、电学与智能化控制、建筑领域相关基础五大知识领域。

课程包括传热学、工程热力学、热质交换原理与设备、理论力学、材料力学、流体力学、流体输配管网、建筑环境学、建筑概论、机械设计基础、电工与电子学等。

1.1.3 专业知识

包括暖通空调系统、冷热源设备与系统、城市能源供应系统、燃气储存与输配、燃气燃烧与应用、建筑环境测试技术、建筑设备系统自动化等知识单元。

1.2 主要实践性教学环节

实践教学内容由实验、实习、课程设计、毕业设计（论文）等实践环节组成。

实验主要包括公共基础实验、专业基础实验以及专业实验。

公共基础实验包括：大学物理实验、大学化学实验等。

专业基础实验包括：建筑环境学、工程热力学、传热学、流体力学、热质交换原理与设备、流体输配管网等课程实验。

专业实验包括：采暖、空调、通风系统相关的实验，冷热源设备相关的实验，燃气燃烧与输配贮存系统相关实验、建筑设备自动化和测量技术相关的实验。

实习：主要包括金工实习、认识实习、生产实习和毕业实习等。

课程设计：暖通空调课程设计、城市建筑能源系统课程设计、燃气输配系统设计。

毕业设计（论文）：暖通空调工程、城市建筑能源工程、燃气输配工程相关内容。

2. 专业类核心课程建议

课程设置应能支持专业培养目标达成。课程体系应能支持人才培养各项要求的有效达成。

各类课程的占比应根据各院校工科专业的办学特点来确定。

人文社会科学类教育能够使学生在从事工程设计时考虑经济、环境、法律、伦理等各种制约因素。

数学和自然科学教育能够使学生掌握基本理论和实验方法，将相应基本概念运用到实际工程中，并能进行分析推理。

学科基础类课程应包括本学科的基础内容，能体现工程热力学、传热学、建筑环境学、流体力学和自然科学在本专业应用的能力培养；专业类课程、实践环节应能体现建筑环境与能源应用工程系统设计和实践能力的培养。

3. 人才培养多样化建议

鼓励各个学校依据自身办学定位和人才培养目标，以适应社会对多样化人才培养的需要和满足学生继续深造和就业的不同需求为导向，在满足人才培养基本要求的基础上，准确定位，办出特色。各高校应积极探索研究型、应用型、技术技能型人才培养，建立多样化的人才培养模式和与之相适应的课程体系和教学内容、教学方法，设计特色课程，提高选修课比例，由学生根据个人的兴趣和发展进行选修。

应切实转变教育思想，更新观念，树立科学的人才培养质量观，解决人才培养的目标和定位问题。社会对人才的需求从来就是多层面、多规格的。各个层面和不同规格的工程教育都可以有自身的特点。各类学校应按照各自的办学条件、生源状况和所处地区、行业等实际需求，确定各自的专业发展目标。

附录二

有关名词释义和数据计算方法

1. 名词释义

专业的专任教师是指承担学科基础知识和专业知识教学任务的教师。

2. 数据的计算方法

2.1 专业生师比

生师比＝折合在校生数／教师总数

折合在校生数＝普通本、专科（高职）生数＋硕士生数 ×1.5＋博士生数 ×2＋留学生数 ×3＋预科生数＋进修生数＋成人脱产班学生数＋夜大（业余）学生数 ×0.3＋函授生数 ×0.1

教师总数＝专任教师数＋聘请校外教师数 ×0.5

2.2 图书资料计算方法

本标准所指的图书资料特指给建筑环境与能源应用工程专业及相关学科的

专业图书，包括院系资料室和学校图书馆的馆藏。

2.3 教学日常运行支出

教学日常运行支出指开展本专业教学活动及其辅助活动发生的支出，仅指教学基本支出中的商品和服务支出，不包括教学专项拨款支出，具体包括：教学教辅部门发生的办公费（含考试考务费、手续费等）、印刷费、咨询费、邮电费、交通费、差旅费、出国费、维修（护）费、租赁费、会议费、培训费等。

5.1.2.5 土木类专业教学质量国家标准（给排水科学与工程专业）

1. 概述

给排水科学与工程是工学门类土木类专业。服务于国民经济建设和发展中与给水排水相关的领域。

水是人类生命与社会文明的基础。水是生命之源，是社会发展的基本资源条件。水资源具有不可替代性、有限性和可再生性的特点。

给水排水工程是城乡建设的重要基础设施，是城乡水系统循环的实施主体，是实现水资源可持续利用和城乡可持续发展的重要保障。其以城乡及工业为主要对象，主要从事水的开采、加工、输送、回收及利用，满足城乡生活和工业生产的用水需求，并将生活污水和工业废水收集、净化与再生利用等，实现水的良性社会循环。产业主体是给水排水等相关企业，并广泛涉及相关的科研设计、工程技术、设备制造、管理等领域，给排水科学与工程正是为其提供技术与人才支撑的核心学科专业。

给排水科学与工程专业以化学、生物学、水力学为主要学科基础，综合运用工程力学、材料、设备、仪表与控制、信息科学、管理、运营、经济、法律等相关学科知识与技术，不断吸收融合分子生物学、纳米科学与技术、膜科学与技术、痕量分析与检测技术等现代科学技术成果，面对以水资源紧缺、水污染严重、洪涝灾害为标志的水危机，以实现水的良性社会循环为理念，解决给水排水行业的工艺技术，及工程设计、施工与运行管理等问题。

给排水科学与工程专业培养的人才应掌握解决给水排水工程问题的理论和方法，包括：水资源利用与保护、水质工程学、给水排水管网系统、建筑给水排水工程的基本原理与设计方法；熟悉给水排水工程结构、材料与设备的基础知识，熟悉工艺系统的控制原理，熟悉给水排水工程施工和运营管理的知识和方法；了解给水排水工程发展历史、相关学科的基本知识及其与本专业的关系；了解工程规划、工程设计和工程施工的相关程序和要求；了解本专业有关的法律、法规、标准和规范。

给排水科学与工程专业培养的专业人才，主要服务于水资源利用与保护、城乡给水排水、建筑给水排水、工业给水排水和节水工程技术等方面。

2. 适用专业范围

2.1 专业类代码

0810 土木类。

2.2 本标准适用的专业

081003 给排水科学与工程专业。

3. 培养目标

3.1 专业培养目标

给排水科学与工程专业培养适应国家现代化建设需要，德、智、体、美全面发展，具备较好的自然科学与人文科学基础，具备计算机和外语应用能力，掌握给排水科学与工程专业的理论和知识，获得工程师基本训练并具有创新精神的高级工程技术人才。毕业生应具有从事给排水科学与工程有关的工程规划、设计、施工、运营、管理等工作的能力，并具有初步的研究开发能力。

3.2 学校制订专业培养目标的要求

各高校应根据上述培养目标和自身办学定位，结合各自专业基础和学科特色，在对区域和行业特点以及学生未来发展需求进行充分调研和分析的基础上，以适应国家和社会发展对多样化人才培养需要为目标，细化人才培养目标的内涵，准确定位本专业的人才培养目标。

各高校还应根据科技及经济、社会持续发展的需要，对人才培养质量与培养目标的吻合度进行定期评估，建立适时调整专业发展定位和人才培养目标的有效机制。

4. 培养规格

4.1 学制

四年。

4.2 授予学位

工学学士。

4.3 参考总学分

学分 140～180 为宜，各校可根据具体情况确定。总学分中包括毕业设计（论文）约 12～16 学分。

4.4 人才培养基本要求

4.4.1 思想政治和德育方面

按照教育部统一规定执行。

4.4.2 业务方面

（1）掌握高等数学及工程数学的基本理论，掌握大学物理、大学物理实验的基本理论、实验技能及其应用，掌握无机化学、有机化学和物理化学的基本原理及其实验方法和实验技能，了解信息科学的基本知识和有关技术，了解现代科学技术发展的主要趋势和应用前景；并通过相关基础理论课程的学习，培养科学的思维方法，初步具有合理抽象、逻辑推理和分析综合的能力。

(2) 掌握给排水科学与工程的基础理论和知识，包括：水力学、工程力学、水处理生物学、水分析化学、泵与泵站、水文学和水文地质学；掌握工程制图、工程测量的基本知识和技能；熟悉电工、电子学和自动控制的基本知识；掌握解决本专业工程技术问题的理论和方法，包括：水资源利用与保护、水质工程学、给水排水管网系统、建筑给水排水工程的基本原理与设计方法；熟悉给水排水工程结构、材料与设备的基础知识，熟悉工艺系统的控制原理，熟悉给水排水工程施工和运营管理的知识和方法；了解给水排水工程发展历史、相关学科的基本知识及其与本专业的关系。

(3) 具有较熟练地应用所学专业知识和理论解决工程实际问题的能力，具有能够从事给排水系统的规划、设计、施工、运行、管理与维护的基本能力。

(4) 了解工程规划、工程设计的相关程序和要求；了解本专业有关的法律、法规、标准和规范；工作过程中能够综合考虑经济、环境、法律、安全、健康、伦理等制约因素，正确认识工程对于客观世界和社会的影响。

(5) 具有应用语言、文字、图形和计算机技术等进行工程表达和交流的能力。

(6) 掌握基本的创新方法，具有追求创新的态度和意识；初步具有科学研究和应用技术开发的能力。

(7) 具有文献检索、资料查询及运用计算机与信息技术获取和处理相关信息的基本能力。

(8) 具有一定的组织管理能力、表达能力和人际交往能力以及在团队中发挥作用的能力。

(9) 对终身学习有正确认识，具有不断学习和适应发展的能力。

(10) 掌握一门外国语，具有国际视野和跨文化交流、竞争与合作能力。

4.4.3 体育方面

掌握体育运动的一般知识和基本方法，形成良好的体育锻炼和卫生习惯，达到国家规定的大学生体育锻炼合格标准。

5. 师资队伍

5.1 师资队伍数量和结构要求（新开办专业准入要求）

任教师数量和结构满足本专业教学需要。应具有知识结构合理的专业师资队伍，有专业理论基础、专业技术基础、水质控制、水的采集和输配、水系统设备仪表与控制、水工程建设与运营等方面的专任教师；本学校教师能独立承担全部专业基础课和专业课。

专任教师人数应 10 人以上。当每年招生人数超过 70 人时，每增加 10 名学生至少增加1名专任教师。

专任教师中具有硕士学位、博士学位的比例≥50%。专任教师中具有高级职称教师占专任教师的比例≥30%)。

每名教师指导的毕业设计（论文）学生人数不宜超过10人。

5.2 教师背景和水平要求

专业课教师原则上应是给排水科学与工程专业或相关专业毕业的研究生。

专业课教师应有一定的工程实践经验。

5.3 教师发展环境

设有专业教学机构。为教师提供良好的工作环境和条件。有合理可行的师资队伍建设规划，为教师进修、从事学术交流活动提供支持，促进教师业务水平的提高，包括对青年教师的指导和培养。

拥有良好的相应学科基础，为教师从事科学研究与工程实践提供基本的条件、环境和氛围。鼓励和支持教师开展教学研究与改革、学术研究与交流、工程设计与开发、社会服务等。使教师明确其在教学质量提升过程中的责任，不断改进工作，满足专业教育不断发展的要求。

6. 教学条件

6.1 教学设施要求（新开办专业准入要求）

6.1.1 实验室

（1）具有水力学实验室、微生物实验室、水分析化学与物理化学实验室、专业实验室，实验设备完好、充足，在数量和功能上满足教学需要，生均实验教学仪器设备值≥5000元。

（2）有良好的设备管理、维护和更新机制，近五年年均更新仪器设备值≥5%，现有仪器设备完好率≥95%，满足实验教学需求。

（3）实验室设备拥有率应满足操作性实验每组不多于5人、演示性实验每组不多于20人。

（4）实验室应提供开放服务，满足学生课内外学习要求，提高设备利用率。

（5）实验教学过程管理规范，实验教学计划、教学大纲、实验指导书等资料齐全。实验室建设有长远建设规划和近期工作计划。既要注重专业基础实验，又要注重新方向、新技术的发展，还要结合本专业特长和地方经济发展需要，建设专业实验室。

（6）实验技术人员数量充足，能够熟练管理、维护实验设备，保证实验环境有效利用、学生实验顺利进行。

6.1.2 实践基地

应设有相对稳定的校外实习基地3个以上，包括给水处理厂、污水处理厂等，满足本标准所列实习教学环节的基本要求；有健全的实习基地管理制度。

有一定数量的专业技术人员担任校外实习指导教师。

6.2 信息资源要求（新开办专业准入要求）

6.2.1 教材及辅助学习资源

教材选用应符合本专业培养目标和基本规格的要求，优先选用由专业指导委员会组织编写的国家级、省部级规划教材和专业指导委员会推荐教材，适当应用多媒体资源和辅助学习软件。

6.2.2 图书信息资源

（1）本专业相关书籍5000册以上，专业期刊50种以上（包括电子期刊），有一定数量的外文专业期刊。

（2）本专业有关的主要现行法律法规、标准、规范和设计手册等文件资料。

（3）反映实际工程特点的工程设计图纸、相关资料和文件。

（4）建设专业基础课、专业必修课课程网站，提供必要的网络教学资源。

（5）保证一定的图书资料更新比例，每年生均专业图书进书量不少于2册。在校本科生数超过300人，当年进书量超过600册即可。电子图书每种按1册计算，电子期刊每期按1册计算。

6.3 教学经费要求

教学经费投入较好地满足人才培养需要，专业生均年教学日常运行支出不低于1200元。

对于新建专业，应有一定数额的新建专业建设经费。

7. 质量保障体系

7.1 教学运行过程管理要求

专业应对主要教学环节（包括理论课、实验室课等）建立质量监控机制，使主要教学环节的实施过程处于有效监控状态；各主要教学环节应有明确的质量要求；应建立对课程体系设置和主要教学环节教学质量的定期评价机制，评价时应重视学生与校内外专家的意见。

7.2 教学质量监控机制要求

专业应建立毕业生跟踪反馈机制，及时掌握毕业生就业去向和就业质量、毕业生职业满意度和工作成就感、用人单位对毕业生的满意度等；应采用科学的方法对毕业生跟踪反馈信息进行统计分析，形成分析报告，作为进行质量改进的主要依据。

7.3 毕业生跟踪反馈机制要求

专业应建立毕业生跟踪反馈机制，及时掌握毕业生就业去向和就业质量、毕业生职业满意度和工作成就感、用人单位对毕业生的满意度等；应采用科学的方法对毕业生跟踪反馈信息进行统计分析，形成分析报告，作为进行质量改进的主要依据。

7.4 专业的持续改进机制要求

有健全的持续改进机制，并保证其有效运行，使质量监控结果、毕业生跟踪反馈结果及时用于人才培养工作的改进，促进教学质量的不断提高，保证培养的人才对社会需求的适应性。

附录

给排水科学与工程专业知识体系和核心课程体系建议

1. 专业知识体系

1.1 知识体系

1.1.1 通识类知识

人文社会科学类包括外国语、哲学、政治、经济、历史、法律、心理学、社会学、体育、军事等。

数学和自然科学知识类包括高等数学及工程数学、普通物理学、普通化学、大学物理、大学物理实验、计算机技术与应用等。具体应符合教育部相关课程教学指导委员会制订的基本要求，各高校可根据自身人才培养定位提高教学要求。

1.1.2 学科基础知识

包括水分析化学、水处理生物学、工程力学、水力学、水文学与水文地质学、土建工程基础、给排水科学与工程概论等。在讲授相应专业基本知识领域和专业方向知识时，必须要讲授相关的专业发展历史和现状。

1.1.3 专业知识

涉及水质控制、水的采集和输配、水系统设备仪表与控制、水工程建设与运营四个核心知识领域，包括水质工程学、泵与泵站、水资源利用与保护、给水排水管网系统、建筑给水排水、水工艺设备基础、给排水工程仪表与控制、水工程施工、水工程经济等课程。

1.2 主要实践性教学环节

实践教学内容由实验、实习和设计三个实践环节组成。

实验：主要包括大学物理实验、大学化学实验、水分析化学实验、水微生物学实验、水力学实验、泵与泵站实验和水质工程学实验等。

实习：主要包括测量实习、生产实习和毕业实习等。

设计：主要包括课程设计：取水工程课程设计（大作业）、水泵站课程设计、给水管网系统课程设计、排水管网系统课程设计、给水厂课程设计、污水厂课程设计、建筑给水排水工程课程设计；毕业设计（科研论文）：给水工程、排水工程、建筑给水排水工程等。

2. 专业核心课程建议

2.1 课程体系构建原则

课程设置应能支持专业培养目标达成。为此，课程体系应支持人才培养各项要求的有效达成。

人文社会科学类课程学时15%左右；数学与自然科学类课程学时至少占15%，实践内容学时20%左右，学科基础知识和专业知识课程学时30%左右，其余学时各校可根据办学特色在以上四类课程中分配。

人文社会科学类教育能够使学生在从事工程设计时考虑经济、环境、法律、伦理等各种制约因素。

数学与自然科学教育能够使学生掌握理论和实验的方法，将相应基本概念运用到实际工程中并能进行分析推理。

学科基础类课程应包括学科的基础内容，能体现数学和自然科学在本专业应用的能力培养；专业类课程、实践环节应能体现给水排水工程设计和实施能力的培养。

课程体系的设置应有企业或行业专家参与。

2.2 核心课程体系（括号内为最低理论学时＋最低实验学时）

专业知识体系中的核心课程：水分析化学（24+10）、水处理生物学（24+16）、工程力学（40+0）、水力学（40+14）、水文学与水文地质学（20+0）、土建工程基础（20+0）、给排水科学与工程概论（16+0）、水质工程学（64+16）、泵与泵站（24+2）、水资源利用与保护（20+0）、给水排水管网系统（32+0）、建筑给水排水工程（32+0）、水工艺设备基础（20+0）、给排水工程仪表与控制（16+0）、水工程施工（16+0）、水工程经济（16+0）。

3. 人才培养多样化建议

鼓励各个学校依据自身办学定位和人才培养目标，以适应社会对多样化人才培养的需要和满足学生继续深造和就业的不同需求为导向，在满足人才培养基本要求的基础上，准确定位，办出特色。各高校应积极探索研究型、应用型人才培养模式，并建立与之相适应的课程体系。

应切实转变教育思想，更新观念，树立科学的人才培养质量观，解决人才培养的目标和定位问题。社会对人才的需求是多层面、多规格的。各类学校应按照各自的办学条件、生源状况和所处地区、行业等实际需求，确定各自的专业发展目标和办学特色。

4. 有关名词释义和数据计算方法

专业的专任教师是指承担学科基础知识和专业知识教学任务的教师。

教师总数＝专任教师数＋聘请校外教师数 *0.5

折合在校生数＝普通本、专科（高职）生数＋硕士生数 ×1.5＋博士生数 ×2＋留学生数 ×3＋预科生数＋进修生数＋成人脱产班学生数＋夜大（业余）学生数 ×0.3＋函授生数 ×0.1

专业生均教学科研仪器设备值＝教学科研仪器设备资产总值／折合在校生数

专业生均年进书量＝当年新增图书量／折合在校生数

教学日常运行支出指开展本专业教学活动及其辅助活动发生的支出，仅指教学基本支出中的商品和服务支出，不包括教学专项拨款支出，具体包括：教学教辅部门发生的办公费（含考试考务费、手续费等）、印刷费、咨询费、邮电费、交通费、差旅费、出国费、维修（护）费、租赁费、会议费、培训费等。

5.1.2.6 土木类专业教学质量国家标准（建筑电气与智能化专业）

1. 概述

建筑电气与智能化专业是工学门类土木类专业，服务于住房城乡建设领域的智能建筑行业。根据人才培养所需知识结构，该专业属于“交叉、复合型”专业。其主干学科为电气工程、控制科学与工程、土木工程；相关学科为计算机科学与技术、信息与通信工程、建筑学。

建筑电气与智能化专业是随着二十世纪八十年代智能控制技术的兴起和世界范围的科技进步发展起来的，主要服务于智能建筑行业。智能建筑是现代科技成果在建筑方面的综合反映，是一个国家、地区科学技术和经济水平的一种综合体现。智能建筑以建筑为载体，融合自动控制、通讯、办公系统、计算机网络技术，通过各种建筑设备实现建筑环境、能源使用和建筑空间利用的智能化。智能建筑行业发展要求该专业培养智能建筑研究、产品开发、设计、施工建设、运行管理的专门技术人才。

进入 21 世纪，节能和环保成为世界性的热门话题，也成为我国的基本国策。建筑领域是能源消耗和需求增长较快的领域，目前建筑能耗约占全社会总能耗的三分之一，随着工业化和城镇化进程的加快，这一比例还将上升。今后在保障新建建筑符合节能标准、既有建筑节能改造方面，任务繁重，对人才需求更为旺盛，为本专业的发展奠定了社会和行业基础。建筑节能是通过对其电气与控制系统的合理设计和协调运行来实现，要求专业技术人员既要掌握建筑物相关能源系统特性和运行要求，又要了解建筑物功能构成、建筑电气、建筑设备性能及运行规律，从而决定了建筑电气与智能化专业更加强调多学科、多技术和工程实践能力的培养。

建筑电气与智能化专业研究的传统领域包括：建筑供配电技术，建筑设备控制技术，电气照明技术，消防和安防设计技术、综合布线系统设计技术、防雷、接地与电气安全技术，现代建筑电气自动化技术，现代建筑信息及传输技术等。专业研究的新兴领域包括：建筑节能技术、建筑物联网技术、智慧城市等。

建筑电气与智能化专业培养的专门人才主要从事建筑电气及智能化技术相关的工程设计、工程建设与管理、系统集成、信息处理、建筑节能等工作，并具有建筑电气与智能化技术应用研究和开发的初步能力。

2. 适用专业范围

2.1 专业类代码

0810 土木类

2.2 专业代码

081004 建筑电气与智能化

3. 培养目标

3.1 专业培养目标

本专业培养适应社会主义现代化建设需要，德、智、体、美全面发展，素质、能力、知识协调统一，掌握电工电子技术、控制理论及技术、计算机技术、网络通信技术、建筑及建筑设备、建筑智能环境学等较宽领域的基础理论，掌握建筑电气控制技术、建筑供配电、建筑照明、建筑设备自动化、建筑信息处理技术、公共安全技术、节能控制技术等专业知识和技术，基础扎实、知识面宽、综合素质高、实践能力强、有创新意识、具备执业注册工程师基础知识和基本能力的建筑电气与智能化专业高级工程技术人才。

3.2 学校制订相应专业培养目标要求

为了更好地适应社会对建筑电气与智能化人才培养的需求，保证专业发展和专业教育有良好的支撑，专业所确定的培养目标必须符合所在学校的办学定位，还要能够适应服务区域的社会经济发展需要。

专业人才培养目标应能反映毕业生主要的就业领域与性质，以及毕业后5年左右事业发展的预期。培养目标必须是具体的、能够分解落实的、能够有效指导培养进程的，要特别避免将其作为对少数优秀毕业生的预期。

专业须通过有效的途径保证培养目标面向教育者、受教育者和社会公众，教师和学生要将培养目标作为教学活动的具体要求。

专业要建立必要的定期评价制度，评价培养目标的达成度，并定期对培养目标进行修订，确保培养目标的准确性和有效性。评价与修订过程应该有智能建筑、建筑节能行业或企业专家参与。

4. 培养规格

4.1 学制

四年。

4.2 授予学位

工学学士学位。

4.3 参考总学时 / 学分

总学分在 140～180 学分。

4.4 人才培养基本要求

4.4.1 思想政治和德育方面

按照教育部统一规定执行。

4.4.2 业务方面

1. 掌握高等数学及工程数学的基本理论，掌握大学物理、大学物理实验的基本理论、实验方法及其应用，掌握信息科学的基本知识和有关技术，了解现代科学技术发展的主要趋势和应用前景；并通过相关基础理论课程的学习，培养科学的思维方法，初步具有合理抽象、逻辑推理和分析综合的能力。

2. 掌握建筑电气与智能化的基础理论和知识，包括：电路理论、电子技术基础、控制理论、信息处理、计算机软硬件基础、网络通信原理等主干学科知识；掌握建筑 CAD 制图技术，能读懂、绘制一般的建筑电气工程图纸；熟悉电工电子学、计算机技术和信息技术的基本知识；掌握解决本专业工程技术问题的理论和方法，包括：掌握建筑智能环境学的基础知识，掌握建筑电气和建筑智能化技术的专业知识，掌握相关建筑节能技术，了解本专业科技发展的新动向；了解智能建筑发展历史、相关学科的基本知识及其与本专业的关系。

3. 具有较熟练地应用所学专业知识和理论解决工程实际问题的能力，具有进行工业与民用建筑电气及智能化工程设计、系统集成、施工管理、技术经济分析、测试和调试的基本能力。

4. 了解工程规划、工程设计的相关程序和有关文件要求；了解本专业有关的法律、法规、标准和规范；工作过程中能够综合考虑经济、环境、法律、安全、健康、伦理等制约因素，正确认识工程对于客观世界和社会的影响。

5. 具有应用口头、文字、图形和计算机技术等进行工程表达和交流的能力。

6. 掌握基本的创新方法，具有追求创新的态度和意识；初步具有科学研究和应用技术开发的能力。

7. 掌握文献检索、资料查询及运用现代信息技术获取相关信息的基本方法。

8. 具有一定的组织管理能力、表达能力和人际交往能力以及在团队中发挥作用的能力。

9. 对终身学习有正确认识，具有不断学习和适应发展的能力。

10. 掌握一门外国语，具有国际视野和跨文化交流、竞争与合作能力。

4.4.3 体育方面

按照教育部统一规定执行。

5. 师资队伍

5.1 师资队伍数量和结构要求

专任教师数量和结构满足本专业教学需要，生师比15∶1。

对于新开办专业，至少10名教师，在150名学生基础上，每增加15名学生，需增加1名教师。

专任教师中具有硕士学位、博士学位的比例≥50%。

专任教师中具有高级职称教师占专任教师的比例≥30%。

5.2 教师背景和水平要求

专业教师原则上应具有电气工程、控制科学与工程、土木工程、计算机科学与技术、信息与通信工程相关或相近学科专业研究生学历或具有上述相关学科专业背景的高级技术职称，并了解土木工程学科知识。

专业教师具备与所讲授课程相匹配的能力（包括设计能力、研发能力、实践能力等），承担的课程数和授课学时数限定在合理范围内，保证在教学以外有精力参加学术活动、工程和研究实践，不断提升个人专业能力。

教师具有实际工程经验，承担过工程项目的教师需占有一定比例。

5.3 教师发展环境

为教师提供良好的工作环境和条件。有合理可行的师资队伍建设规划，为教师进修、从事学术交流活动提供支持，促进教师专业发展，包括对青年教师的指导和培养。

拥有良好的相应学科基础，为教师从事学科研究与工程实践提供基本的条件、环境和氛围。鼓励和支持教师开展教学研究与改革、指导学生、学术研究与交流、工程设计与开发、社会服务等。使教师明确其在教学质量提升过程中的责任，不断改进工作，满足专业教育不断发展的要求。

6. 教学条件

6.1 教学设施要求（实验室、实践基地等）

（1）教室、实验室及设备在数量和功能上满足教学需要。有良好的管理、维护和更新机制，使得学生能够方便地使用。

（2）实验设备完备、充足、性能优良，满足各类课程教学实验的需求。

（3）实验技术人员数量充足，能够熟练地管理、配置、维护实验设备，保证实验环境的有效利用，有效指导学生进行实验。

（4）有稳定的实习基地，满足教学过程中为全体学生提供参与工程实践的平台和环境；参与教学活动的人员应理解实践教学目标与要求，配备一定数量的校外实践教学指导教师。

(5) 保证学生以课内外学习为目的的上机、上网、实验需求。

6.2 信息资源要求

信息资源需求是本专业新开办的准入要求。

6.2.1 教材及参考书

教材选用应符合本专业培养目标和基本规格的要求，优先选用由专业指导委员会组织编写的国家级、省部级规划教材和推荐教材，专业课程使用近五年出版的教材比例应不低于50%，适当选用多媒体教材。

6.2.2 图书信息资源

(1) 本专业相关书籍5000册以上，专业期刊50种以上（包括电子期刊），有一定数量的外文专业期刊；

(2) 本专业有关的主要现行法律法规、标准、规范和设计手册等文件资料；

(3) 反映实际工程特点的工程设计图纸、相关资料和文件；

(4) 提供网络环境下的信息服务；

(5) 保证一定的图书资料更新比例。

6.3 教学经费要求

教学经费投入较好地满足人才培养需要，专业生均年教学日常运行支出不低于1200元。

对于新建专业的院校，应保证一定数额的不包括固定资产投资在内的专业开办经费，特别是要有实验室建设经费，初期投入一般不低于300万元。

7. 质量保障体系

7.1 教学过程质量监控机制要求

专业应对主要教学环节（包括理论课、实验室课等）建立质量监控机制，使主要教学环节的实施过程处于有效监控状态；各主要教学环节应有明确的质量要求；应建立对课程体系设置和主要教学环节教学质量的定期评价机制，评价时应重视学生与校内外专家的意见。

7.2 毕业生跟踪反馈机制要求

专业应建立毕业生跟踪反馈机制，及时掌握毕业生就业去向和就业质量、毕业生职业满意度和工作成就感、用人单位对毕业生的满意度等；应采用科学的方法对毕业生跟踪反馈信息进行统计分析，形成分析报告，作为进行质量改进的主要依据。

7.3 专业的持续改进机制要求

专业应建立持续改进机制，针对教学质量存在的问题和薄弱环节，采取有效的纠正与预防措施，进行持续改进，不断提升教学质量。

附录

建筑电气与智能化专业知识体系和核心课程体系建议

1. 专业知识体系

1.1 知识体系

1.1.1 通识类知识

人文社会科学类包括文学、哲学、法律、伦理、心理学、经济学、管理学等基本内容；

数学和自然科学类包括高等工程数学、概率与数理统计、物理学、环境科学的基本内容，具体应符合教育部相关课程教学指导委员会制订的基本要求，各高校可根据自身人才培养定位提高教学要求。

工程技术类包括建筑识图、房屋建筑学、电工电子学、计算机技术、工程实践的基本内容。

1.1.2 学科基础知识

学科基础知识的教学内容必须覆盖以下知识领域的核心内容：电路理论、电子技术基础、控制理论、信息处理、计算机软硬件基础、网络通信原理，包括核心概念、基本原理，以及相关的基本技术和方法。

1.1.3 专业知识

专业知识应包含培养学生掌握建筑智能环境学的基础知识、掌握建筑电气和建筑智能化技术的专业知识、了解有关工程与设备的主要规范与标准、本专业最新科技发展等内容。培养学生具备从事建筑电气及智能化工程设计、产品研发、系统集成、施工管理、技术经济分析、测试和调试以及节能控制与应用的基本能力。

1.2 主要实践性教学环节

具有满足教学需要的完备实践教学体系，主要包括实验、课程设计、实习、毕业设计（论文）。积极开展科技创新、社会实践等多种形式实践活动，到各类工程单位实习或工作，取得工程经验，基本了解本行业状况。

实验：普通物理实验是基础实验；专业基础实验包括电路实验、电子技术实验、自动控制原理实验、计算机原理及应用实验、网络与通信基础实验、建筑智能环境学实验等；专业实验包括建筑供配电与照明实验、建筑电气控制技术实验、建筑设备自动化实验、建筑物信息设施系统实验、公共安全技术实验等实验，并独立开设智能建筑综合实验。

课程设计：课程设计包括建筑供配电与照明、建筑电气控制技术、建筑设备自动化、建筑物信息设施系统、公共安全技术、建筑智能化系统集成等，有条件的学校可以单独开设建筑电气与智能化工程概预算课程设计。

实习：主要包括认知、生产实习和毕业实习等。实习要有具体实习大纲和实习内容要求。

毕业设计（论文）：需制定与毕业设计（论文）要求相适应的标准和检查保障机制，对选题、内容、学生指导、答辩等提出明确要求，保证课题的工作量和难度，并给学生有效指导。选题要结合本专业的工程实际问题，有明确的应用背景，培养学生的工程意识、协作精神以及综合应用所学知识解决实际问题的能力。对毕业设计（论文）的指导和考核鼓励企业或行业专家参与。

2. 专业核心课程建议

2.1 构建原则

人文社会科学类课程约占10%～20%；数学与自然科学类课程约占10%～20%，实践约占15%～25%，学科基础知识和专业知识课程约占40%～50%，公共选修课程约占5%。

人文社会科学类教育能够使学生在从事工程设计时考虑经济、环境、法律、伦理等各种制约因素。

数学和自然科学教育能够使学生掌握基本理论和实验的方法，将相应基本概念运用到实际工程中，并能进行分析推理。

学科基础类课程应包括学科的基础内容，能体现现代信息科学在本专业应用的能力培养；专业类课程、实践环节应能体现建筑电气与设备的设计和实施能力的培养。

课程体系的设置应有企业或行业专家参与。确定课程体系的指导原则是确保专业基础，发挥特色，扩展专业领域，强调宽口径、多样化、重基础、重实践的教学方针。

(1) 人文社科类课程、公共基础类课程的设置按教育部有关规定执行。

(2) 核心课程是必须开设的课程，分专业基础课核心课程和专业核心课程两部分。核心课程的内容必须涵盖专业规范规定的知识领域和主要内容。

(3) 选修课各校可根据各校实际情况选择，灵活安排所侧重的教学内容，体现各校专业特色。

2.2 核心课程体系示例。

示例1：建筑识图、电子技术基础、电路、计算机原理及应用、建筑智能环境学、建筑设备、网络与通信基础、自动控制原理、建筑电气控制技术、建筑供配电与照明、建筑设备自动化、建筑信息设施系统、公共安全技术、智能建筑导论、电机与电力拖动、建筑电气工程设计、智能化系统设计与集成、电气施工、建筑节能技术。

示例2：电路理论、电子技术基础、自动控制原理、计算机原理及应用、建筑设备、计算机网络与通信、建筑智能环境学、建筑供配电与照明、建筑电气控制技术、建筑设备自动化系统、公共安全技术、建筑物信息设施系统、建筑节能技术。

3. 人才培养多样化建议

由于建筑电气与智能化专业的创办历史不长，人才培养模式、教学内容和方法需要深入探索，学生的实践能力和创新精神培养应得到充分重视，教师队伍的整体素质也亟需提高。这就有必要采取切实有效的措施，规范准入门槛，确保教学质量。

鼓励各个学校在满足基本要求的基础上，依据自身办学定位和人才培养目标，以适应社会对多样化人才培养的需要和满足学生继续深造和就业的不同需求为导向，在满足人才培养基本要求的基础上，准确定位，办出特色。各高校应积极探索研究型、应用型、技术技能型人才培养，建立多样化的人才培养模式和与之相适应的课程体系和教学内容、教学方法，设计特色课程，提高选修课比例，由学生根据个人的兴趣和发展进行选修。

应切实转变教育思想，更新观念，树立科学的人才培养质量观，解决人才培养的目标和定位问题。社会对人才的需求从来就是多层面、多规格的。各个层面和不同规格的工程教育都可以有自身的特点。各类学校应按照各自的办学条件、生源状况和所处地区、行业等实际需求，确定各自的专业发展目标。

4. 有关名词释义和数据计算方法

4.1 名词释义

专业的专任教师是指承担学科基础知识和专业知识教学任务的教师。

4.2 数据的计算方法

1）生师比＝折合在校生数／教师总数

折合在校生数＝普通本、专科（高职）生数＋硕士生数 ×1.5＋博士生数 ×2＋留学生数 ×3＋预科生数＋进修生数＋成人脱产班学生数＋夜大（业余）学生数 ×0.3＋函授生数 ×0.1

教师总数＝专任教师数＋聘请校外教师数 ×0.5

2）专业生均教学科研仪器设备值＝教学科研仪器设备资产总值／折合在校生数

3）专业生均年进书量＝当年新增图书量／折合在校生数

4）教学日常运行支出指开展本专业教学活动及其辅助活动发生的支出，仅指教学基本支出中的商品和服务支出，不包括教学专项拨款支出，具体包括：教学教辅部门发生的办公费（含考试考务费、手续费等）、印刷费、咨询费、邮电费、交通费、差旅费、出国费、维修（护）费、租赁费、会议费、培训费等。

5.1.2.7 土木类专业教学质量国家标准（城市地下空间工程专业）

1. 概述

城市地下空间工程是在城市地面以下土层或岩体中修建的各种地下工程的统称，其包括地下铁道、地下交通隧道、地下停车场、地下商业街、地下通道、地下公共建筑、地下生产车间、地下发电站、地下能源存贮设施、地下人防建筑等，其内涵为用各种建筑材料修建上述地下空间工程的生产活动及其相关的工程技术，包括城市地下空间工程的规划、勘测、设计、施工、维护和运营管理等。

城市地下空间工程是国家的重要行业和产业，为人民生活和生产提供各类地下空间建筑和设施，是提高人民生活水平和城市社会经济发展与文明的基础保障。在充分开发和利用城市地下空间资源、提升城市社会经济发展水平、改善城市生态条件和加快国家现代化建设以及促进国民经济建设中发挥了重要的作用。

城市地下空间工程是一门工程和技术相结合的学科，具有很强的应用性。其主干学科是工程地质学、地下空间工程学、岩土工程学、结构工程学等，以数学、物理学、化学、力学、材料科学、计算机科学与技术等学科为基础，与建筑工程、市政工程、道路工程、铁道工程、防灾减灾与防护、环境工程以及能源与资源工程等学科相互渗透与交叉。

城市地下空间工程专业培养的人才面向工程建设的各个环节，即数据收集、计划或者规划、设计、经济分析、现场施工以及日常运营或维护。毕业生能够从事城市建设中地下空间资源开发与利用的理论分析、规划、勘测、设计、施工、维修养护、投资和运营管理、研究和教学等方面的工作，可服务于城市规划、环境、建筑、交通运输、能源、公共安全、市政工程、防灾减灾、金融投资等行业有关城市地下空间工程的行业。经过规定的执业实践年限，城市地下空间工程专业毕业生可报考并获得不同等级的相关注册认证资格。

2. 适用专业范围

2.1 专业类代码

0810 土木类

2.2 本标准适用的专业

081005T 城市地下空间工程

3. 培养目标

3.1 专业培养目标

培养适应社会主义现代化建设需要，德智体美全面发展，掌握城市地下空间工程学科的基本原理和基本知识，获得工程师基本，能胜任城市地下空间工程的规划、勘测、设计、施工与管理，具有扎实基础理论、较宽厚专业知识和较强实践能力与创新能力，具有一定国际视野，能面向未来的高级专门人才。

*3.2 学校制订专业培养目标的要求

高校应根据上述培养目标和自身办学定位，结合专业基础和学科特色，在对区域和行业特点以及学生未来发展需求进行充分调研和分析的基础上，以适应国家和社会发展对多样化和创新性人才培养需要为目标，细化人才培养目标的内涵，准确定位本专业的人才培养目标。

高校还应根据科技及经济、社会可持续发展的需要，对人才培养质量与培养目标的吻合度进行定期评估，建立适时调整专业发展定位和人才培养目标的有效机制。

4. 培养规格

4.1 学制

四年。

4.2 授予学位

工学学士。

4.3 参考总学时或学分

城市地下空间工程专业总学分为 140～180 学分，集中实践教学类环节安排 38-40 周。

4.4 人才培养基本要求

4.4.1 思想政治和德育方面

具有科学的世界观和正确的人生观，愿为国家富强、民族振兴服务；为人诚实、正直，具有高尚的道德品质；能体现人文和艺术方面的良好素养。具有严谨求实的科学态度和开拓进取精神；具有科学思维和辩证思维能力；具有创新意识和一定的创新能力。具有良好的职业道德和敬业精神，坚持原则，具有勇于承担技术责任，不断学习、获取新知识和寻找解决问题的愿望，具有推广新技术的进取精神；具有良好的心理和身体素质，能乐观面对挑战和挫折；具有良好的市场、质量和安全意识；注重城市地下空间工程对社会和环境的影响，并能在工程实践中自觉维护生态文明与社会和谐。

4.4.2 业务方面

1. 了解哲学、政治学、经济学、法学等方面的基本知识，了解文学、艺术等方面的基础知识；掌握工程经济、项目管理的基本理论和方法；掌握一门外国语；

2. 熟悉工程科学、环境科学的基本知识，了解当代科学技术发展的主要趋势和应用前景；掌握数学、力学和物理学的基本原理和分析方法；掌握至少一门计算机高级编程语言并能运用其解决一般工程问题；

3. 掌握工程地质条件对城市地下空间工程的影响规律，掌握工程材料的基本性能和选用原则，掌握工程测绘的基本原理和方法、工程制图的基本原理和方法；

4. 掌握城市地下空间工程规划、施工方法选取、结构选型、构造、计算原理和设计方法，掌握工程结构 CAD 和其他软件应用技术；掌握城市地下空间工程施工的基本技术、过程、组织和管理，以及城市地下空间工程施工对周围环境影响的工程检测和试验基本方法。

5. 了解城市地下空间工程专业的有关法规、规范与规程；了解地下建筑、给水与防排水、地下建筑环境与能源应用、建筑电气与智能化等相关知识，了解工程机械、交通、环境的一般知识；了解城市地下空间工程的发展动态和相近学科的一般知识。

6. 具有综合运用各种手段查询资料、获取信息、拓展知识领域、继续学习的能力。

7. 具有应用语言、图表等进行城市地下空间工程表达和交流的基本能力；具有常规工程测试仪器的运用能力；

8. 具有综合运用知识进行城市地下空间工程设计、施工和管理的能力；

9. 具有初步的科学研究和应用技术开发能力；

10. 有较好的组织管理、交流沟通、环境适应和团队合作能力；

4.4.3 体育方面

掌握体育运动的一般知识和基本方法，形成良好的体育锻炼和卫生习惯，达到国家规定的大学生体育锻炼合格标准。

*5. 师资队伍

5.1 师资队伍数量和结构要求（生师比等）

有一支相对稳定、水平较高的教师队伍，整体结构（年龄、职称、学缘、专业）合理。教师须具备高校教师资格。

承担本专业主干课程的任课教师不少于 2 人 / 每门；专业教师中高级职称教师比例不少于 40%，具有硕士及以上学历（学位）和讲师以上职称的教师占专任教师比例不低于 70%。平均每位教师指导毕业设计（论文）的人数不超过 10 人。

教师队伍中有正高职称的教师担任带头人，具有一定比例的有工程实践经历的专兼职教师。应有业务能力和组织协调能力较强、教学经验较为丰富的教师主持教学管理工作，并有一支胜任本专业各主干课程教学任务的骨干教学队伍。有足够的实验技术人员（或实验教师）指导实验课程。有企业或行业专家担任兼职教师并履行职责。

公共课、基础课和专业基础课教师应能够满足本专业教学的需要。

5.2 教师背景和水平要求

专任教师在其学习经历中至少有一个阶段属于土木、岩土、水利、矿山等与地下工程相关的学科经历。

专业教师应具有一定的工程背景。其中部分教师承担过实际工程性项目或具有与企业共同工作或协作的经历。

专任教师应具备与所授课程相匹配的教学能力和从事城市地下空间工程领域相关的科学研究能力。

5.3 教师发展环境

教师有良好的工作环境和条件。学校有合理可行的师资队伍建设规划，为教师进修、从事学术交流活动提供支持，促进教师专业发展，包括对青年教师的指导和培养。

学校拥有良好的相关学科基础，为教师从事学科研究与工程实践提供条件、环境和氛围。鼓励和支持教师指导学生、开展教学改革、学术研究与交流、工程设计与技术开发、社会服务等。教师明确其在教学质量提升过程中的责任，不断改进工作，满足培养目标的要求。

教师承担的课程数量和授课学时数应限定在合理范围内，保证教师有一定精力开展科学研究、工程实践和参加学术活动，不断提升个人专业能力。

*6. 教学条件

6.1 教学设施要求

（1）具备大学物理、化学、计算机、测量、力学（工程力学、流体力学、岩石力学、土力学）、工程材料、结构、工程地质、地下工程、岩石力学与土力学等实验室；实验设备、仪器完好，场地面积和设备台套数能满足实验教学的分组要求，操作型实验分组应满足生均操作的要求；实验标准符合现行工程规范规程要求；

（2）多媒体、语音教室等能满足课程教学需要；计算机的数量和管理应满足学生学习的需要；课程设计、毕业设计有固定教室。

（3）有稳定的、能覆盖所设专业的校内外实习基地，并符合专业实习的要求。

6.2 信息资源要求

6.2.1 基本信息资源

通过手册或者网站等形式，提供本专业的培养方案、各教学环节的教学内容、教学要求、考核要求，毕业审核要求等基本教学信息。

6.2.2 教材及参考书

（1）基础课教材应尽量选用优秀、经典的国家级规划教材。

（2）专业基础课教材应尽量选择优秀、经典的国家级规划教材。专业课程应尽量选用专业指导委员会推荐的教材。

6.2.3 图书信息资源

(1) 城市地下空间工程及其相关专业的图书量生均不低于50册，并且近几年年均进书量不少于生均2册。本专业的中文期刊不低于50种，外文期刊不低于30种。

(2) 有满足教学需要的现行工程建设法规文件、标准规范规程、标准图集。

(3) 有课程教学和毕业设计所必需的正版专业软件。

(4) 提供主要的数字化专业文献资源、数据库和检索工具，并提供使用指导。

(5) 建设专业基础课、专业必修课课程网站，或利用现有的网络课程资源，为学生提供一定数量的网络教学资源。

6.3 教学经费要求

6.3.1 新增教学科研仪器设备总值

在满足教育部对工科专业教学仪器设备总值基本要求的前提下，平均每年新增教学科研仪器总值不小于设备总价值的10%。

6.3.2 年生均日常教学经费

教学经费投入应较好地满足本专业人才培养的需要，专业生均年教学日常运行经费支出应不少于1200元。

6.3.3 新开办专业经费要求

新设的城市地下空间工程专业，开办经费一般不低于生均1万元（不包括学生宿舍、教室、办公场所等）。

7. 质量保障体系

7.1 教学过程质量监控机制要求

专业应对主要教学环节（包括理论课、实验室课等）建立质量监控机制，使主要教学环节的实施过程处于有效监控状态；各主要教学环节应有明确的质量要求；应建立对课程体系设置和主要教学环节教学质量的定期评价机制，评价时应重视学生与校内外专家的意见。

7.2 毕业生跟踪反馈机制要求

专业应建立毕业生跟踪反馈机制，及时掌握毕业生就业去向和就业质量、毕业生职业满意度和工作成就感、用人单位对毕业生的满意度等；应采用科学的方法对毕业生跟踪反馈信息进行统计分析，形成分析报告，作为进行质量改进的主要依据。

7.3 专业的持续改进机制要求

专业应建立持续改进机制，针对教学质量存在的问题和薄弱环节，采取有效的纠正与预防措施，进行持续改进，不断提升教学质量。

附录

城市地下空间工程专业知识体系和核心课程体系建议

1. 专业知识体系

1.1 知识体系

1.1.1 通识类知识

通识类知识包括工具类知识、人文社会科学类知识、数学和自然科学类知识三类。

工具类知识包括外国语等；

人文社会科学类知识包括哲学、政治、思想道德修养与法律基础、经济学基础、管理学基础、大学生心理学、体育等基本内容；

数学和自然科学类包括高等数学（或数学分析）、线性代数、概率与数理统计、大学物理、大学物理实验、信息科学技术、计算机技术与应用、工程化学、环境保护概论等基本内容，具体应符合教育部相关课程教学指导委员会制订的基本要求，各高校可根据自身人才培养定位提高教学要求。

1.1.2 学科基础知识

学科基础知识也称专业基础知识。教学内容须覆盖以下知识领域的核心内容：工程地质学基础、力学原理与方法、专业技术相关基础、工程项目经济与管理、结构基本原理与方法、施工原理与方法、工程机械基础等。

1.1.3 专业知识

专业知识主要指地质工程、地下空间工程、地下建筑、隧道工程等专业领域的专门知识，其中包括地下结构设计原理与方法的知识，以及施工原理与方法的知识。

1.2 主要实践性教学环节

实践教学环节由实验、实习、设计、社会实践以及创新训练等组成。

实验的内容主要包括普通物理实验、普通化学实验、材料力学实验、流体力学实验、土木工程材料实验、基本构件实验、土力学实验、岩石力学与土力学工程测试技术等。

实习主要包括课程实习，以及结合专业的认识实习、生产实习和毕业实习。

设计包括结合专业的课程设计和毕业设计（论文）。

社会实践包括人文社会科学课程中的社会调查和专业教育中的专业调查，由学校自行掌握。城市地下空间工程专业人才的培养体现知识、能力、素质协调发展的原则，特别强调大学生创新思维、创新方法和创新能力的培养。鼓励学校在人才培养中遵循循序渐进的原则，以知识体系为载体，在实验、实习和设计中进行创新训练，组织大学生创新实践活动。

2. 专业核心课程建议

2.1 课程体系构建原则

课程设置应能支持城市地下空间工程专业培养目标的达成。为此，课程体系应支持本专业人才培养各项要求的有效达成。

课程体系宜包括：

(1) 工具类和人文社会科学类课程

(2) 数学和自然科学类课程

(3) 学科基础知识类课程

(4) 专业知识类课程和选修课程

(5) 实践教学类课程，其应涵盖人文和自然科学类实践、学科基础和专业基础实践，社会实践和创新实践。

人文社会科学类教育能够使学生在从事工程设计时考虑安全、经济、环境、法律、伦理等各种制约因素。

数学和自然科学教育能够使学生掌握基本理论和实验方法，将相应基本概念运用到实际工程中，并能进行分析和推理。

学科基础类课程应包括本学科的基础内容，能体现工程地质、力学、专业技术相关基础、工程经济与管理、结构、施工、机械和计算机应用等在城市地下空间工程专业应用能力的培养。专业课程的设置应能体现城市地下空间工程设计、施工和运营管理能力的培养。

所有的实践环节均为必修，其构建的原则是能够深化所学的知识，培养学生工程设计与施工的能力，以及实验和科学研究的初步能力。

课程体系的设置应征求企业或行业专家的意见。

2.2 核心课程体系示例（括号内为理论学时 + 实验或实习学时）。

专业知识体系中的核心课程示例一

理论力学、材料力学、结构力学、岩石力学、土力学、流体力学、弹性力学、工程材料、工程地质、工程制图、工程测量、结构基本原理、城市地下空间工程概论、地下空间工程施工技术、地下空间工程环境与防灾学、岩土工程试验、工程项目管理与法规、计算机辅助设计。

专业知识体系中的核心课程示例二

理论力学、材料力学、结构力学、隧道力学、土力学、流体力学、工程材料、工程地质、工程制图、工程量测与试验技术、结构基本原理、城市地下空间工程概论、地下结构基本原理、地下铁道工程、工程项目管理与法规、基础工程、计算机辅助设计。

专业实习。工程地质实习、工程测量实习、专业认识实习、专业生产实习、专业毕业实习。

专业课程设计。地下建筑规划设计、地下建筑环境控制设计、地下工程结构设计、地下工程施工组织设计。

专业毕业设计或毕业论文。

3. 人才培养多样化建议

随着人类科学技术水平和现代化发展水平的提升，城市地下空间工程的业务范围也从工程的勘察、规划、设计、施工扩大和外延到材料、管理、维护、运营、环保、物流、减灾防灾等领域，要求城市地下空间工程专业的毕业生不仅要了解所建造工程的性能，还需要考虑建造和运行的代价，以及其他可能带来的副作用。此外，随着工程建设国际化进程的加快，专业人才的跨文化交流能力和工程创新能力也是人才多样化的重要考虑因素。

多样化人才培养的有效方式还在于更加重视实践训练和创新能力培养。应整合优化培养方案和教学计划，强化校内外实践基地的建设和学生实践和创新能力的培养，把理论学习和实践创新有机的结合在一起。可根据人才的社会需求和学校的人才培养目标，着重培养更适合于从事城市地下空间工程规划、勘测、设计、施工、管理、开发等的某一类或几类职业的高素质专门技术人才。

4. 有关名词释义和数据计算方法

4.1 名词释义

专业教师：能够承担专业课程并指导课程设计或毕业设计的教师。仅承担结构力学、流体力学、制图、测量、材料、土力学、计算机、实验课程的教师一般不计算在内。

专任教师：指承担学科基础知识和专业知识教学任务的教师。

4.2 数据的计算方法和依据

专业生师比 = 本专业在校生人数 / 本专业教师数。

日常教学经费：综合多方面因素，生均日常教学支出宜达到生均办学经费的 13% 左右，且不低于 1200 元。此经费应该用于承担学生实验、实习、课程设计与毕业设计（论文），实验室日常维护，教师旅差和办公等项目。专项教学经费不计算在内。

5.1.2.8　土木类专业教学质量国家标准（道路桥梁与渡河工程专业）

1. 概述

道路桥梁与渡河工程专业是教育部普通高等学校本科专业中为满足社会经济发展需求所设置的特设专业，主要为交通基础设施建设与维护培养专业技术人才，有着十分广阔的发展前景。

我国幅员辽阔，地形复杂多样，交通基础设施建设与维护至关重要，关系到国家经济与社会的可持续发展与战略布局。其中，道路、桥梁与隧道是构建国家交通网的重要组成部分，也是社会经济和人民生活的生命线工程。

随着国民经济的发展，我国交通基础设施建设发展迅速，公路网不断扩展，取得了举世瞩目的成就。在新的历史发展阶段，公路交通发展以建、养、运、管并重为原则，首先需要继续加强交通基础设施建设，公路建设由东部向西部、由平原到山区、由城市向偏远地区不断延伸，建设任务繁重；同时交通基础设施还面临着大量的维护、改造与提升任务，需要提高运输服务水平，加强养护管理，强化科技进步和信息化建设，构建绿色交通体系，提高安全与应急保障能力。因此，在今后较长的时期内，我国还需要大量的道路桥梁与渡河工程专业人才。

道路桥梁与渡河工程是一门工程理论与技术方法相结合的专业，具有很强的应用性。本专业学科以理论分析为基本研究方法，较多应用数学及力学，注重理论分析与实践经验相结合。道路桥梁与渡河工程专业的主干学科有道路工程学、桥梁工程学、隧道工程学等，主要涵盖道路、桥梁、隧道等结构的勘测、设计和施工的基本理论与应用技术。同时，本专业以数学、物理学、化学、力学、工程经济学、计算机科学与技术等学科为基础，并与这些学科交叉融合，不断发展完善。道路桥梁与渡河工程专业包含道路工程、桥梁工程、隧道工程等方向。

道路桥梁与渡河工程专业主要为交通基础设施建设培养规划、设计、施工、监理、养护与管理等方面的高级工程技术人才，也可为教学、科研等单位培养相关人才。

2. 适用专业范围

2.1 专业类代码

0810 土木类。

2.2 本标准适用的专业

081006T 道路桥梁与渡河工程专业。

3. 培养目标

3.1 专业培养目标

本专业培养适应社会主义现代化建设需要，德、智、体、美全面发展，具备自然科学和人文社会科学基础、外语和计算机应用能力，掌握道路桥梁与渡河工程的相关基本原理和基本知识，获得工程师基本训练，能胜任道路、桥梁、隧道等工程的设计、施工与管理，具有较好基础理论、较宽厚专业知识和良好实践能力与创新能力，具有一定国际视野，能够面向未来的高素质专门人才。

*3.2 学校制订相应专业培养目标的要求

各高校应在上述培养目标的基础上，结合自身办学定位、专业基础和学科特色，在对区域和行业特点以及学生未来发展需求进行充分调研和分析的基础上，以适应国家和社会发展对多样化人才培养需要为目标，细化人才培养目标的内涵，准确定位本专业的人才培养目标。

各高校还应根据科技、经济及社会持续发展的需要，定期对人才培养质量与培养目标的吻合度进行评估，建立适时调整专业发展定位和人才培养目标的有效机制。

4. 培养规格

4.1 学制

四年。

4.2 授予学位

工学学士。

4.3 参考总学时或学分

参考总学分为 140 ~ 180 学分。各高校可根据具体办学情况做适当调整。

4.4 人才培养基本要求

4.4.1 思想政治和德育方面

按照教育部统一要求执行。

4.4.2 业务方面

（1）具有哲学、历史、政治、经济、法学等方面的基本知识；了解文学、艺术等方面的基础知识；了解当代科学技术发展的主要趋势和应用前景。

（2）掌握系统的数学、力学、物理学、化学的基本原理和分析方法；掌握工程经济、项目管理的基本理论和方法；了解信息科学、环境科学的基本知识。

（3）掌握画法几何及工程制图的基本原理和方法，掌握工程 CAD 制图；掌握工程测绘的基本原理和方法；掌握地质、水文、土质土力学等专业基础知识。

（4）根据课程体系和专业方向的要求，有重点地掌握道路、桥梁、隧道工程材料的基本性能和选用原则，掌握相应工程结构的选型、构造、计算原理和设计方法。

（5）掌握道路桥梁与渡河工程施工的一般技术、过程、组织和管理，以及工程检测和试验基本方法；掌握本专业相关软件应用技术。

（6）了解本专业的相关法规、标准与规程；了解本学科方向的发展动态；了解本专业相关学科的基本知识。

（7）掌握一门外国语，具有国际视野和跨文化交流、竞争与合作能力；掌握至少一门计算机高级编程语言并能运用其解决一般工程问题；掌握文献检索、资料查询及运用现代信息技术获取相关信息的基本方法；掌握科技写作知识。

（8）具有应用口头、文字、图形和计算机技术等进行工程表达和交流的能力；具有常规工程测试仪器的运用能力。

（9）具有综合运用知识进行工程设计、施工和管理的能力。

（10）具有初步的科学研究和应用技术开发能力，具有创新性思维和能力。

(11) 具有较强的文字表达能力、语言表达能力和社交能力，以及基本的外语交流能力；具有较好的组织、协调、管理能力和团队合作能力。

(12) 对终身学习有正确认识，具有不断学习的能力，以及适应社会和行业发展的能力。

4.4.3 体育方面

按照教育部统一要求执行。

*5. 师资队伍

5.1 师资队伍数量和结构要求

专任教师数量和结构满足本专业教学需要，生师比应≤ 18。

对于新开办专业，至少 10 名教师，在 120 名学生基础上，每增加 20 名学生，需增加 1 名教师。

专任教师中具有硕士学位、博士学位的比例≥ 50%。

专任教师中具有高级职称教师占专任教师的比例≥ 30%。

5.2 教师背景和水平要求

(1) 大部分专业教师在其学习经历中至少有一个阶段为本专业。专业教师必须具有高校教师从业资格。

(2) 专业教师应具有一定的工程背景，其中部分教师承担过实际工程性项目或具有与企业共同工作的经历。

(3) 授课教师应具备与所授课程相匹配的能力和从事本专业科学研究的能力。

(4) 从事专业课教学（含实践教学）工作的主讲教师，应每 3 年有 3 个月以上的工程实践（包括现场实习或指导现场实习、承担过工程性项目等）经历。

5.3 教师发展环境

(1) 教师有良好的工作环境和条件。学校有合理可行的师资队伍建设规划，为教师进修、从事学术交流活动提供支持，促进教师专业水平的提高。

(2) 应建立基层教学组织，健全教学研讨机制。

*6. 教学条件

6.1 教学设施要求

(1) 具备大学物理、化学、计算机、测量、力学（工程力学、流体力学、土力学)、材料、结构等实验室；实验设备、仪器完好，场地面积和设备台套数能满足实验教学的分组要求，操作型实验分组应满足人人动手的要求；实验要求符合现行工程标准。

(2) 多媒体、语音教室等能满足课程教学需要；计算机的数量和管理应满足学生学习的需要；课程设计、毕业设计有固定教室。

(3) 教学设施管理规范有序，同时有良好的设备维护和更新机制。

（4）有稳定的、能覆盖所设专业的校内外实习基地，并符合专业实习的要求。

6.2 信息资源要求

6.2.1 基本信息资源

通过手册或者网站等形式，提供本专业的培养方案、各教学环节的教学内容、教学要求、考核要求、毕业审核要求等基本教学信息。

6.2.2 教材及参考书

（1）公共基础课和专业基础课教材应尽量选用优秀、经典的国家级规划教材。

（2）专业课程应尽量选用专业教学指导委员会推荐的教材。

6.2.3 图书信息资源

（1）本专业相关图书量应满足学生规模要求，要有一定数量的本专业中文期刊和外文期刊。

（2）有满足教学需要的现行工程建设法规文件、标准规范规程、标准图集。

（3）有课程教学和毕业设计所必需的正版专业软件。

（4）提供主要的数字化专业文献资源、数据库和检索工具，并提供使用指导。

（5）建设专业基础课、专业必修课课程网站，或利用现有的网络课程资源，为学生提供一定数量的网络教学资源。

6.3 教学经费要求

教学经费投入较好地满足人才培养需要，专业生均年教学日常运行支出不低于1200元。

7. 质量保障体系

7.1 教学过程质量监控机制要求

专业应对主要教学环节（包括理论课、实验室课等）建立质量监控机制，使主要教学环节的实施过程处于有效监控状态；各主要教学环节应有明确的质量要求；应建立对课程体系设置和主要教学环节教学质量的定期评价机制，评价时应重视学生与校内外专家的意见。

7.2 毕业生跟踪反馈机制要求

专业应建立毕业生跟踪反馈机制，及时掌握毕业生就业去向和就业质量、毕业生职业满意度和工作成就感、用人单位对毕业生的满意度等；应采用科学的方法对毕业生跟踪反馈信息进行统计分析，形成分析报告，作为进行质量改进的主要依据。

7.3 专业的持续改进机制要求

专业应建立持续改进机制，针对教学质量存在的问题和薄弱环节，采取有效的纠正与预防措施，进行持续改进，不断提升教学质量。

注："*"表示在该条目中要明确专业设置的要求。

附录

道路桥梁与渡河工程专业知识体系和核心课程体系建议

1. 专业知识体系

1.1 知识体系

1.1.1 通识类知识

(1) 通识类知识包括工具类知识、人文社会科学类知识、数学和自然科学类知识三类。

(2) 工具类知识包括外国语等。

(3) 人文社会科学类知识包括哲学、政治、思想道德修养与法律基础、经济学基础、管理学基础、大学生心理学、体育等基本内容。

(4) 数学和自然科学类包括高等数学 (或数学分析)、线性代数、概率与数理统计、大学物理、大学物理实验、信息科学技术、计算机技术与应用、工程化学等基本内容，具体应符合教育部相关课程教学指导委员会制订的基本要求，各高校可根据自身人才培养定位提高教学要求。

1.1.2 学科基础知识

学科基础知识也称专业基础知识。教学内容须覆盖以下知识领域的核心内容：力学原理与方法、专业技术相关基础、工程项目经济与管理、结构基本原理与方法、施工原理与方法等。在讲授相应专业基本知识领域和专业方向知识时，必须要讲授相关的专业发展历史和现状。

1.1.3 专业知识

专业知识包括道路工程、桥梁工程、隧道工程等专业方向的相关理论与技术，主要有道路工程材料、测量学、结构设计原理、道路勘测设计、路基工程、路面工程、桥梁工程、钢与组合结构设计原理、基础工程、隧道结构计算与分析、隧道勘测设计、隧道施工等知识。

1.2 主要实践性教学环节

(1) 实践教学环节由实验、实习、设计、社会实践以及创新训练等组成。

(2) 实验主要包括普通物理实验、材料力学实验、水力学实验、土木工程材料实验、基本构件实验、土力学实验等。

(3) 实习主要包括课程实习，以及结合专业方向的认识实习、生产实习和毕业实习。主要包括工程地质实习、测量实习、基础工程实习、路基路面实习、桥梁认识实习、隧道认识实习、道路勘测生产实习、桥梁工程生产实习、隧道施工生产实习等。

(4) 设计包括结合专业方向的课程设计和毕业设计 (毕业论文)。课程设计主要包括路线课程设计、路基路面课程设计、桥梁工程课程设计、预应力课程设计、钢与组合结构课程设计、隧道勘测课程设计、隧道结构计算课程设计、基础工程课程设计、公路施工组织与概预算课程设计等。毕业设计（毕业论文）主要包括道路工程、桥梁工程、隧道工程的相关内容。

(5) 社会实践包括人文社会科学课程中的社会调查和专业教育中的专业调查，由学校自行掌握。土木工程专业人才的培养体现知识、能力、素质协调发展的原则，特别强调大学生创新思维、创新方法和创新能力的培养。鼓励学校在人才培养中遵循循序渐进的原则，以知识体系为载体，在实验、实习和设计中进行创新训练，组织大学生创新实践活动。

2. 专业核心课程建议

2.1 课程体系构建原则

(1) 课程设置应能支持专业培养目标的达成。为此，课程体系应支持人才培养各项要求的有效达成。

(2) 工具类课程、人文社会科学类课程学分占总学分比例不少于22%，数学与自然科学类课程学分占总学分比例不少于13%，学科基础知识类课程学分占总学分比例不少于22%，专业知识课程和选修课程学分占总学分比例不少于23%。实践教学比例不低于总学分的25%。

(3) 人文社会科学类教育能够使学生在从事工程设计时考虑经济、环境、法律、伦理等各种制约因素。

(4) 数学和自然科学教育能够使学生掌握基本理论和实验的方法，将相应基本概念运用到实际工程中，并能进行分析推理。

(5) 学科基础类课程应包括学科的基础内容，能体现力学、专业技术相关基础、工程经济与管理、结构、施工和计算机应用等在道路桥梁与渡河工程专业应用能力的培养。专业课程的设置应能体现道路桥梁与渡河工程设计和施工能力的培养。

(6) 所有的实践环节均为必修，其构建的原则是能够深化所学的知识，培养学生工程设计与施工的能力，以及实验技能和科学研究的初步能力。

(7) 在培养计划执行期内，针对道路桥梁与渡河工程专业的发展变化，可对课程进行适当调整，但应保证课程体系的相对稳定。建议每四年修订一次培养计划，每年课程更新率不应超过总课程数量的10%。

(8) 课程体系的设置应有企业或行业专家参与意见。

2.2 核心课程体系示例（括号内为理论学时 + 实验或实习学时）

2.2.1 示例一

理论课程：理论力学（80）、材料力学（70+10）、结构力学（76）、工程弹性力学(40)、土质学与土力学(46+10)、道路工程材料(42+10)、工程地质(30+6)、交通土建制图（102+10）、测量学（50+10）、工程经济与管理（40）、水力学与桥涵水文（50+8）、基础工程（54）、结构设计原理（76+6）、路基工程（40）、路面工程（40）、道路勘测设计（70）、高速公路运营管理与养护技术（38）、公路施工组织与概预算（40）、路面养护管理系统（30）、桥梁工程（74+6）、隧道工程（30）。

实习：工程地质实习（1周）、测量实习（2周）、路基路面实习（1周）、桥梁工程实习（1周）、勘测实习（4周）。

专业课程设计：公路施工组织与概预算课程设计（1周）、路线课程设计（1周）、路基路面课程设计（1周）、桥梁工程课程设计（1周）。

专业毕业设计或毕业论文（15周）。

2.2.2 示例二

理论课程：理论力学（80）、材料力学（70+10）、结构力学（92）、工程弹性力学（40）、土质学与土力学（46+10）、道路工程材料（42+10）、工程地质（30+6）、交通土建制图（102+10）、测量学（50+10）、工程经济与管理（40）、水力学与桥涵水文（50+8）、基础工程（54）、结构设计原理（76+6）、钢与组合结构设计原理（50）、桥梁工程（74+6）、桥梁结构分析与设计（56）、桥梁施工及控制（40）、钢桥（30）、桥梁养护与管理（30）、结构有限元（30）、道路勘测设计（50）、隧道工程（30）。

实习：工程地质实习（1周）、测量实习（2周）、基础工程实习（1周）、桥梁认识实习（1周）、桥梁工程实习（4周）。

专业课程设计：基础工程课程设计（1周）、预应力课程设计（1周）、钢与组合结构课程设计（1周）、桥梁工程课程设计（1周）。

专业毕业设计或毕业论文（15周）。

2.2.3 示例三

理论课程：理论力学（80）、材料力学（70+10）、结构力学（76）、工程弹性力学（40）、土质学与土力学（46+10）、道路工程材料（42+10）、工程地质（50+10）、交通土建制图（102+10）、测量学（50+10）、工程经济与管理（40）、水力学与桥涵水文（50+8）、基础工程（54）、结构设计原理（76+6）、隧道勘测设计（50）、隧道结构计算与分析（40）、隧道施工（40）、地基处理（50）、岩体力学（40）、隧道工程检测技术（30）、隧道运营管理（34+6）、桥梁工程（74+6）、公路工程（40）。

实习：工程地质实习（1周）、测量实习（2周）、基础工程实习（1周）、隧道认识实习（1周）、隧道施工实习（4周）。

专业课程设计：基础工程课程设计（1周）、隧道勘测课程设计（1周）、隧道结构计算课程设计（1周）。

专业毕业设计或毕业论文（15周）。

3. 人才培养多样化建议

鼓励各高校在满足人才培养基本要求的基础上，依据自身办学定位和人才培养目标，以适应社会对多样化人才培养的需要和满足学生继续深造和就业的不同需求为导向，积极探索研究型、应用型、技术技能型人才培养，建立多样化的人才培养模式和与之相适应的课程体系、教学内容及教学方法，设计特色课程，适当提高选修课比例，由学生根据个人的兴趣和发展进行选修。

应切实转变教育思想，更新观念，树立科学的人才培养质量观，解决人才培养的目标和定位问题。社会对人才的需求从来就是多层面、多规格的。各个层面和不同规格的工程教育都可以有自身的特点。各类学校应按照各自的办学条件、生源状况和所处地区、行业等实际需求，确定各自的专业发展目标。

4. 有关名词释义和数据计算方法

4.1 名词释义

专业的专任教师是指承担学科基础知识和专业知识教学任务的教师。

4.2 数据的计算方法

1）生师比＝折合在校生数／教师总数

折合在校生数＝普通本、专科（高职）生数＋硕士生数 ×1.5＋博士生数 ×2＋留学生数 ×3＋预科生数＋进修生数＋成人脱产班学生数＋夜大（业余）学生数 ×0.3＋函授生数 ×0.1

教师总数＝专任教师数＋聘请校外教师数 ×0.5

2）教学日常运行支出指开展本专业教学活动及其辅助活动发生的支出，仅指教学基本支出中的商品和服务支出，不包括教学专项拨款支出，具体包括：教学教辅部门发生的办公费（含考试考务费、手续费等）、印刷费、咨询费、邮电费、交通费、差旅费、出国费、维修（护）费、租赁费、会议费、培训费等。

5.1.2.9　建筑类专业教学质量国家标准

1. 概述

建筑学（广义）是基于可持续发展思想的理念，研究人类聚居环境的协调、经营、优化和营造的学科。建筑类学科以工程科学为基础、兼具自然科学、人文科学、社会科学、艺术等特点，理论与实践应用并重，并具有突出的规划或设计创意特征。

建筑类学科发展历史悠久，在20世纪前的相当长的一段历史时期，建筑学曾经是其统领性的代表学科。它以城镇物质环境为主要研究对象，体型艺术和景致审美为评判基准。工业革命和科技的迅猛发展带来了学科的分化和重组，城乡规划学和风景园林学在19世纪末到20世纪初先后发展成为相对独立的学科，并与建筑学一起成为三足鼎立的人居环境主干学科。中国建筑学本科专业教育开始于1927年的中央大学建筑系（东南大学建筑学院前身），1952年同济大学设立第一个城市规划本科专业，1951年北京农业大学和清华大学设立“造园组”、并在1956年由北京林学院正式设立风景园林专业本科教育，2003年同济大学设立第一个历史建筑保护工程国家特设专业。在国家学科分类中，城市规划和风景园林曾长期依托建筑学一级学科，学科发展受到一定制约。2012年，建筑学、城乡规划学和风景园林学学科各自相对独立，获得了更广阔的发展空间。今天的建筑类学科已经不再满足于常规的经验定性主导的规划和设计研究及其实践模式，而是力求与新兴的数字技术（如BIM、GIS、Mapping等）、工程技术创新和交叉学科结合，同时，融合基于可持续发展思想的环境伦理和地域文化，从而将建筑类学科推进到国家战略和融会贯通的人居环境学科集群的高度，深刻影响建筑类学科的未来发展。

与建筑类学科密切相关的城乡建设和建筑业在国家建设和社会经济发展中占有支柱性的重要地位。伴随人类文明进步和城镇化进程，今天的建筑类学科已经涵盖了从自然地景、城乡土地和建筑环境的规划设计和场所营造的广袤对象。通过科学的建筑设计及其环境营造、城乡规划、风景区规划设计等，建筑类学科为人类生存发展和人居环境的科学营造做出了重大贡献。在中国，建筑类学科所依托的基础理论、技术方法及丰富的工程实践将会在未来新型城镇化和城乡环境可持续发展中发挥关键性的重要作用。

建筑类主干学科包括建筑学 、城乡规划学、风景园林学。

建筑类学科群的相关专业主要包括：设计学（Design，专业类，代码1305）、美术学（Fine Studies，专业类，代码1304）、历史学（Historical Sciences，专业类，代码0601）、生态学（Ecology，专业，代码071004）、土木（Civil，专业类，代码0810）、计算机（Computer，专业类，代码0809）、交通运输（Science of Traffic & Transportation，专业类，代码0818）、测绘（Geodesy and Geomatics，专业类，代码0812）、环境科学与工程（Environmental Science and Engineering，专业类，代码0825）、系统工程、管理学（Management Science，学科门类，代码12）、地理科学（Geographical Science，专业类，代码0705）、林学（Forestry，专业类，代码0905）、生物科学（Biological Science，专业类，代码0710）等。

建筑类专业教学主要培养面向社会有较强执业实践能力的专门人才，其教学有别于诸多文理学科较系统的知识学习和运用，而多采用“案例式研究学习(Case Study)”和“案例式模拟实践（Case Practice)”等重实践应用和技能培养的方式。它以未来执业实践中较有代表性的具体个案条件作为互动教学中的模拟课题，通过小组师生间单独或小组的评改、研讨的组织形式，综合运用核心专业与相关专业的知识完成课程练习。教学评价标准可有功能使用、形象审美、空间构成、经济效益、社会效益等不同的角度，鼓励学生适当创新。在遵循共性科学原理基础上，教学方式及成果常呈现为多元丰富而不唯一。

2. 适用专业范围

2.1 专业类代码

0828

2.2 本标准适用的专业

082801 建筑学

082802 城乡规划

082803 风景园林

特设专业：

082804T 历史建筑保护工程

3. 培养目标

3.1 专业类的培养目标

建筑类专业培养适应国家经济发展、城乡建设需要，具有较好的建筑类专业知识和规划、设计实践能力，具有创新思维、开放视野、社会责任感和团队精神，具有可持续发展和文化传承理念，主要在建筑设计、城乡规划与管理、风景园林规划设计单位、教育和科研机构、管理部门等，从事建筑设计、城乡规划、风景园林规划、历史建筑保护设计、教学与研究、开发与管理等工作的高级专门人才。

3.2 学校制订相应专业培养目标的要求

各高校应根据上述培养目标和自身办学定位，结合各自专业基础和学科特色，在对区域和行业特点以及学生未来发展需求进行充分调研和分析的基础上，以适应国家和社会发展对多样化人才培养需要为目标，细化人才培养目标的内涵，定位专业的人才培养目标。

本专业类的人才培养应在课教学方式、教学空间分配布局、生师比等方面充分反映设计教学的特点。

各高校还应根据科技及经济、社会持续发展的需要，对人才培养质量与培养目标的吻合度进行定期评估、修订，建立适时调整专业发展定位和人才培养目标的有效机制。

4. 培养规格

4.1 学制

五年或四年。

4.2 授予学位

可授予的学位有工学士、建筑学学士、艺术学学士。

4.3 参考总学时或学分

四年制总学时不少于2100，总学分建议为140～180；五年制总学时为2500～2800，总学分为180～220。各校可根据实际情况适当调整。

4.4 人才培养基本要求

4.4.1 思想政治和德育方面

教育部统一规定。

4.4.2 业务方面

1. 通识

工具性知识：基本掌握一门外国语，掌握基本的计算机及信息技术应用，掌握基本的文献检索方法，掌握本学科相关的基本方法论，掌握可持续发展观念；熟悉一般的科技研究方法，熟悉科技写作。

人文社会科学知识：了解哲学、经济学、法律、社会发展史等方面必要的知识；了解社会发展规律和时代发展趋势；了解文学、艺术、伦理、历史、社会学及公共关系学、心理学等若干方面的知识。

自然科学知识：熟悉高等数学基本原理；了解物理学、力学、材料学、测量学、生态学、信息工程学、环境科学等学科的基本知识；了解现代科技发展的主要趋势和应用前景。

2. 专业基础

掌握与建筑类专业相关的设计表达方法；掌握工程制图的基本方法；熟悉建筑类专业艺术表现的基本技能。了解本专业发展的现状与历史。

3. 专业知识与能力

建筑学专业：

掌握建筑设计的基本原理和知识，掌握建筑构造、建筑力学、建筑结构的基本知识。

熟悉中外建筑历史与理论；熟悉建筑材料、建筑物理（声、光、热）、建筑设备（水、暖、电）、建筑数字技术的基本知识；熟悉建筑经济的基本知识；熟悉与建筑设计和城乡规划相关的法规、方针和政策。

了解土木工程、环境工程、经济学、管理学等方面的基本知识；了解城乡规划、风景园林等相关专业的基本原理及知识；了解建筑管理、施工的基本知识；了解可持续发展的基本知识。

掌握建筑设计的基本技能和设计方法，掌握城市设计的基本方法；熟悉室内设计的基本方法，熟悉城乡规划、风景园林的基本设计规划方法。

城乡规划专业：

掌握城市发展与规划历史和理论，城乡规划原理和方法，城乡空间形态设计原理和方法，城市更新与保护的理论和方法，区域分析与规划的理论和方法，城乡规划编制与管理的法规、技术标准等，城乡可持续发展的基础知识。

熟悉城乡规划设计的表达方法，城乡道路与交通系统规划的基本知识与方法、城乡市政工程设施系统规划的基本知识与方法、城市生态和环境规划的基本知识与方法，规划技术和规划专题方面的一般知识。

了解社会经济、建筑与土木工程、景观环境工程、形态美学的相关知识，相关调查研究与综合表达方法与技能，及其在城乡规划中的应用。

掌握城乡规划学的理论、方法和技术，并获得初步的研究训练，熟悉建筑学和风景园林学的基本设计方法，具有从事城乡规划编制和规划管理的能力。

风景园林专业：

掌握风景园林规划与设计、风景园林建筑设计、风景园林植物应用和风景园林工程与管理的基本理论和方法，掌握风景园林表现技法。

熟悉风景园林遗产保护与管理、生态修复基本理论和方法；熟悉风景园林相关政策法规和技术规范。

了解风景园林施工与组织管理；了解风景园林研究和相关学科的基础知识。

掌握风景园林设计的基本技能和设计方法，具备空间想象和组织能力，能够提出针对不同环境类型的规划设计方案，熟悉建筑学、城乡规划的基本设计规划方法。

历史建筑保护工程专业：

掌握建筑学的基本知识、理论和技能，了解城乡规划、风景园林等相关专业的基本原理及知识；了解城乡保护与可持续发展的关系。掌握历史建筑保护技术的各类基础知识和技能。

熟悉中外建筑历史的演化过程，了解艺术史和文博知识对于建筑遗产的重要意义，熟悉中外历史建筑的形制及工艺特征，以及保护理论与实践的演变及前沿动态；熟悉历史环境信息实录手段和在保护与再生设计中运用的方法。

了解国际文化遗产的宪章、宣言精神，熟悉国家和地方保护的相关政策、法规及其适用范围。

掌握历史建筑保护与再生工程的项目研究和实践操作的基本技能，初步具备面对复杂保护对象的分析、判断和提出解决对策的能力。

4. 获得及应用知识的能力

具有获得信息、拓展知识领域、自主学习并不断提升的能力。具有根据相关知识和要求，进行调查研究、提出问题、分析问题、解决问题并完成设计方案的能力。

5. 表达和协调的能力

具有图形、文字、口头等表达设计的综合能力；具有一定的与工程项目相关的组织、协调、合作和沟通的能力。

6. 创新的意识和能力

具备创新意识，具有开放的视野、批判的意识、敏锐的思维及与之相应的创新设计能力。在综合考虑安全、经济和使用要求的基础上，具备运用基本设计方法创新地解决实际工程问题、创造具有美感的建筑、空间和环境的能力。

7. 基本素质

坚持正确的政治方向，遵纪守法，愿为人民幸福、国家富强服务；有科学的世界观和积极的人生观。有诚实正直，具有良好的团队合作精神。关注人类生存环境，具有良好的生态、环境保护意识。

具备较丰富的人文学科知识、良好的艺术修养，熟悉中外优秀文化，具有国际视野和与时俱进的现代意识。

具备基本的科学思维，掌握一定的设计与研究方法，在专业领域具有较好的综合素质。

具备良好的人际交往能力和心理素质，具有健康的体魄和良好的生活习惯。

4.4.3 体育方面

掌握体育运动的一般知识和基本方法，形成良好的体育锻炼和卫生习惯，达到国家规定的大学生体育锻炼合格标准。

5. 师资队伍

5.1 师资队伍数量和结构要求

专任教师数量和结构满足本专业教学需要，设计/规划课程生师比≤15，毕业设计（论文）生师比≤10（由各教学指导委员会给出具体数值。依据普通高等学校基本办学条件合格指标中，学校总的生师比应≤18，专任教师的生师比与学校总的生师比不同）。

对于新开办专业，至少10名教师，在25名学生基础上，每增加12名学生，需增加1名教师。（由各教学指导委员会给出具体数值）

专任教师中具有硕士学位、博士学位的比例≥50%（如需要，由各教学指导委员会具体给出。依据普通高校本科教学工作合格评估指标中该数为≥50%）。

专任教师中具有高级职称教师占专任教师的比例≥30%（如需要，由各教学指导委员会具体给出。依据普通高等学校基本办学条件合格指标中该数为≥30%）。

兼职教师人数不得超过本院系专职教师人数的20%。兼职教师的专业课授课学时不得超过20%。

需配备相应数量的教学管理人员。

5.2 教师背景和水平要求

专任教师中有高级技术职称的不少于2人，不低于20%，有研究生学历的不少于70%。需讲师以上职称的教师或有实际经验的高级建筑（工程）师担任主要专业课的讲授任务。

公共课、基础课、专业基础课的教师数量能满足教学需要。具有本专业或密切相近专业，如建筑设计、城乡规划、风景园林、历史建筑保护工程专业及建筑历史、建筑技术、美术背景的教师，数量能满足教学需要。

5.3 教师发展环境

基于建筑类专业的特点，创造体现建筑类专业特色的教师发展环境，制定有别于其他专业学科的教师学术评价体系和职称评定标准，包括期刊论文、科研、获奖等的认定方法。

教师队伍形成梯队，能开展相应的科研活动和设计/规划实践，有较为稳定的科研方向并取得一定的科研成果。

各专业应建立基层教学组织，健全教学研讨、集体备课和教学难点重点研讨机制。新老教师间知识、技能传承。

有健全的教师上岗资格制度、青年教师助教制度、青年教师任课试讲制度；实施青年教师培养计划，建立高效的青年教师专业发展机制，使青年教师能够尽快掌握教学技能，传承学校优良教学传统。

6. 教学条件

6.1 教学设施要求

1. 教学空间

(1) 须具备相对独立的，集中的教学空间。其他运动场地、活动场地、实验场地、实习场地等条件必须满足国家有关规定的基本要求。

(2) 须按年级或班级配备专用、固定的设计教室，每位学生有专用的设计桌椅，并配有照明、插座、网络等设施。教室中有各小组讨论空间，设计教室使用面积需保证容纳每位学生可独立制图的相应设施。

(3) 配备满足至少一个年级同时上课的多媒体教室；配备材料和构造实物示教场所。

(4) 满足至少一个年级同时评图/模型的室内空间。

2. 实验室

须配备建筑物理实验室、历史建筑保护技术实验室、视觉艺术/美术教室、模型制作室、摄影室，有相对稳定的生产实习基地。

(1) 建筑类专业实验室

拥有能完成建筑类专业课必须开设的教学实验任务的仪器设备，实验项目开出率 80% 以上。

(2) 视觉艺术 / 美术教室

满足建筑类专业至少一个年级同时上课的需要。

(3) 模型制作室

满足安全加工模型材料的要求，并配备基本模型材料加工的器械。

3. 实习基地

有相对稳定的校内外行业单位作为专业实习基地。

6.2 信息资源要求

1. 教材及参考资料

专业基础课中三分之二以上的课程应采用正式出版的教材；其余课程如无正式出版教材，应提供符合教学大纲的课程讲义；除教材和讲义之外，专业基础课、专业必修课和专业选修课应推荐必要的教学参考资料。

2. 图书资料

除了要符合国家教育部关于高等院校设置必备的图书资料外，还应满足下列要求：

(1) 有关建筑设计、城乡规划、风景园林、历史建筑保护、建筑历史、建筑技术、美术等方面的专业书籍 5000 册以上。

(2) 有关建筑设计、城乡规划、风景园林、建筑历史、建筑技术、美术等方面的专业期刊不少于 20 种。

(3) 有齐全的现行建筑类法律，法规，技术规范及基本的工程设计参考资料。

(4) 有一定数量的教学数据库（含音像、电子文献），可提供基本的网络检索。

3. 教学文档及管理

通过手册或者网站等形式，提供本专业的培养方案、课程基本信息、选课指导、课程教学大纲、教学要求、考核要求、毕业审核要求等教学基本信息。

有齐全的教学文件和教学管理档案，并有专门的教学管理人员，有专门的教学文件、档案、学生作业的存放空间。

6.3 教学经费要求

教学经费投入较好地满足人才培养需要，专业生均年教学日常运行支出不少于高校所在地城镇居民上年度年均收入的 5%（由各教学指导委员会具体给出。依据普通高校本科教学工作合格评估指标中该数为 ≥ 1200 元）。

7. 质量保障体系

建立按《高等学校本科建筑类专业教学质量国家标准》《高等学校建筑学、城乡规划、风景园林本科专业指导性专业规范》等执行的质量保障机制。

各专业应在学校和学院相关规章制度、质量监控体制机制建设的基础上，结合专业特点，建立专业教学质量监控和学生发展跟踪机制。

7.1 教学过程质量监控机制要求

专业应对主要教学环节（包括理论课、实验室课等）建立质量监控机制，使主要教学环节的实施过程处于有效监控状态；各主要教学环节应有明确的质量要求；应建立对课程体系设置和主要教学环节教学质量的定期评价机制，评价时应重视学生与校内外专家的意见。

7.2 毕业生跟踪反馈机制要求

专业应建立毕业生跟踪反馈机制，及时掌握毕业生就业去向和就业质量、毕业生职业满意度和工作成就感、用人单位对毕业生的满意度等；应采用科学的方法对毕业生跟踪反馈信息进行统计分析，形成分析报告，作为进行质量改进的主要依据。

7.3 专业的持续改进机制要求

专业应建立持续改进机制，针对教学质量存在的问题和薄弱环节，采取有效的纠正与预防措施，进行持续改进，不断提升教学质量。

附录

建筑类专业教学体系和核心课程体系建议

建筑类专业教学内容由专业设计/规划能力培养、专业类知识体系学习、实践体系和创新能力培养等方面构成。具体的教学方式为设计/规划课、课堂听讲、实践训练、创新能力教学。

1. 设计/规划能力和适当创新的培养

建筑类专业人才的研究和培养主要是针对设计/规划的专业学科特点和执业实践特点展开的。专业教学体系，如教学课程的学时学分和教学组织等，既需与其他学科共同或相近，也需有体现自身专业学科特点的课程、教学方式。

2. 专业学科特点和执业实践特点

建筑类专业、学科主要是秉承持续发展的原则，对城乡人居环境中从城市乡镇、建筑物群体单体到植物地景等的物质空间的功用布局、内外形象进行设计/规划；故专业内容具有鲜明的设计类学科特点：强调工程实践与学术理论、实用与美观、科学技术与社会人文、日常生活与严肃理性、成熟经济与适当创新等多因素对比协调、综合考虑，注重发现实际问题、运用多专业学科知识分析问题、协调解决问题的能力，以核心专业与相关专业的共同知识的共同运用、相互权衡为技巧要求，评价标准有功能使用、形象审美、空间体验、经济效益、社会效应等不同角度，多元而有共性，其结果丰富而不唯一。

建筑类专业教育主要培养有较强社会执业实践能力的专业人才（如执业医

师、执业律师等），其核心专业的教学明显有别于其他文理学科的系统性知识（及运用）教学，而多采用（与医师、律师、管理人才等的培养有相似之处的）围绕“案例 / 模拟案例”展开的“案例式研究学习（Case Study）”“案例式模拟实践（Case Practice）”等，对未来执业作好知识准备、进行技能预演，尤其是后者。故教学过程非常注重实践应用、技能和创新能力的培养。

3. 建筑类专业的教学特点

在建筑类专业核心课程中，常以未来执业实践中较有代表性的具体个案条件作为互动教学中的模拟课题，以小组师生间单独或小组的评改研讨为组织形式，在一定时长跨度内渐次展开。设计 / 规划课程的专业教学特点：

注重实体与空间的设计 / 规划，既注重功用合理、牢固经济，也讲求形式观感、空间体验和社会效果等。

集成了理工学科与人文学科，技术与艺术相结合，逻辑思维与形象思维、发散思维相结合，合理、优化与美观等相结合。

师生比比较大；课堂教学中师生间针对性的相互探讨程度深；根据学生不同特点因材施教的特征明显。

围绕案例 / 模拟案例展开的研究学习（Case Study）或模拟实践（Case Practice）。

突出综合创新、创意能力等。

2. 专业类知识体系

2.1 知识体系

2.1.1 通识类知识

除国家规定的教学内容外，人文科学、外国语、计算机与信息技术、文献检索、体育和艺术等内容由各校根据办学定位和人才培养目标确定。

2.1.2 学科基础知识

主要包括：建筑学概论、建筑设计初步、建筑工程制图、建筑艺术表现。

在讲授相应专业基本知识领域和专业方向知识时，必须要讲授相关的专业发展历史和现状。

2.1.3 专业知识

建筑类的不同专业有各自相应领域的核心知识内容，针对物质环境中从城乡聚落、建筑物、到自然等不同尺度、不同规划设计的具体对象。

建筑学的专业知识：

1. 建筑设计原理：直接指导建筑学专业的核心，是建筑设计的知识和能力的学习，包括公共建筑设计原理、居住建筑设计原理、城市设计原理、室内设计原理等。

2. 建筑历史与理论：以中外建筑历史与理论为主体的知识构成建筑学专业

的理论平台，包括外国建筑史、中国建筑史等。

3. 建筑技术：建筑设计及建筑物建造的技术支撑，包括建筑力学、建筑结构、建筑材料、建筑构造、建筑物理、建筑设备等。

4. 建筑师执业基础：与建筑师执业密切相关的法律、法规、策划、合同、管理、职业道德等方面基本知识，包括建筑实务、建筑法规等。

5. 建筑相关学科：与建筑学紧密相关的其他学科知识，包括城乡规划原理、数字建筑技术、建筑经济等。

城乡规划的专业知识：

专业核心知识体系包括5个领域及其核心知识单元。

1. 城市与区域发展领域：城市与城镇化、城乡生态与环境、城乡经济与产业、城乡人口与社会、城乡历史与文化、城乡规划技术与方法。

2. 城乡规划理论与方法领域：城市规划思想发展、城乡规划的价值观、城乡规划体制、城乡规划的类型与编制内容。

3. 城乡空间规划领域：城乡用地分类及其适用性评价、区域规划、总体规划、详细规划、村镇规划。

4. 城乡专项规划领域：城乡道路与交通规划、城乡生态与环境规划、城乡基础设施规划、城乡住区规划、城市设计、历史文化名城名镇名村保护规划。

5. 城乡规划实施领域：城乡开发与规划控制、城乡规划管理。

风景园林的专业知识：

1. 风景园林历史与理论：是风景园林设计的基本理论和能力的学习。包括中国风景园林史、外国风景园林史、风景园林规划和设计原理、风景园林自然系统理论、风景园林社会系统理论等。

2. 美学基础与设计表达：是风景园林专业的基础课程。包括美学基础、空间构成、美术、表现技法、专业制图基础等。

3. 园林与景观设计：风景园林专业课程的核心，是风景园林设计的基本理论和能力的学习。包括庭园、公园、开放空间、专用绿地设计等。

4. 地景规划与生态修复：风景园林专业课程的重要组成部分，包括城乡绿地系统规划、旅游与游憩规划、地景规划、生态修复等。

5. 风景园林遗产保护与管理：是风景园林专业课程的重要组成部分，包括风景区规划与设计、自然文化遗产保护与管理规划等。

6. 风景园林建筑设计：是风景园林专业课程的重要组成部分，包括现代风景园林建筑设计、传统园林建筑设计等。

7. 风景园林植物：风景园林专业的核心课程，是综合应用风景园林植物进行植物景观规划设计的知识和能力的学习。包括园林植物资源、风景园林植物景观规划设计等。

8. 风景园林工程与管理：风景园林规划设计的技术支撑和保障。包括风景园林工程、材料与技术、风景园林管理等。

历史建筑保护工程的专业知识：

1. 建筑学的基本知识和理论，中外建筑历史演变的过程及历史形态学认知。

2. 建筑与环境设计基础，建筑空间与形体的尺度、结构、肌理及构成原理。

3. 历史环境中的规划设计、城市设计、建筑设计和景观设计的基本理论及方法。

4. 历史建筑的形制及工艺特征，以及所依附的文化系统。

5. 历史建筑病理学（building pathology）等保护技术的各类知识及其应用要领。

6. 艺术史和文博的相关知识及其专业关联性。

7. 实践层面的历史环境实录技术手段，历史建筑保护设计和技术应用。

2.2 主要实践性教学环节

实践教学分各类实验、实习和社会实践以及科研训练等多个领域和形式，应纳入整个教学内容和课程体系中去，发挥整体教育的功能。实践教学是建筑类专业教学中重要的环节，是培养学生综合运用知识，发现、归纳问题，利用现有条件解决问题，培养动手能力和创新精神的关键环节；尤其是主要以案例式、个体辅导式教学展开的建筑类设计/规划课程，其作用是理论、知识教学无法替代的，是建筑类专业教学的核心。通过实践教育，加深学生对知识的理解能力、增强建筑设计和表达能力、树立适当的创新意识、培养科学研究的初步能力。

1. 实验

实验包括专业基础实验、研究性实验两类，本《标准》仅对专业基础实验提出要求。

专业基础实验包括建筑声学、光学、热工学等。

2. 实习

实习包括认识实习、课程实习、生产实习、毕业实习四类。

认识实习是按建筑学专业的相关要求设置的，包括建筑环境认知实习、建筑认识实习等。

课程实习是按相关课程的要求设置的，包括建筑测量实习、历史环境实录（包括样式测绘和现状信息采集）实习、素描实习、色彩实习、计算机实习、建筑快速设计训练、保护现场实习等。

生产实习是按执业训练要求设置的。

毕业实习是按不同专业兴趣、方向设置的。

3. 课程设计和毕业设计

课程设计指除专业设计/规划课以外的其他课程设计，如建筑结构课的课程设计。毕业设计（论文）需制定与毕业设计（论文）要求相适应的标准和检查保障机制，对选题、内容、学生指导、答辩等提出明确要求，保证课题的工作量和难度，并给学生有效指导。选题要符合本专业培养目标要求，一般要结合本专业的工程实际问题，有明确的应用背景，培养学生的工程意识、协作精神以及综合应用所学知识解决实际问题的能力。

3. 专业类核心课程建议

3.1 课程体系构建原则

课程体系是人才培养的载体，课程体系构建是体现高等学校办学自主性和学校办学特色的基础。各高等学校可结合各自人才培养目标和培养规格，依据学生知识、素质、能力的形成规律和学科的内在逻辑顺序，构建体现学科优势或者地域特色，能够满足学生未来多样化发展需要的课程体系。

建筑类专业的课程体系，充分体现了理论知识与能力实践的并重。

理论型课程可以由一、两个知识领域构成一门课程，也可以从各知识领域中抽取相关的知识单元组成课程，但最后形成的课程体系应覆盖核心知识单元。

实践型课程形式可以多样化，但应按照课程来进行组织和管理。实践型课程需满足实践能力培养和创新训练的需要，覆盖实践体系和创新训练的各单元。

建筑类专业课程体系包含必修课程和选修课程。可参照以下原则构建：在总课时中，（1）理论课程约占55%。其中，工具类课程约占10%，通识类的人文科学、自然科学课程约占15%，专业知识课程约占30%；（2）设计/规划课程约近30%。包括各年级设计/规划课程、毕业设计（论文）和少量的建筑结构课等的课程设计。其中，毕业设计（论文）选题按综合性、研究型和一定的复杂性要求设置，约14周；（3）实践课程（含实验、实习）约占1%，实验课程约占1%；实习课程占约40周；（4）选修课程约占14%

课程体系的设置宜有行业专家参与。

3.2 建筑类核心课程体系示例

核心课程体系是实现专业人才培养目标的关键。各高校应根据人才培养目标，将上述核心知识领域的内容组合成核心课程，将这些核心课程根据学科的内在逻辑顺序和学生知识、素质能力形成的规律，并适当增加本校研究或应用特色内容，形成专业核心课程体系。

（1）学科基础课程

建筑学概论（32）、建筑制图（64）、建筑艺术表现基础（24+72）

(2) 建筑学专业示例

公共建筑设计原理 (32)、居住建筑设计原理 (24)、城市设计原理 (24)、室内设计原理 (16), 外国建筑史 (64)、中国建筑史 (48), 建筑力学 (96)、建筑结构 (64)、建筑材料 (12+4)、建筑构造 (64)、建筑物理 (64+8)、建筑设备 (64), 建筑实务 (16)、建筑法规 (16), 城乡规划原理 (32)、建筑数字技术 (64)、建筑经济 (32), 建筑设计初步 (32+64)、建筑设计系列 (192+576)

(3) 城乡规划专业示例

城市建设史与规划史 (64),城乡规划原理 (128)、地理信息系统应用 (32)、城乡社会综合调查研究 (32), 城市总体规划与村镇规划 (128)、详细规划与城市设计 (128), 城乡道路与交通规划 (64)、城乡基础设施规划 (64)、城乡生态与环境规划 (64), 城乡规划管理与法规 (32)

(4) 风景园林专业示例

中国风景园林史、外国风景园林史、风景园林规划和设计原理、风景园林自然系统理论、风景园林社会系统理论, 美学基础、空间构成、美术、表现技法、专业制图基础, 庭园、公园、开放空间、专用绿地, 城乡绿地系统规划、旅游与游憩规划、地景规划、生态修复, 风景区规划与设计、自然文化遗产保护与管理规划, 现代风景园林建筑设计、传统园林建筑设计, 园林植物资源、植物景观规划与设计、花艺与盆景, 风景园林工程、材料与技术、风景园林管理

(5) 历史建筑保护工程专业示例

建筑设计初步 (476)、建筑设计系列 (206), 建筑概论 (34)、环境与建筑设计原理 (34)、城市综合体建筑设计原理 (34)、城市与建筑保护设计原理 (34), 建筑史 (51)、建筑理论与历史 (85)、建筑评论 (34), 建筑力学 (96)、建筑结构 (64)、建筑材料 (12+4)、建筑构造 (64)、建筑物理 (64+8)、建筑设备 (64), 历史建筑保护概论 (34)、保护技术 (34)、材料病理学 (34)、历史建筑形制与工艺 (34)、城市与建筑保护设计 (102)、文博专题、艺术史 (34)、毕业设计 (论文)、历史环境实录 (3 周)、保护现场实习 (3 周)

4. 人才培养多样化建议

各高校应依据自身办学定位和人才培养目标, 以适应社会对多样化人才培养的需要和满足学生继续深造和就业的不同需求为导向, 积极探索研究型、应用型、复合型人才培养, 建立多样化的人才培养模式和与之相适应的课程体系和教学内容、教学方法, 设计优势特色课程, 提高选修课比例, 由学生根据个人的兴趣和发展进行选修。

(1) 建筑学专业

建筑学专业培养的人才服务面向城乡建设的各个领域。毕业生主要从事建

筑设计、城市设计、室内设计等专业工作、也可从事城乡规划、风景园林专业的设计与规划以及管理、教育、科研、开发、咨询等方面的工作。根据现行规定，建筑学专业的毕业生经过规定的职业实践训练，可以参加注册建筑师、注册城市规划师等执业资格考试。

①设计、规划与咨询方面：建筑师、工程师、设计师等。

②教育、科研方面：教师、研究员等。

③管理方面：项目经理、总经理等。

④开发方面：开发商、业主的技术骨干、顾问等。

（2）城乡规划专业

城乡规划本科专业具有多学科背景的特点，各高校应依据自身办学定位和人才培养目标，积极探索复合型人才培养，适应社会发展对多样化人才培养的需要。由于各学校基于不同学科背景开设城乡规划专业，在专业核心课程的基础上，各高校应确保选修课的比例和强化选修课的特色，形成了不同学校城乡规划专业的各自办学特色。

（3）风景园林专业

风景园林专业培养从事风景园林领域规划与设计、工程技术与建设管理、园林植物应用、资源与遗产保护等方面的专门人才。毕业生可在规划设计机构、科研院所、管理部门、相关企业从事风景区、城乡园林绿地、国土与区域、城市景观、生态修复、风景园林建筑、风景园林遗产、旅游游憩等方面的规划、设计、保护、施工、管理及科学研究等工作。

①设计、规划与咨询方面：风景园林设计师、工程师。

②教育、科研方面：教师、研究员等。

③管理方面：项目经理、总经理等。

④开发方面：开发商、业主的技术骨干、顾问等。

（4）历史建筑保护工程专业

历史建筑保护工程专业培养的人才面向城乡建设中的历史环境保护与再生领域为主。毕业生主要从事历史建筑的修缮设计、改扩建设计、再利用及活化设计，以及历史环境的保护规划、城市设计、室内设计等专业工作及相关的科研、开发和管理工作。也可从事与建筑学、城乡规划、风景园林专业相关的其他工作。历史建筑保护工程专业的本科毕业生经过规定的职业实践训练，可以参加与四年制建筑学专业毕业生相同年限的注册建筑师等执业资格考试。

①设计、规划与咨询方面：建筑师、规划师、工程师、设计师等。

②教育、科研方面：教师、研究人员等。

③管理方面：行政部门或企业管理人员等。

④开发方面：企业的技术骨干、顾问等。

5. 有关名词释义和数据计算方法

5.1 名词释义

应：指必须如此。宜：指推荐如此。

专任教师：指承担专业基础这是和专业知识教学任务的教师。为建筑类专业承担数学、物理学、计算机和信息技术、思想政治理论、外国语、体育、通识教育等课程教学的教师，担任专职行政工作（如辅导员、党政工作）的教师不计在内。若有兼职教师，计算教师总数时，按兼职教师所承担教学量的80%折算成专任全职教师的教学量。

主讲教师：指每学年本科生主带课程的教师，给其他层次的学生授课或指导毕业论文（设计）、实践等的教师不计在内。

5.2 数据的计算方法

（1）生师比＝折合在校生数／教师总数

折合在校生数＝普通本、专科（高职）生数＋硕士生数 ×1.5＋博士生数 ×2＋留学生数 ×3＋预科生数＋进修生数＋成人脱产班学生数＋夜大（业余）学生数 ×0.3＋函授生数 ×0.1

教师总数＝专任教师数＋聘请校外教师数 ×0.5

（2）专业生均教学科研仪器设备值＝教学科研仪器设备资产总值／折合在校生数

（3）专业生均年进书量＝当年新增图书量／折合在校生数

（4）教学日常运行支出指开展本专业教学活动及其辅助活动发生的支出，仅指教学基本支出中的商品和服务支出，不包括教学专项拨款支出，具体包括：教学教辅部门发生的办公费（含考试考务费、手续费等）、印刷费、咨询费、邮电费、交通费、差旅费、出国费、维修（护）费、租赁费、会议费、培训费等。

理论上最大学时的计算：按每天6学时，每周5天，每学期16周，每学期可计得480学时计（每学时约为45分钟）。五年制教学约有五学年十学期，共约4800学时，四年制教学约有四学年八学期，共约3840学时。

各课程知识学习或实验的学时数应考虑课堂讲授、课堂讨论、网上学习、课外自学等不同学习形式的差别。除上课时间计为学时外，课后学习时间亦可折合为学时（每学时约为45分钟）。

5.1.3 住房和城乡建设部下发的相关文件

5.1.3.1 关于印发住房城乡建设行业职业工种目录的通知

2017年12月21日，住房和城乡建设部办公厅下发了“关于印发住房城乡建设行业职业工种目录的通知”（建办人 [2017]76 号），全文如下：

各省、自治区住房城乡建设厅，海南省规划委、水务厅，直辖市建委及有关部门，新疆生产建设兵团建设局，国务院国资委管理的有关企业：

为贯彻落实《中共中央　国务院关于印发＜新时期产业工人队伍建设改革方案＞的通知》和中央城市工作会议精神，健全住房城乡建设行业职业技能培训体系，全面提高住房城乡建设行业一线从业人员素质和技能水平，我部结合各地培训需求，制定了《住房城乡建设行业职业工种目录》，在原有《建筑业职业工种名称》的基础上，将市政、安装、园林绿化、燃气、供水排水、环卫、房地产物业管理及装配式建筑等住房城乡建设行业各领域的职业工种进行统一编码，用于指导各地开展技能培训。

现将《住房城乡建设行业职业工种目录》印发给你们，并就有关事项通知如下：

一、加强行业职业技能培训规范管理，为职业技能等级认定打好基础。要根据《国家职业资格目录》的管理要求和我部关于职业技能鉴定工作的统一部署，组织人员对《住房城乡建设行业职业工种目录》中列入国家职业资格目录清单的职业工种开展培训、鉴定，做好鉴定承接工作，同时，完善管理制度，实现培训鉴定工作有序运转。对其他未列入《国家职业资格目录》的职业工种，要参照建人 [2015]43 号文件要求，做好本地区住房城乡建设行业从业人员技能培训工作。指导培训机构、企业培训中心（统称培训考核机构）依据职业技能标准，开展从业人员安全生产、职业道德、理论知识和操作技能培训，并按有关要求核发职业培训合格证。要做好培训信息的统计整理工作，将培训信息及时上传至我部住房城乡建设行业从业人员培训信息管理系统，同时，加强监督，规范管理，推动培训证书省际互认，为下一步与职业技能等级认定制度相衔接打好基础。

二、结合实际开展工人培训，加强培训合格证书规范管理。为保障工程质量安全，满足施工现场相应人员配备和技能水平要求，加强行业职业培训证书的规范管理，《住房城乡建设行业职业工种目录》涵盖了历年来编修的职业技能标准、职业分类大典及相关规定中所列工种名称，并将工种内涵相同或者相近的职业工种进行了适当合并。目录中所列工种名称后带有括号的，为相同或相近的职业工种，在培训合格证书发放过程中，原则上采用不加括号的工种名称，取得培训证书的人员视同具备括号内工种所需技能要求。各地可根据培训需求，从《住房城乡建设行业职业工种目录》中选取相应工种开展培训，加强培训合格证书的规范管理，按计划逐步推行电子证书。我部将根据行业发展和实际培训需求适时更新、调整《住房城乡建设行业职业工种目录》。

5.1.3.2 全国住房和城乡建设职业教育教学指导委员会章程

2017 年 11 月 23 日，全国住房和城乡建设职业教育教学指导委员会以住建指委 [2017]14 号文下发了“关于公布《全国住房和城乡建设职业教育教学指导委员会章程》的通知”。《全国住房和城乡建设职业教育教学指导委员会章程》全文如下：

第一章 总则

第一条 全国住房和城乡建设职业教育教学指导委员会（以下简称住房城乡建设行指委）是受教育部委托，由住房城乡建设部牵头组建和管理，对住房城乡建设行业相关专业职业教育教学工作进行研究、指导、咨询和服务的专家组织，同时也是指导行业职业教育与培训工作的专家组织。

第二条 为了进一步规范住房城乡建设行指委的工作，提高工作质量和效率，充分发挥职能作用，制定本章程。

第二章 组织

第三条 住房城乡建设行指委设主任委员 1 人，由教育部聘任。设副主任委员若干、秘书长 1 人、委员若干，由住房城乡建设部聘任。每届任期为 4 年。住房城乡建设行指委设秘书处，在秘书长领导下协助主任委员处理日常事务性工作。

第四条 住房城乡建设行指委委员由住房城乡建设部人事司组织推荐产生。委员应具有较强的事业心和责任心，热心行业职业教育事业，工作认真负责，作风正派，身体健康，具备较高的专业素质和理论水平，在住建行业职业教育相关专业领域有较深厚的工作阅历和丰富的实践经验，专业技术人员要具有副高级以上专业技术职务，年龄一般不超过 60 岁。委员中应有一定比例来自行业企业的专家。

第五条 住房城乡建设行指委根据行业发展和人才需求，可下设若干专业指导委员会（以下简称专指委）。专指委委员由住房城乡建设行指委聘任，任期与行指委委员相同。根据岗位职务变动或工作需要，可适时进行调整和增补。

第三章 职责和任务

第六条 住房城乡建设行指委的职责和任务是：

（一）全面落实党的教育方针，提高住房城乡建设行业相关专业教育质量，促进住房城乡建设行业相关专业更好地适应住房和城乡建设事业发展的需要，培养输送大批合格人才，为经济健康发展、社会和谐稳定服务。

（二）指导和推动专业建设和教育教学改革，促进行业职业教育健康发展。根据行业人才需求，指导推进校企合作、产教融合，提高教师的实践教学能力和学生的专业技能水平。

（三）组织研究、制定住房城乡建设行业相关专业教学标准、专业建设标准、人才培养质量评价标准等基础性标准，并指导实施。

（四）组织开展专业教学领域的理论与实践研究、创新试点，组织开展课程教学大纲、教材建设等学术研讨交流活动。参与职业教育国家级教学成果奖励实施工作，宣传推广优秀教学成果。

第四章　工作方式

第七条　住房城乡建设行指委主任委员主持行指委工作，秘书长负责日常工作。各专指委主任委员主持专指委工作，秘书负责日常工作。

第八条　专指委报经住房城乡建设行指委同意或授权，根据分工和工作安排，具体实施有关专业建设和人才培养的研究、指导、咨询和服务工作。

第九条　住房城乡建设行指委研究制定的基础性标准，报住房城乡建设部、教育部同意后按有关规定颁布施行。

第十条　住房城乡建设行指委、各专指委对住房城乡建设行业相关专业的教育教学改革、专业建设、教学工作的重要建议和意见，经住房城乡建设部、教育部同意后，向有关部门和学校提出。

第十一条　住房城乡建设行指委、各专指委应加强与开设住房城乡建设行业相关专业院校的联系，建立委员与所在省（区、市）院校的联系制度，逐步实现指导、服务范围覆盖全国。主任委员、副主任委员或秘书长，应安排工作计划积极参加行指委、专指委会议和重大活动。

第十二条　建立和完善住房城乡建设行指委、各专指委与相应行业组织、企业界的联系制度，邀请行业组织、企业界专家参与相关工作，积极听取对住房城乡建设行业相关专业的建设和教育教学改革的意见和建议。

第五章　工作规范

第十三条　住房城乡建设行指委、各专指委应制订本届委员会工作规划和年度工作计划，并组织协调，认真落实。

住房城乡建设行指委工作规划应于委员会换届后三个月之内报住房城乡建设部、教育部主管业务司局，次年工作计划应于当年底上报。各专指委本届委员会工作规划应于委员会换届后三个月之内报住房城乡建设行指委，次年工作计划应于当年底报住房城乡建设行指委。

第十四条　住房城乡建设行指委应全面、如实总结年度和本届委员会工作情况。

住房城乡建设行指委、各专指委应于每年年底前进行年度工作总结，于委员会换届前进行本届委员会工作总结。

住房城乡建设行指委年度工作总结和本届委员会工作总结经行指委会议审定后，报住房城乡建设部、教育部主管业务司局备案。各专指委年度工作总结和本届工作总结经专指委会议审定后，报住房城乡建设行指委备案。

第十五条　住房城乡建设行指委、各专指委原则上每年应召开一次全体委员会议。围绕会议讨论事项和中心工作形成会议纪要，并印发各专指委，同时报送住房城乡建设部、教育部主管业务司局。

各专指委召开全体委员会议，应报经住房城乡建设行指委同意。会后应形成会议纪要，报送住房城乡建设行指委秘书处。

第十六条　住房城乡建设行指委可根据工作需要召开专题会议、各专职委主任委员联席会议或组织学术交流活动、竞赛活动。各专指委应严格执行住房城乡建设行指委的各项决议和决定，积极参加各项活动，高效完成工作任务。

第十七条　住房城乡建设行指委、各专指委应做好档案资料管理工作。档案资料应分类、分年度整理存档，换届时移交。归档内容包括：工作计划、工作总结、会议通知、会议纪要、有关管理文件、重大活动记录、工作成果等。

第十八条　住房城乡建设行指委、各专指委应运用网站、简报等平台，加强信息交流，发挥积极作用。各种会议、活动结束后，应及时将有关资料和新闻稿件报住房城乡建设行指委秘书处。

第十九条　住房城乡建设行指委、各专指委的工作经费主要由社会赞助和院校支持。可依法依规接受企事业单位、社会团体和个人提供的赞助。

第二十条　委员所在单位应积极支持委员工作，提供必要的工作条件和经费保证。主持学校应对专指委的日常工作提供必要的工作条件和经费支持。

第二十一条　住房城乡建设行指委、各专指委实行经费报告制度，每年定期向全体委员公布经费收支和使用情况，并接受监督。

第六章　工作纪律

第二十二条　住房城乡建设行指委召开会议或组织活动，应报经住房城乡建设部人事司同意。各专指委召开会议或组织活动，应报经住房城乡建设行指委同意。

住房城乡建设行指委、各专指委召开会议和组织活动应内容明确、注重实效、规模适度，会议、活动的交通食宿等安排应符合有关规定，不得在会议、活动期间开展与职责不符或无关的其他活动。

第二十三条　住房城乡建设行指委、各专指委成员不得以住房城乡建设行指委及其专指委的名义对外开展商业性活动，签署协议；不得以住房城乡建设行指委及其专指委的名义参加与行指委、专指委工作无关的各类活动。住房城乡建设行指委、各专指委成员以住房城乡建设行指委、专指委成员的名义参加会议、论坛、竞赛等活动，要履行报批手续。住房城乡建设行指委、各专指委委员需报经住房城乡建设行指委同意；住房城乡建设行指委及各专指委主任委员、副主任委员、秘书长需报行指委秘书处，并经住房城乡建设部人事司同意。

第二十四条　住房城乡建设行指委、各专指委要加强印章管理，住房城乡建设行指委秘书处要制定印章使用管理办法。住房城乡建设行指委、各专指委开展有关工作、形成的有关政策性文件如需印发，须经住房城乡建设行指委审核同意。

第二十五条　住房城乡建设行指委、各专指委委员应积极履行职责，非特殊情况不得缺席委员会会议及其他活动。

住房城乡建设行指委及各专指委应加强对委员履行职责情况的指导监督考核。住房城乡建设行指委委员的履职情况，由住房城乡建设行指委定期报告住房城乡建设部人事司；专指委委员的履职情况，由各专指委定期报告住房城乡建设行指委、住房城乡建设部人事司。住房城乡建设行指委及各专指委委员如不能履行委员职责，或因其他原因不宜继续担任委员，由住房城乡建设行指委报经住房城乡建设部人事司审核，予以解聘。

第七章　附则

第二十六条　本章程经住房城乡建设部审核同意，报教育部备案。

第二十七条　各专指委依据本章程制定工作细则，报住房城乡建设行指委、住房城乡建设部人事司批准。

第二十八条　本章程由住房城乡建设行指委负责解释。自发布之日起实施。

5.2　2017 年中国建设教育发展大事记

5.2.1　住房城乡建设领域教育大事记

5.2.1.1　高等教育

【2016～2017 年度高等学校建筑学专业教育评估工作】2017 年，全国高等学校建筑学专业教育评估委员会对内蒙古工业大学、昆明理工大学、中央美术学院、南昌大学、河北工业大学、华北水利水电大学、湖南科技大学、苏州科技大学等 8 所学校的建筑学专业教育进行了评估。评估委员会全体委员对各学校的自评报告进行了审阅，于 5 月派遣视察小组进校实地视察。之后，经评估委员会全体会议讨论并投票表决，做出了评估结论并报送国务院学位委员会。2017 年高校建筑学专业评估结论如下表：2017 年高校建筑学专业评估结论如表 5-1 所示。

2017 年高校建筑学专业评估结论 表 5-1

序号	学校	学位类别	本科合格有效期	硕士合格有效期	备注
1	内蒙古工业大学	学士 硕士	4 年（2017.5 ~ 2021.5）	4 年 （2017.5 ~ 2021.5）	本科复评 硕士复评
2	昆明理工大学	学士 硕士	4 年（2017.5 ~ 2021.5）	4 年 （2017.5 ~ 2021.5）	本科复评 硕士复评
3	中央美术学院	学士 硕士	4 年（2017.5 ~ 2021.5）	4 年 （2017.5 ~ 2021.5）	本科复评 硕士初评
4	南昌大学	学士	4 年（2017.5 ~ 2021.5）	——	本科复评
5	河北工业大学	学士	4 年（2017.5 ~ 2021.5）	——	本科复评
6	华北水利水电大学	学士	4 年（2017.5 ~ 2021.5）	——	本科初评
7	湖南科技大学	学士	有条件 4 年（2017.5 ~ 2021.5）	——	本科初评
8	苏州科技大学	硕士	2016.5 ~ 2020.5	4 年 （2017.5 ~ 2021.5）	硕士初评

截至 2017 年 5 月，全国共有 62 所高校建筑学专业通过专业教育评估，受权行使建筑学专业学位（包括建筑学学士和建筑学硕士）授予权，其中具有建筑学学士学位授予权的有 61 个专业点，具有建筑学硕士学位授予权的有 40 个专业点。详见表 5-2。

建筑学专业评估通过学校和有效期情况统计表 表 5-2

（截至 2017 年 5 月，按首次通过评估时间排序）

序号	学校	本科合格有效期	硕士合格有效期	首次通过评估时间
1	清华大学	2011.5 ~ 2018.5	2011.5 ~ 2018.5	1992.5
2	同济大学	2011.5 ~ 2018.5	2011.5 ~ 2018.5	1992.5
3	东南大学	2011.5 ~ 2018.5	2011.5 ~ 2018.5	1992.5
4	天津大学	2011.5 ~ 2018.5	2011.5 ~ 2018.5	1992.5
5	重庆大学	2013.5 ~ 2020.5	2013.5 ~ 2020.5	1994.5
6	哈尔滨工业大学	2013.5 ~ 2020.5	2013.5 ~ 2020.5	1994.5
7	西安建筑科技大学	2013.5 ~ 2020.5	2013.5 ~ 2020.5	1994.5
8	华南理工大学	2013.5 ~ 2020.5	2013.5 ~ 2020.5	1994.5
9	浙江大学	2011.5 ~ 2018.5	2011.5 ~ 2018.5	1996.5
10	湖南大学	2015.5 ~ 2022.5	2015.5 ~ 2022.5	1996.5
11	合肥工业大学	2015.5 ~ 2022.5	2015.5 ~ 2022.5	1996.5
12	北京建筑大学	2012.5 ~ 2019.5	2012.5 ~ 2019.5	1996.5
13	深圳大学	2016.5 ~ 2023.5	2016.5 ~ 2020.5	本科 1996.5/ 硕士 2012.5
14	华侨大学	2016.5 ~ 2020.5	2016.5 ~ 2020.5	1996.5

续表

序号	学校	本科合格有效期	硕士合格有效期	首次通过评估时间
15	北京工业大学	2014.5～2018.5	2014.5～2018.5	本科 1998.5/ 硕士 2010.5
16	西南交通大学	2014.5～2021.5	2014.5～2021.5	本科 1998.5/ 硕士 2004.5
17	华中科技大学	2014.5～2021.5	2014.5～2021.5	1999.5
18	沈阳建筑大学	2011.5～2018.5	2011.5～2018.5	1999.5
19	郑州大学	2015.5～2019.5	2015.5～2019.5	本科 1999.5/ 硕士 2011.5
20	大连理工大学	2015.5～2022.5	2015.5～2022.5	2000.5
21	山东建筑大学	2012.5～2019.5	2016.5～2020.5	本科 2000.5/ 硕士 2012.5
22	昆明理工大学	2017.5～2021.5	2017.5～2021.5	本科 2001.5/ 硕士 2009.5
23	南京工业大学	2014.5～2018.5	2014.5～2018.5	本科 2002.5/ 硕士 2014.5
24	吉林建筑大学	2014.5～2018.5	2014.5～2018.5	本科 2002.5/ 硕士 2014.5
25	武汉理工大学	2015.5～2019.5	2015.5～2019.5	本科 2003.5/ 硕士 2011.5
26	厦门大学	2015.5～2019.5	2015.5～2019.5	本科 2003.5/ 硕士 2007.5
27	广州大学	2016.5～2020.5	2016.5～2020.5	本科 2004.5/ 硕士 2016.5
28	河北工程大学	2016.5～2020.5（有条件）	——	2004.5
29	上海交通大学	2014.5～2018.5	——	2006.6
30	青岛理工大学	2014.5～2018.5	2014.5～2018.5	本科 2006.6/ 硕士 2014.5
31	安徽建筑大学	2015.5～2019.5	2016.5～2020.5	本科 2007.5/ 硕士 2016.5
32	西安交通大学	2015.5～2019.5	2015.5～2019.5	本科 2007.5/ 硕士 2011.5
33	南京大学	——	2011.5～2018.5	2007.5
34	中南大学	2016.5～2020.5	2016.5～2020.5	本科 2008.5/ 硕士 2012.5
35	武汉大学	2016.5～2020.5	2016.5～2020.5	2008.5
36	北方工业大学	2016.5～2020.5	2016.5～2020.5	本科 2008.5/ 硕士 2014.5
37	中国矿业大学	2016.5～2020.5	2016.5～2020.5	本科 2008.5/ 硕士 2016.5
38	苏州科技大学	2016.5～2020.5	2017.5～2021.5	本科 2008.5/ 硕士 2017.5
39	内蒙古工业大学	2017.5～2021.5	2017.5～2021.5	本科 2009.5/ 硕士 2013.5
40	河北工业大学	2017.5～2021.5	——	2009.5
41	中央美术学院	2017.5～2021.5	2017.5～2021.5	本科 2009.5/ 硕士 2017.5
42	福州大学	2014.5～2018.5	——	2010.5
43	北京交通大学	2014.5～2018.5	2014.5～2018.5	本科 2010.5/ 硕士 2014.5
44	太原理工大学	2014.5～2018.5	——	2010.5
45	浙江工业大学	2014.5～2018.5	——	2010.5
46	烟台大学	2015.5～2019.5	——	2011.5
47	天津城建大学	2015.5～2019.5	2015.5～2019.5	本科 2011.5/ 硕士 2015.5
48	西北工业大学	2016.5～2020.5	——	2012.5

续表

序号	学校	本科合格有效期	硕士合格有效期	首次通过评估时间
49	南昌大学	2017.5～2021.5	——	2013.5
50	广东工业大学	2014.5～2018.5	——	2014.5
51	四川大学	2014.5～2018.5	——	2014.5
52	内蒙古科技大学	2014.5～2018.5	——	2014.5
53	长安大学	2014.5～2018.5	——	2014.5
54	新疆大学	2015.5～2019.5	——	2015.5
55	福建工程学院	2015.5～2019.5	——	2015.5
56	河南工业大学	2015.5～2019.5	——	2015.5
57	长沙理工大学	2016.5～2020.5（有条件）	——	2016.5
58	兰州理工大学	2016.5～2020.5	——	2016.5
59	河南大学	2016.5～2020.5	——	2016.5
60	河北建筑工程学院	2016.5～2020.5	——	2016.5
61	华北水利水电大学	2017.5～2021.5	——	2017.5
62	湖南科技大学	2017.5～2021.5（有条件）	——	2017.5

【2016～2017年度高等学校城乡规划专业教育评估工作】2017年，住房城乡建设部高等教育城乡规划专业评估委员会对中山大学、南京工业大学、中南大学、深圳大学、西北大学、福州大学、湖南城市学院、北京建筑大学、合肥工业大学、厦门大学等10所学校的城乡规划专业进行了评估。评估委员会全体委员对各校的自评报告进行了审阅，于5月派遣视察小组进校实地视察。经评估委员会全体会议讨论并投票表决，做出了评估结论，如表5-3所示。

2017年高校的城乡规划专业评估结论 **表5-3**

序号	学校	学位类别	本科合格有效期	硕士合格有效期	备注
1	中山大学	学士	4年（2017.5～2021.5）	——	本科复评
2	南京工业大学	学士硕士	6年（2017.5～2023.5）	4年（2017.5～2021.5）	本科复评硕士复评
3	中南大学	学士硕士	4年（2017.5～2021.5）	4年（2017.5～2021.5）	本科复评硕士复评
4	深圳大学	学士硕士	6年（2017.5～2023.5）	4年（2017.5～2021.5）	本科复评硕士复评
5	西北大学	学士硕士	6年（2017.5～2023.5）	4年（2017.5～2021.5）	本科复评硕士复评
6	福州大学	学士	4年（2017.5～2021.5）	——	本科复评
7	湖南城市学院	学士	4年（2017.5～2021.5）	——	本科复评
8	北京建筑大学	硕士	2015.5～2019.5	4年（2017.5～2021.5）	硕士复评
9	合肥工业大学	学士	4年（2017.5～2021.5）	——	本科初评
10	厦门大学	学士	4年（2017.5～2021.5）	——	本科初评

截至2017年5月，全国共有46所高校的城乡规划专业通过专业评估，其中本科专业点45个，硕士研究生专业点26个。详见表5-4。

城乡规划专业评估通过学校和有效期情况统计表 **表5-4**

（截至2017年5月，按首次通过评估时间排序）

序号	学校	本科合格有效期	硕士合格有效期	首次通过评估时间
1	清华大学	——	2016.5～2022.5	1998.6
2	东南大学	2016.5～2022.5	2016.5～2022.5	1998.6
3	同济大学	2016.5～2022.5	2016.5～2022.5	1998.6
4	重庆大学	2016.5～2022.5	2016.5～2022.5	1998.6
5	哈尔滨工业大学	2016.5～2022.5	2016.5～2022.5	1998.6
6	天津大学	2016.5～2022.5	2016.5～2022.5（2006年6月至2010年5月硕士研究生教育不在有效期内）	2000.6
7	西安建筑科技大学	2012.5～2018.5	2012.5～2018.5	2000.6
8	华中科技大学	2012.5～2018.5	2012.5～2018.5	本科2000.6/硕士2006.6
9	南京大学	2014.5～2020.5（2006年6月至2008年5月本科教育不在有效期内）	2014.5～2020.5	2002.7
10	华南理工大学	2014.5～2020.5	2014.5～2020.5	2002.6
11	山东建筑大学	2014.5～2020.5	2014.5～2020.5	本科2004.6/硕士2012.5
12	西南交通大学	2016.5～2022.5	2016.5～2022.5	本科2006.6/硕士2014.5
13	浙江大学	2016.5～2022.5	2016.5～2022.5	本科2006.6/硕士2012.5
14	武汉大学	2012.5～2018.5	2012.5～2018.5	2008.5
15	湖南大学	2012.5～2018.5	2016.5～2022.5	本科2008.5/硕士2012.5
16	苏州科技大学	2012.5～2018.5	2014.5～2018.5	本科2008.5/硕士2014.5
17	沈阳建筑大学	2012.5～2018.5	2012.5～2018.5	本科2008.5/硕士2012.5
18	安徽建筑大学	2016.5～2022.5	2016.5～2020.5	本科2008.5/硕士2016.5
19	昆明理工大学	2016.5～2020.5	2016.5～2020.5	本科2008.5/硕士2012.5
20	中山大学	2017.5～2021.5	——	2009.5
21	南京工业大学	2017.5～2023.5	2017.5～2021.5	本科2009.5/硕士2013.5
22	中南大学	2017.5～2021.5	2017.5～2021.5	本科2009.5/硕士2013.5
23	深圳大学	2017.5～2023.5	2017.5～2021.5	本科2009.5/硕士2013.5
24	西北大学	2017.5～2023.5	2017.5～2021.5	2009.5
25	大连理工大学	2014.5～2020.5	2014.5～2018.5	本科2010.5/硕士2014.5
26	浙江工业大学	2014.5～2018.5	——	2010.5

续表

序号	学校	本科合格有效期	硕士合格有效期	首次通过评估时间
27	北京建筑大学	2015.5～2019.5	2017.5～2021.5	本科 2011.5/ 硕士 2013.5
28	广州大学	2015.5～2019.5	——	2011.5
29	北京大学	2015.5～2021.5	——	2011.5
30	福建工程学院	2016.5～2020.5	——	2012.5
31	福州大学	2017.5～2021.5	——	2013.5
32	湖南城市学院	2017.5～2021.5	——	2013.5
33	北京工业大学	2014.5～2018.5	2014.5～2018.5	2014.5
34	华侨大学	2014.5～2018.5	——	2014.5
35	云南大学	2014.5～2018.5	——	2014.5
36	吉林建筑大学	2014.5～2018.5	——	2014.5
37	青岛理工大学	2015.5～2019.5	——	2015.5
38	天津城建大学	2015.5～2019.5	——	2015.5
39	四川大学	2015.5～2019.5	——	2015.5
40	广东工业大学	2015.5～2019.5	——	2015.5
41	长安大学	2015.5～2019.5	——	2015.5
42	郑州大学	2015.5～2019.5	——	2015.5
43	江西师范大学	2016.5～2020.5	——	2016.5
44	西南民族大学	2016.5～2020.5	——	2016.5
45	合肥工业大学	2017.5～2021.5	——	2017.5
46	厦门大学	2017.5～2021.5	——	2017.5

【2016～2017 年度高等学校土木工程专业教育评估工作】2017 年，住房和城乡建设部高等教育土木工程专业评估委员会对郑州大学、武汉理工大学、华侨大学、北京交通大学、大连理工大学、上海交通大学、河海大学、武汉大学、石家庄铁道大学、北京工业大学、吉林建筑大学、昆明理工大学、西安交通大学、四川大学、安徽建筑大学、内蒙古工业大学、西南科技大学、安徽理工大学、盐城工学院、桂林理工大学、燕山大学、长江大学、烟台大学、汕头大学、成都理工大学、中南林业科技大学、福建工程学院、安徽工业大学、广西科技大学等 29 所学校的土木工程本科专业进行了评估。评估委员会全体委员对各校的自评报告进行了审阅，于 5 月派遣视察小组进校实地视察。经评估委员会全体会议讨论并投票表决，做出了评估结论，如表 5-5 所示。

2017 年高校的土木工程专业评估结论　　表 5-5

序号	学校	学位类别	本科合格有效期	评估类型
1	郑州大学	学士	6 年（2017.5 ~ 2023.5）	本科复评
2	武汉理工大学	学士	3 年（2017.5 ~ 2020.5）	本科复评
3	华侨大学	学士	6 年（2017.5 ~ 2023.5）	本科复评
4	北京交通大学	学士	6 年（2017.5 ~ 2023.5）	本科复评
5	大连理工大学	学士	6 年（2017.5 ~ 2023.5）	本科复评
6	上海交通大学	学士	6 年（2017.5 ~ 2023.5）	本科复评
7	河海大学	学士	6 年（2017.5 ~ 2023.5）	本科复评
8	武汉大学	学士	6 年（2017.5 ~ 2023.5）	本科复评
9	石家庄铁道大学	学士	6 年（2017.5 ~ 2023.5）（2006 年 6 月至 2007 年 5 月不在有效期内）	本科复评
10	北京工业大学	学士	6 年（2017.5 ~ 2023.5）	本科复评
11	吉林建筑大学	学士	6 年（2017.5 ~ 2023.5）（2016 年 6 月至 2017 年 5 月不在有效期内）	本科复评
12	昆明理工大学	学士	6 年（2017.5 ~ 2023.5）	本科复评
13	西安交通大学	学士	3 年（2017.5 ~ 2020.5）	本科复评
14	四川大学	学士	6 年（2017.5 ~ 2023.5）	本科复评
15	安徽建筑大学	学士	6 年（2017.5 ~ 2023.5）	本科复评
16	内蒙古工业大学	学士	6 年（2017.5 ~ 2023.5）	本科复评
17	西南科技大学	学士	6 年（2017.5 ~ 2023.5）	本科复评
18	安徽理工大学	学士	6 年（2017.5 ~ 2023.5）	本科复评
19	盐城工学院	学士	6 年（2017.5 ~ 2023.5）	本科复评
20	桂林理工大学	学士	6 年（2017.5 ~ 2023.5）	本科复评
21	燕山大学	学士	6 年（2017.5 ~ 2023.5）	本科复评
22	长江大学	学士	6 年（2017.5 ~ 2023.5）	本科复评
23	烟台大学	学士	6 年（2017.5 ~ 2023.5）	本科复评
24	汕头大学	学士	6 年（2017.5 ~ 2023.5）	本科复评
25	成都理工大学	学士	6 年（2017.5 ~ 2023.5）	本科复评
26	中南林业科技大学	学士	6 年（2017.5 ~ 2023.5）	本科复评
27	福建工程学院	学士	6 年（2017.5 ~ 2023.5）	本科复评
28	安徽工业大学	学士	3 年（2017.5 ~ 2020.5）	本科初评
29	广西科技大学	学士	3 年（2017.5 ~ 2020.5）	本科初评

截至 2017 年 5 月，全国共有 92 所高校的土木工程专业通过评估。详见表 5-6。

高校土木工程专业评估通过学校和有效期情况统计表 **表 5-6**

（截至 2017 年 5 月，按首次通过评估时间排序）

序号	学校	本科合格有效期	首次通过评估时间	序号	学校	本科合格有效期	首次通过评估时间
1	清华大学	2013.5 ~ 2021.5	1995.6	20	大连理工大学	2017.5 ~ 2023.5	1999.6
2	天津大学	2013.5 ~ 2021.5	1995.6	21	上海交通大学	2017.5 ~ 2023.5	1999.6
3	东南大学	2013.5 ~ 2021.5	1995.6	22	河海大学	2017.5 ~ 2023.5	1999.6
4	同济大学	2013.5 ~ 2021.5	1995.6	23	武汉大学	2017.5 ~ 2023.5	1999.6
5	浙江大学	2013.5 ~ 2021.5	1995.6	24	兰州理工大学	2014.5 ~ 2020.5	1999.6
6	华南理工大学	2010.5 ~ 2018.5	1995.6	25	三峡大学	2016.5 ~ 2022.5（2004 年 6 月至 2006 年 6 月不在有效期内）	1999.6
7	重庆大学	2013.5 ~ 2021.5	1995.6	26	南京工业大学	2011.5 ~ 2019.5	2001.6
8	哈尔滨工业大学	2013.5 ~ 2021.5	1995.6	27	石家庄铁道大学	2017.5 ~ 2023.5（2006 年 6 月至 2007 年 5 月不在有效期内）	2001.6
9	湖南大学	2013.5 ~ 2021.5	1995.6	28	北京工业大学	2017.5 ~ 2023.5	2002.6
10	西安建筑科技大学	2013.5 ~ 2021.5	1995.6	29	兰州交通大学	2012.5 ~ 2020.5	2002.6
11	沈阳建筑大学	2012.5 ~ 2020.5	1997.6	30	山东建筑大学	2013.5 ~ 2018.5	2003.6
12	郑州大学	2017.5 ~ 2023.5	1997.6	31	河北工业大学	2014.5 ~ 2020.5（2008 年 5 月至 2009 年 5 月不在有效期内）	2003.6
13	合肥工业大学	2012.5 ~ 2020.5	1997.6	32	福州大学	2013.5 ~ 2018.5	2003.6
14	武汉理工大学	2017.5 ~ 2020.5	1997.6	33	广州大学	2015.5 ~ 2021.5	2005.6
15	华中科技大学	2013.5 ~ 2021.5（2002 年 6 月至 2003 年 6 月不在有效期内）	1997.6	34	中国矿业大学	2015.5 ~ 2021.5	2005.6
16	西南交通大学	2015.5 ~ 2021.5	1997.6	35	苏州科技大学	2015.5 ~ 2021.5	2005.6
17	中南大学	2014.5 ~ 2020.5（2002 年 6 月至 2004 年 6 月不在有效期内）	1997.6	36	北京建筑大学	2016.5 ~ 2022.5	2006.6
18	华侨大学	2017.5 ~ 2023.5	1997.6	37	吉林建筑大学	2017.5 ~ 2023.5（2016 年 6 月至 2017 年 5 月不在有效期内）	2006.5
19	北京交通大学	2017.5 ~ 2023.5	1999.6	38	内蒙古科技大学	2016.5 ~ 2022.5	2006.6

续表

序号	学校	本科合格有效期	首次通过评估时间	序号	学校	本科合格有效期	首次通过评估时间
39	长安大学	2016.5～2022.5	2006.6	66	浙江科技学院	有效期截止到2017.5	2012.5
40	广西大学	2016.5～2022.5	2006.6	67	湖北工业大学	2013.5～2018.5	2013.5
41	昆明理工大学	2017.5～2023.5	2007.5	68	宁波大学	2013.5～2018.5	2013.5
42	西安交通大学	2017.5～2020.5	2007.5	69	长春工程学院	2013.5～2018.5	2013.5
43	华北水利水电大学	有效期截止到2017.5	2007.5	70	南京林业大学	2013.5～2018.5	2013.5
44	四川大学	2017.5～2023.5	2007.5	71	新疆大学	有效期截止到2017.5	2014.5
45	安徽建筑大学	2017.5～2023.5	2007.5	72	长江大学	2017.5～2023.5	2014.5
46	浙江工业大学	2013.5～2018.5	2008.5	73	烟台大学	2017.5～2023.5	2014.5
47	解放军理工大学	2013.5～2018.5	2008.5	74	汕头大学	2017.5～2023.5	2014.5
48	西安理工大学	2013.5～2018.5	2008.5	75	厦门大学	有效期截止到2017.5	2014.5
49	长沙理工大学	2014.5～2020.5	2009.5	76	成都理工大学	2017.5～2023.5	2014.5
50	天津城建大学	2014.5～2020.5	2009.5	77	中南林业科技大学	2017.5～2023.5	2014.5
51	河北建筑工程学院	2014.5～2020.5	2009.5	78	福建工程学院	2017.5～2023.5	2014.5
52	青岛理工大学	2014.5～2020.5	2009.5	79	南京航空航天大学	2015.5～2018.5	2015.5
53	南昌大学	2015.5～2021.5	2010.5	80	广东工业大学	2015.5～2018.5	2015.5
54	重庆交通大学	2015.5～2021.5	2010.5	81	河南工业大学	2015.5～2018.5	2015.5
55	西安科技大学	2015.5～2021.5	2010.5	82	黑龙江工程学院	2015.5～2018.5	2015.5
56	东北林业大学	2015.5～2021.5	2010.5	83	南京理工大学	2015.5～2018.5	2015.5
57	山东大学	2016.5～2022.5	2011.5	84	宁波工程学院	2015.5～2018.5	2015.5
58	太原理工大学	2016.5～2022.5	2011.5	85	华东交通大学	2015.5～2018.5	2015.5
59	内蒙古工业大学	2017.5～2023.5	2012.5	86	山东科技大学	2016.5～2019.5	2016.5
60	西南科技大学	2017.5～2023.5	2012.5	87	北京科技大学	2016.5～2019.5	2016.5
61	安徽理工大学	2017.5～2023.5	2012.5	88	扬州大学	2016.5～2019.5	2016.5
62	盐城工学院	2017.5～2023.5	2012.5	89	厦门理工学院	2016.5～2019.5	2016.5
63	桂林理工大学	2017.5～2023.5	2012.5	90	江苏大学	2016.5～2019.5	2016.5
64	燕山大学	2017.5～2023.5	2012.5	91	安徽工业大学	2017.5～2020.5	2017.5
65	暨南大学	有效期截止到2017.5	2012.5	92	广西科技大学	2017.5～2020.5	2017.5

【2016～2017 年度高等学校建筑环境与能源应用工程专业教育评估工作】2017 年，住房和城乡建设部高等教育建筑环境与能源应用工程专业评估委员会对清华大学、同济大学、天津大学、哈尔滨工业大学、重庆大学、沈阳建筑大学、南京工业大学、大连理工大学、上海理工大学、南华大学、合肥工业大学、太原理工大学、宁波工程学院等 13 所学校的建筑环境与能源应用工程专业进行了评估。评估委员会全体委员对学校的自评报告进行了审阅，于 5 月份派遣视察小组进校实地视察。经评估委员会全体会议讨论并投票表决，做出了评估结论，如表 5-7 所示。

2017 年高校的建筑环境与能源应用工程专业评估结论　　表 5-7

序号	学 校	学位类别	本科合格有效期	评估类型
1	清华大学	学士	5 年（2017.5～2022.5）	本科复评
2	同济大学	学士	5 年（2017.5～2022.5）	本科复评
3	天津大学	学士	5 年（2017.5～2022.5）	本科复评
4	哈尔滨工业大学	学士	5 年（2017.5～2022.5）	本科复评
5	重庆大学	学士	5 年（2017.5～2022.5）	本科复评
6	沈阳建筑大学	学士	5 年（2017.5～2022.5）	本科复评
7	南京工业大学	学士	5 年（2017.5～2022.5）	本科复评
8	大连理工大学	学士	5 年（2017.5～2022.5）	本科复评
9	上海理工大学	学士	5 年（2017.5～2022.5）	本科复评
10	南华大学	学士	5 年（2017.5～2022.5）	本科初评
11	合肥工业大学	学士	5 年（2017.5～2022.5）	本科初评
12	太原理工大学	学士	5 年（2017.5～2022.5）	本科初评
13	宁波工程学院	学士	有条件 5 年（2017.5～2022.5）	本科初评

截至 2017 年 5 月，全国共有 39 所高校的建筑环境与能源应用工程专业通过评估。详见表 5-8。

高校建筑环境与能源应用工程评估通过学校和有效期情况统计表　　表 5-8

（截至 2017 年 5 月，按首次通过评估时间排序）

序号	学校	本科合格有效期	首次通过评估时间	序号	学校	本科合格有效期	首次通过评估时间
1	清华大学	2017.5～2022.5	2002.5	6	解放军理工大学	2013.5～2018.5	2003.5
2	同济大学	2017.5～2022.5	2002.5	7	东华大学	2013.5～2018.5	2003.5
3	天津大学	2017.5～2022.5	2002.5	8	湖南大学	2013.5～2018.5	2003.5
4	哈尔滨工业大学	2017.5～2022.5	2002.5	9	西安建筑科技大学	2014.5～2019.5	2004.5
5	重庆大学	2017.5～2022.5	2002.5	10	山东建筑大学	2015.5～2020.5	2005.6

续表

序号	学校	本科合格有效期	首次通过评估时间	序号	学校	本科合格有效期	首次通过评估时间
11	北京建筑大学	2015.5 ~ 2020.5	2005.6	26	兰州交通大学	2016.5 ~ 2021.5	2011.5
12	华中科技大学	2016.5 ~ 2021.5（2010 年 5 月至 2011 年 5 月不在有效期内）	2005.6	27	天津城建大学	2016.5 ~ 2021.5	2011.5
13	中原工学院	2016.5 ~ 2021.5	2006.6	28	大连理工大学	2017.5 ~ 2022.5	2012.5
14	广州大学	2016.5 ~ 2021.5	2006.6	29	上海理工大学	2017.5 ~ 2022.5	2012.5
15	北京工业大学	2016.5 ~ 2021.5	2006.6	30	西南交通大学	2013.5 ~ 2018.5	2013.5
16	沈阳建筑大学	2017.5 ~ 2022.5	2007.6	31	中国矿业大学	2014.5 ~ 2019.5	2014.5
17	南京工业大学	2017.5 ~ 2022.5	2007.6	32	西南科技大学	2015.5 ~ 2020.5	2015.5
18	长安大学	2013.5 ~ 2018.5	2008.5	33	河南城建学院	2015.5 ~ 2020.5	2015.5
19	吉林建筑大学	2014.5 ~ 2019.5	2009.5	34	武汉科技大学	2016.5 ~ 2021.5	2016.5
20	青岛理工大学	2014.5 ~ 2019.5	2009.5	35	河北工业大学	2016.5 ~ 2021.5	2016.5
21	河北建筑工程学院	2014.5 ~ 2019.5	2009.5	36	南华大学	2017.5 ~ 2022.5	2017.5
22	中南大学	2014.5 ~ 2019.5	2009.5	37	合肥工业大学	2017.5 ~ 2022.5	2017.5
23	安徽建筑大学	2014.5 ~ 2019.5	2009.5	38	太原理工大学	2017.5 ~ 2022.5	2017.5
24	南京理工大学	2015.5 ~ 2020.5	2010.5	39	宁波工程学院	2017.5 ~ 2022.5（有条件）	2017.5
25	西安交通大学	2016.5 ~ 2021.5	2011.5	—	—	—	—

【2016 ~ 2017 年度高等学校给排水科学与工程专业教育评估工作】2017 年，住房城乡建设部高等教育给排水科学与工程专业评估委员会对南京工业大学、兰州交通大学、广州大学、安徽建筑大学、沈阳建筑大学、北京工业大学、福建工程学院等 7 所学校的给排水科学与工程专业进行了评估。评估委员会全体委员对各校的自评报告进行了审阅，于 5 月派遣视察小组进校实地视察。经评估委员会全体会议讨论并投票表决，做出了评估结论，如表 5-9 所示。

2017 年高校的给排水科学与工程专业评估结论 **表 5-9**

序号	学校	学位类别	本科合格有效期	评估类型
1	南京工业大学	学士	6 年（2017.5 ~ 2023.5）	本科复评
2	兰州交通大学	学士	6 年（2017.5 ~ 2023.5）	本科复评
3	广州大学	学士	6 年（2017.5 ~ 2023.5）	本科复评
4	安徽建筑大学	学士	6 年（2017.5 ~ 2023.5）	本科复评
5	沈阳建筑大学	学士	6 年（2017.5 ~ 2023.5）	本科复评
6	北京工业大学	学士	3 年（2017.5 ~ 2020.5）	本科初评
7	福建工程学院	学士	3 年（2017.5 ~ 2020.5）	本科初评

截至2017年5月，全国共有38所高校的给排水科学与工程专业通过评估。详见表5-10。

高校给排水科学与工程专业评估通过学校和有效期情况统计表　　表5-10

（截至2017年5月，按首次通过评估时间排序）

序号	学校	本科合格有效期	首次通过评估时间	序号	学校	本科合格有效期	首次通过评估时间
1	清华大学	2014.5～2019.5	2004.5	20	武汉大学	2014.5～2019.5	2009.5
2	同济大学	2014.5～2019.5	2004.5	21	苏州科技大学	2014.5～2019.5	2009.5
3	重庆大学	2014.5～2019.5	2004.5	22	吉林建筑大学	2014.5～2019.5	2009.5
4	哈尔滨工业大学	2014.5～2019.5	2004.5	23	四川大学	2014.5～2019.5	2009.5
5	西安建筑科技大学	2015.5～2020.5	2005.6	24	青岛理工大学	2014.5～2019.5	2009.5
6	北京建筑大学	2015.5～2020.5	2005.6	25	天津城建大学	2014.5～2019.5	2009.5
7	河海大学	2016.5～2021.5	2006.6	26	华东交通大学	2015.5～2020.5	2010.5
8	华中科技大学	2016.5～2021.5	2006.6	27	浙江工业大学	2015.5～2020.5	2010.5
9	湖南大学	2016.5～2021.5	2006.6	28	昆明理工大学	2016.5～2021.5	2011.5
10	南京工业大学	2017.5～2023.5	2007.5	29	济南大学	有效期截止到2017.5	2012.5
11	兰州交通大学	2017.5～2023.5	2007.5	30	太原理工大学	2013.5～2018.5	2013.5
12	广州大学	2017.5～2023.5	2007.5	31	合肥工业大学	2013.5～2018.5	2013.5
13	安徽建筑大学	2017.5～2023.5	2007.5	32	南华大学	2014.5～2019.5	2014.5
14	沈阳建筑大学	2017.5～2023.5	2007.5	33	河北建筑工程学院	2015.5～2020.5	2015.5
15	长安大学	2013.5～2018.5	2008.5	34	河南城建学院	2016.5～2021.5	2016.5
16	桂林理工大学	2013.5～2018.5	2008.5	35	盐城工学院	2016.5～2021.5	2016.5
17	武汉理工大学	2013.5～2018.5	2008.5	36	华侨大学	2016.5～2021.5	2016.5
18	扬州大学	2013.5～2018.5	2008.5	37	北京工业大学	2017.5～2020.5	2017.5
19	山东建筑大学	2013.5～2018.5	2008.5	38	福建工程学院	2017.5～2020.5	2017.5

【2016～2017年度高等学校工程管理专业教育评估工作】2017年，住房城乡建设部高等教育工程管理专业评估委员会对沈阳建筑大学、华北水利水电大学、三峡大学、长沙理工大学、东北林业大学、西安理工大学、辽宁工程技术大学、徐州工程学院等8所学校的工程管理专业进行了评估。评估委员会全体委员对各校的自评报告进行了审阅，于5月派遣视察小组进校实地视察。经评估委员会全体会议讨论并投票表决，做出了评估结论，如表5-11所示。

2017 年高校的工程管理专业评估结论 **表 5-11**

序号	学校	学位类别	本科合格有效期	评估类型
1	沈阳建筑大学	学士	6 年（2017.5 ~ 2023.5）	本科复评
2	华北水利水电大学	学士	6 年（2017.5 ~ 2023.5）	本科复评
3	三峡大学	学士	6 年（2017.5 ~ 2023.5）	本科复评
4	长沙理工大学	学士	6 年（2017.5 ~ 2023.5）	本科复评
5	东北林业大学	学士	4 年（2017.5 ~ 2021.5）	本科初评
6	西安理工大学	学士	4 年（2017.5 ~ 2021.5）	本科初评
7	辽宁工程技术大学	学士	4 年（2017.5 ~ 2021.5）	本科初评
8	徐州工程学院	学士	4 年（2017.5 ~ 2021.5）	本科初评

截至 2017 年 5 月，全国共有 47 所高校的工程管理专业通过评估。详见表 5-12。

高校工程管理专业评估通过学校和有效期情况统计表 **表 5-12**

（截至 2017 年 5 月，按首次通过评估时间排序）

序号	学校	本科合格有效期	首次通过评估时间	序号	学校	本科合格有效期	首次通过评估时间
1	重庆大学	2014.5 ~ 2019.5	1999.11	18	沈阳建筑大学	2017.5 ~ 2023.5	2007.6
2	哈尔滨工业大学	2014.5 ~ 2019.5	1999.11	19	北京建筑大学	2013.5 ~ 2018.5	2008.5
3	西安建筑科技大学	2014.5 ~ 2019.5	1999.11	20	山东建筑大学	2013.5 ~ 2018.5	2008.5
4	清华大学	2014.5 ~ 2019.5	1999.11	21	安徽建筑大学	2013.5 ~ 2018.5	2008.5
5	同济大学	2014.5 ~ 2019.5	1999.11	22	武汉理工大学	2014.5 ~ 2019.5	2009.5
6	东南大学	2014.5 ~ 2019.5	1999.11	23	北京交通大学	2014.5 ~ 2019.5	2009.5
7	天津大学	2016.5 ~ 2022.5	2001.6	24	郑州航空工业管理学院	2014.5 ~ 2019.5	2009.5
8	南京工业大学	2016.5 ~ 2022.5	2001.6	25	天津城建大学	2014.5 ~ 2019.5	2009.5
9	广州大学	2013.5 ~ 2018.5	2003.6	26	吉林建筑大学	2014.5 ~ 2019.5	2009.5
10	东北财经大学	2013.5 ~ 2018.5	2003.6	27	兰州交通大学	2015.5 ~ 2020.5	2010.5
11	华中科技大学	2015.5 ~ 2020.5	2005.6	28	河北建筑工程学院	2015.5 ~ 2020.5	2010.5
12	河海大学	2015.5 ~ 2020.5	2005.6	29	中国矿业大学	2016.5 ~ 2022.5	2011.5
13	华侨大学	2015.5 ~ 2020.5	2005.6	30	西南交通大学	2016.5 ~ 2022.5	2011.5
14	深圳大学	2015.5 ~ 2020.5	2005.6	31	华北水利水电大学	2017.5 ~ 2023.5	2012.5
15	苏州科技大学	2015.5 ~ 2020.5	2005.6	32	三峡大学	2017.5 ~ 2023.5	2012.5
16	中南大学	2016.5 ~ 2022.5	2006.6	33	长沙理工大学	2017.5 ~ 2023.5	2012.5
17	湖南大学	2016.5 ~ 2022.5	2006.6	34	大连理工大学	2014.5 ~ 2019.5	2014.5

续表

序号	学校	本科合格有效期	首次通过评估时间	序号	学校	本科合格有效期	首次通过评估时间
35	西南科技大学	2014.5～2019.5	2014.5	42	福建工程学院	2016.5～2020.5	2016.5
36	解放军理工大学	2015.5～2020.5	2015.5	43	南京林业大学	2016.5～2020.5	2016.5
37	广东工业大学	2015.5～2020.5	2015.5	44	东北林业大学	2017.5～2021.5	2017.5
38	兰州理工大学	2016.5～2020.5	2016.5	45	西安理工大学	2017.5～2021.5	2017.5
39	重庆科技学院	2016.5～2020.5	2016.5	46	辽宁工程技术大学	2017.5～2021.5	2017.5
40	扬州大学	2016.5～2020.5	2016.5	47	徐州工程学院	2017.5～2021.5	2017.5
41	河南城建学院	2016.5～2020.5	2016.5	—	—	—	—

5.2.1.2 干部教育培训工作

【2017年度领导干部调训工作】2017年，中组部、中宣部、国家机关工委等部门共计下达住房城乡建设部干部调训名额73人次，其中“一校五院”调训班次40人，司局级干部专题研修班25人，中央国家机关党校班6人，其他调训班次2人。住房城乡建设部按照相关要求，积极选派学员参加相关培训班次，全年共有65名同志按期参训并完成了学习任务，培训计划执行率达89%。

【举办市长培训班】2017年，住房和城乡建设部配合中组部，共举办了7期市长专题研究班，培训学员258人，其中调训地级市政府主要负责人44人。部领导高度重视市长培训，党组书记、部长王蒙徽同志上任不久即为市长班学员授课，并对做好领导干部培训作出重要指示。易军、陆克华、倪虹、黄艳等部领导多次到培训班授课或与学员座谈研讨。

【印发培训计划并开展领导干部及专业技术人才培训】2017年3月，住房城乡建设部印发了《住房城乡建设部办公厅关于印发2017年部机关及直属单位培训计划的通知》（建办人[2017]16号），根据部计划安排，部机关、直属单位和部管社会团体共组织培训班167项，288个班次，培训住房城乡建设系统领导干部和专业技术人员49012人次。部人事司举办支援新疆培训班、支援青海及大别山片区定点扶贫培训班共3期，培训相关地区领导干部和管理人员350名，住房城乡建设部补贴经费37.5万元。

【全国市长研修学院（住房城乡建设部干部学院）国家级专业技术人员继续教育基地积极开展专业技术人员培训工作】住房和城乡建设部成立住房和城乡建设部国家级专业技术人员继续教育基地建设工作领导小组，部领导亲任组长，制定国家级专业技术人员继续教育基地培训规划和管理办法。市长学院首次使用国家级专业技术人员继续教育基地专项资金，共举办10期专题培训班，其中

“万名总师培训计划”举办6期培训班，共计培训学员1472人，专项补贴经费100多万元，实现了行业内高层次、骨干专业技术人员的知识更新。

【举办全国专业技术人才知识更新工程高级研修班】根据人力资源社会保障部全国专业技术人才知识更新工程高级研修项目计划，2017年住房和城乡建设部在北京举办“装配式建筑应用技术”、“城市水污染控制与治理”高级研修班，培训各地相关领域高层次专业技术人员140名，经费由人力资源社会保障部全额资助。

5.2.1.3　职业资格管理工作

【住房城乡建设领域职业资格考试情况】2017年，全国共有109万人次报名参加住房城乡建设领域职业资格全国统一考试（不含二级），共有18.9万人次通过考试并取得职业资格证书。详见表5-13。

2017年住房城乡建设领域职业资格全国统一考试情况统计表　　表5-13

序号	专业	2017年参加考试人数	2017年取得资格人数
1	一级建造师	724984	128249
2	一级注册结构工程师	16381	1829
3	二级注册结构工程师	5357	1031
4	注册土木工程师（岩土）	10860	2556
5	注册公用设备工程师	17429	3106
6	注册电气工程师	11669	115
7	注册化工工程师	2158	462
8	注册土木工程师（水利水电工程）	1937	639
9	注册土木工程师（港口与航道工程）	551	85
10	注册环保工程师	551	85
11	注册城乡规划师	33007	2923
12	造价工程师	164990	14983
13	房地产估价师	14566	2803
14	房地产经纪人	28901	8255
15	监理工程师	60919	21867
合计		1094260	188988

【住房城乡建设领域职业资格及注册情况】截至2017年底，住房城乡建设领域取得各类职业资格人员共159.5万（不含二级），注册人数132万。详见表5-14。

住房城乡建设领域职业资格人员专业分布及注册情况统计表 **表 5-14**

（截至 2017 年 12 月 31 日）

<table>
<tr><th>行业</th><th colspan="2">类别</th><th>专业</th><th>取得资格人数</th><th>注册人数</th><th>备注</th></tr>
<tr><td rowspan="15">勘察设计</td><td colspan="3">（一）注册建筑师（一级）</td><td>34569</td><td>33023</td><td></td></tr>
<tr><td rowspan="14">（二）勘察设计注册工程师</td><td rowspan="4">1. 土木工程</td><td>岩土工程</td><td>21806</td><td>17950</td><td></td></tr>
<tr><td>水利水电工程</td><td>9932</td><td>—</td><td>未注册</td></tr>
<tr><td>港口与航道工程</td><td>282</td><td>—</td><td>未注册</td></tr>
<tr><td>道路工程</td><td>2411</td><td>—</td><td>未注册</td></tr>
<tr><td colspan="2">2. 结构工程（一级）</td><td>52662</td><td>48556</td><td></td></tr>
<tr><td colspan="2">3. 公用设备工程</td><td>35462</td><td>29162</td><td></td></tr>
<tr><td colspan="2">4. 电气工程</td><td>26971</td><td>23026</td><td></td></tr>
<tr><td colspan="2">5. 化工工程</td><td>8610</td><td>6373</td><td></td></tr>
<tr><td colspan="2">6. 环保工程</td><td>6621</td><td>—</td><td>未注册</td></tr>
<tr><td colspan="2">7. 机械工程</td><td>3458</td><td>—</td><td>未注册</td></tr>
<tr><td colspan="2">8. 冶金工程</td><td>1502</td><td>—</td><td>未注册</td></tr>
<tr><td colspan="2">9. 采矿 / 矿物工程</td><td>1461</td><td>—</td><td>未注册</td></tr>
<tr><td colspan="2">10. 石油 / 天然气工程</td><td>438</td><td>—</td><td>未注册</td></tr>
<tr><td rowspan="3">建筑业</td><td colspan="3">（三）建造师（一级）</td><td>694453</td><td>666112</td><td></td></tr>
<tr><td colspan="3">（四）监理工程师</td><td>291523</td><td>189684</td><td></td></tr>
<tr><td colspan="3">（五）造价工程师</td><td>191663</td><td>174672</td><td></td></tr>
<tr><td rowspan="3">房地产业</td><td colspan="3">（六）房地产估价师</td><td>58920</td><td>53452</td><td></td></tr>
<tr><td colspan="3">（七）房地产经纪人</td><td>65656</td><td>32701</td><td></td></tr>
<tr><td colspan="3">（八）物业管理师</td><td>63647</td><td>23149</td><td></td></tr>
<tr><td>城乡规划</td><td colspan="3">（九）注册城市规划师</td><td>23191</td><td>21615</td><td></td></tr>
<tr><td colspan="4">总计</td><td>1595238</td><td>1319475</td><td></td></tr>
</table>

【与人社部联合印发注册城乡规划师职业资格文件】2017 年 5 月，住房和城乡建设部联合人社部印发了《人力资源社会保障部住房城乡建设部关于印发 < 注册城乡规划师职业资格制度规定 > 和 < 注册城乡规划师职业资格考试实施办法 > 的通知》（人社部规 [2017]6 号），对注册城乡规划师职业资格制度的实施作出调整和部署。

【完成职业资格清理规范工作】2017 年 9 月，人社部印发了《人力资源社会保障部关于国家职业资格目录的通知》（人社部发 [2017]68 号），注册建筑师、监理工程师、房地产估价师、造价工程师、注册城乡规划师、建造师、勘察设计注册工程师等 7 项职业资格列入准入类职业资格目录清单，房地产经纪人专业人员职业资格列入水平评价类职业资格目录清单。国家职业资格目录清单的公布，标志着职业资格清理规范工作基本结束。

5.2.1.4　人才工作

【指导行业从业人员职业技能培训工作】2017 年 4 月，住房和城乡建设部人事司下达培训计划 218.18 万人，实际培训 203 万人。2017 年 5 月，住房和城乡建设部人事司发文《住房城乡建设部办公厅关于做好住房城乡建设行业从业人员培训管理信息系统数据对接工作的通知》，要求各地将技能人员和现场专业技术人员培训数据同步对接到培训信息管理系统。2017 年 9 月，住房和城乡建设部人事司组织开展行业从业人员培训管理信息化建设培训班，讲解信息系统的建设、使用情况，通报数据对接、鉴定摸底等工作进展情况。2017 年组织编修排水、市政、装配式建筑、智能楼宇管理员等 21 个职业工种的职业技能标准。住房城乡建设部人事司指导中国城镇供水排水协会、中国建筑业协会、中国物业管理协会举办多个工种的全国二类（行业）技能竞赛。组织选拔优秀选手参加第 44 届世界技能大赛砌筑、瓷砖贴面、抹灰与隔墙系统、管道与制暖四个赛项，其中前两个项目获得金牌，后两个均获优胜奖。住房城乡建设部协调人社部，确定部执业资格注册中心作为技能鉴定承接机构，统筹管理行业职业技能鉴定工作。贯彻落实国办发《关于促进建筑业持续健康发展的意见》[2017]19 号文，就加强行业工人队伍建设开展调研。

【加强现场专业技术人员教育培训工作指导】住房和城乡建设部人事司对部分省份进行调研，针对目前现场专业技术人员教育培训工作的管理模式，与职业资格区分，及部分省市暂停相关工作等情况多次召开专题会议研讨。研讨当前“放管服”改革形势下现场专业技术人员培训管理中遇到的问题和解决思路。在江苏、四川等地推行电子证书试点，为全面推行电子证书，加强信息化管理积累经验。部署相关单位开发现场专业技术人员培训信息管理模块开发工作，将现场专业技术人员培训信息数据纳入统一培训平台系统，逐步实现培训信息全国一张网。

【做好行业职业教育】2017 年，住房和城乡建设部与教育部合作举办建筑工程识图（高职）、建筑装饰、建筑设备安装与调试、工程测量（中职）四个赛项的职业院校技能竞赛。按照教育部的统筹安排，组织开展高职 17 个专业教育教学标准的编修工作。制定《全国住房和城乡建设职业教育教学指导委员会章程》。住建行指委秘书处调整为部人力资源开发中心，调整住建行指委领导和委员，召开年度工作会议，规范住建行指委工作，加强指导监督。

【加强专家服务管理工作】2017 年年初，住房和城乡建设部面向部内司局、部属单位、社团印发文件，对各单位联系的专家和部组建的专家组织收集情况，研究分类规范管理，加强工作联系，服务部中心工作。根据中组部人才局工作安排，协调中规院接收西部之光访问学者 1 名，安排第 18 批博士服务团 5 名和第 17 批博士服务团部分人员的考核工作。按照中国科协、中组部文件要求，组织推荐中国青年科技奖候选人 2 名。

【深化职称制度改革】住房和城乡建设部委托住建部人力资源开发中心，组织修订职称评审办法，指导部职称评审相关工作。2017 年各项评审工作进展顺利。研究计算机与信息化、工程经济专业正高级职称的设置问题。

【做好部属事业单位工资管理相关工作】2017 年 6 月住房和城乡建设部人事司完成部属事业单位和相关社团养老保险参保登记工作。指导各单位完成相关人员信息的增减、核对工作及做好相关政策咨询。指导各单位按要求做好绩效工资改革实施工作。2017 年 3 月，报送人社部关于住房和城乡建设部绩效工资实施方案及绩效工资总量的报告。按照国务院办公厅有关文件精神和人社部统一工作部署，组织部属事业单位和有关社团 2017 年 9 月底完成相关退休人员基本养老金待遇调整。按时报送住房和城乡建设部事业单位工资福利统计报表。配合驻部纪检组，对有关单位擅自提高相关人员待遇标准等问题，开展核查，同时对部属事业单位进行清理规范。

5.2.2 中国建设教育协会大事记

2017 年协会面临很多重点和难点工作。在上级部门的关心和指导下，在协会各专业委员会的配合下、在各地方建设教育协会的支持下，在秘书处全体员工的共同努力下，各项工作成绩显著，发展空间不断上升。

5.2.2.1 专业委员会工作卓有成效，各项活动精彩纷呈

中国建设教育协会下属 12 个分支机构：普通高等教育委员会、高等职业与成人教育专业委员会、中等职业教育专业委员会、继续教育委员会、技工专业委员会、建设机械职业教育专业委员会、培训机构工作委员会、教育技术专业委员会、院校德育工作专业委员会、建筑企业人力资源教育工作委员会、房地产人力资源教育工作委员会和城市交通职工教育专业委员会。这些专业委员会在 2017 年的工作中，积极作为，努力开拓工作新领域，紧密团结会员单位，为会员单位排忧解难，全方位服务，效果显著。在发展职业教育、扩大社会影响、输送技能人才、创新教学、加速发展等方面取得了优秀成绩。

一是召开会员大会、常委会、主任工作会等；二是注重教育科研工作，参与了协会组织的论文、课件评优，课题申报、评审等工作，组织第五届全国高校土木工程实践教学研讨会，充分发挥各会员单位与协会之间的桥梁纽带作用；

三是大力推进职业院校培训工作，加快培训课程推广，开展短训工作，不断探索新的培训模式，积极主动的与其他部委主管的或住建部单位进行了横向交流沟通；四是在信息化建设方面，在线教育平台正式上线，视频课程建设工作稳步推进；五是组织会员单位参加展览会、技能竞赛、重大项目、抢险救灾、行业公益活动等；六是成立全国建设类院校施工技术应用技能大赛专家委员会，全国建设类院校 34 位院校骨干教师作为首批专家入库。七是各会员单位积极参与协会举办的活动。如积极向协会申报教育教学课题；踊跃向《建设技校报》投稿，积极参与《中国建设教育发展年度报告》撰写工作，积极参与协会举办的各类竞赛及 BIM 特色工作等。

5.2.2.2　地方联席会议创新方式，携手共办积极作为

地方建设教育协会与协会之间多年以来一直保持了长期良好的合作伙伴关系。协会每年与地方建设教育协会共同联合召开联席会议。2017 年在地方协会十五次联席会议上提出了联席会议轮值主席制度，经过大家的充分讨论，形成了《地方建设教育协会联席会议工作规程》。大家共同认为通过联席会议这个平台，使中国建设教育协会与地方建设教育协会之间、地方协会与地方协会之间增强了联系，互相交流经验，取长补短、共同提高，充分肯定了联席会议的机制。

5.2.2.3　科研活动不断推进、会员积极性越来越高

《中国建设教育发展年度报告》（2017）顺利完成。《中国建设教育发展年度报告》（2017）经过认真组织和编委会所有人员的共同努力已经正式出版发行。

【成果评优工作】2017 年协会组织开展了 2015～2016 年度优秀教育教学科研成果评选工作。以专业委员会为基础形成了 5 个初评小组，通过多次研究、反复修改，形成了优秀教育教学科研课题成果评选的办法、标准等系列文件。本次评选共收到参评教育教学科研成果 105 份、论文成果 235 篇。经过小组初评和协会专家组复评，评选出优秀教育教学科研成果一等奖 6 名、二等奖 10 名、三等奖 10 名；优秀论文一等奖 9 名、二等奖 19 名、三等奖 29 名；优秀组织奖 3 名。

【课题立项工作】2017 年 2 月协会下发了《关于开展 2017 年度教育教学科研课题申报工作的通知》，编制了《中国建设教育协会教育教学科研课题指南（2017 年度）》（建教协 [2017]11 号）。经过协会专业委员会和地方建设教育协会初评，专家评审，确定《面向工程教育的协同育人机制之研究与实践》等 139 项课题为 2017 年协会教育教学科研立项课题，并于 8 月下发了《关于 2017 年中国建设教育协会教育教学科研课题立项的通知》（建教协 [2017]57 号）。

【课题结题工作】按照协会教育教学科研课题结题验收管理办法及时与课题负责人沟通，保证课题的结题质量。对于集体开展结题验收的会员单位，根据会员单位需要帮助其修改组织结题验收相关文件并提出建议，保证集体验收工

作按要求有序进行。对于验收合格的课题，做到随到随结，热心为会员单位做好服务。

【完成住建部交办的科研课题工作】2017 年“装配式建筑技能人才需求研究项目”进入到实施和收尾阶段。

按照住建部标委会的要求，协助住建部人事司组织完成了《市政公用设施运行管理人员职业标准》的复审工作。

协助住建部人事司开展了建筑业从业人员职业培训情况调查，并且对调查数据进行了录入、统计和分析。

【认真办好刊物和简报】2017 年全年完成了 6 期刊物和 6 期简报的编辑出版发行工作以及刊物上传给中国知网、中国建筑工业出版社网站的任务。编审刊登稿件 166 篇，印刷发行 7881 本。增设了《企业教育》栏目，出版专刊 2 期。实现全年订阅 4542 本，有偿发行 6062 本。

5.2.2.4 提供沟通交流平台、品牌效应更加显著

【成功举办普高和高职院校书记、校长论坛】2017 年 7 月 21 ~ 23 日，“第九届全国建设类高职院校书记、院长论坛”在广西南宁市举行。广西建设职业技术学院承办了此次论坛。论坛主题为“立德树人，争创一流”。

2017 年 11 月 2 ~ 3 日，“第十三届全国建筑类高校书记、校（院）长论坛暨第四届中国高等建筑教育高峰论坛”在山东省济南市举行。住建部何志方处长参加了论坛并作了关于“把什么样的建筑教育带入新时代”专题报告。论坛主题为：“全面贯彻落实党的十九大精神，加快推进建筑类高校‘双一流’建设”。

两个论坛一直坚守建设行业学术交流平台的宗旨，紧跟主旋律，将建设教育的中心任务、热点难点问题融入主题分题。

【秘书处会议】协会组织召开了五届三次理事会、五届五次常务理事会、第十五届地方建设教育协会联席会议，并参加了论坛、各专业委员会的年会、分会、评审会等。本次会议三会合一，内容丰富，使不同层面会员单位进行了广泛交流探讨，凝聚了智慧和力量。会议向与会代表和全体会员单位发出号召：我们要再接再厉，凝心聚力谋发展，砥砺前行谱新篇，为中国建设教育事业再立新功。

【举办第八届全国高等院校建设类优秀学生夏令营活动】2017 年 8 月组织了以“大国工匠·建设未来”为主题的夏令营活动。从组织机构、在人员构成、内容设计以及顶层设计上，都进行了综合筹划与创新。包括联合中国职工国际旅行社总社，实现强强联合；构建人才培养的“梯队化、层次化”，形成了“传、帮、带”的良好育人格局；让师生多角度、全方位感受科技创新带来的成果；聚焦雄安新区建设、共享绿色科技成果，传递匠人理念等内容。

【举办各级各类比赛】2017 年协会全年组织竞赛活动四类 11 项，共有来自

全国 700 余所院校 1400 余代表队 7000 余师生到现场参加比赛。其中全国职业院校技能大赛中职组技能比赛，全国建设职业技能竞赛参赛，全国中、高等院校 BIM 应用比赛，建筑信息模型（BIM）应用技能大赛人数再创新高，分别比 2016 年增长 43%、33%、20%、10%。BIM 工作影响力持续提高，2016 年 10 月成立了“全国建筑信息化教育论坛”。来自全国各地的高校、企业代表近 500 人出席大会，之后在全国范围内开展了 13 站论坛巡讲工作。此外，BIM 应用技能考评工作愈加规范，BIM 师资培训工作规模逐步扩大。赛项如下：

全国职业院校技能大赛中职组技能比赛—— 2017 年 5 月底在山东青岛组织举办全国职业院校技能大赛中职组建筑装饰赛项比赛；6 月初在江苏南京组织举办全国职业院校技能大赛中职组工程测量和建筑设备安装与调控（给排水）比赛。该大赛作为我国职业教育工作的一项重大制度设计与创新，深化了职业教育教学改革，推动了产教融合、校企合作，促进了人才培养和产业发展的结合，扩大了职业教育的国际交流，增强了职业教育的影响力和吸引力。

全国中、高等院校学生“斯维尔杯”建筑信息模型（BIM）应用技能大赛—— 2017 年 5 月，组织举办第八届全国高等院校学生“斯维尔杯”建筑信息模型（BIM）应用技能大赛，全国 453 所大学的 457 支代表队，是我国高等教育建筑类领域中规模大、业界影响远的主要赛事。比赛在浙江杭州和吉林长春同步举办，实现高校建筑类专业之间的 BIM 协同，增强学生实践与创新能力的同时，提高学生的团队协作能力。

全国中、高等院校 BIM 应用比赛—BIM 算量大赛暨 BIM 施工管理沙盘及软件应用大赛—— 2017 年 10 月，协会联合广联达科技股份有限公司在长沙和徐州组织 BIM 应用技能系列比赛。此项比赛于 2008—2017 年连续举办了十届全国高等院校 BIM 应用技能比赛。比赛促进了 BIM 技术在高校教学中的应用，培养了大批 BIM 技术人才，得到了社会、行业和院校的普遍好评。

全国中等职业学校建设职业技能竞赛——2017 年是建设职业技能竞赛举行的第二年，共设装配式混凝土建筑虚拟施工（高职组）、装配式楼宇智能化工程技术技能、工程算量、BIM 建模四个赛项。与去年相比，今年突出了装配式技术的重要性，增设了装配式混凝土建筑虚拟施工赛项，延伸了智能化工程技术技能在装配式领域的运用。其次，在往年的基础上，新增高职组参赛项目。竞赛的 4 个赛项都是代表住房城乡建设行业未来发展方向、市场急需的职业岗位。

【特色项目——BIM 工作】全国 BIM 应用技能考评工作——2017 年 5 月 13 ~ 14 日及 11 月 11 日，开展全国 BIM 应用技能第一、第二次考评工作，共计 12731 名考生参加考试，首次共计 118 家，第二次共计 158 家考点举行了本次考试。

与此同时，继《全国 BIM 应用技能等级考试管理办法》《全国 BIM 应用技能等级考试省级管理中心管理办法》《全国 BIM 应用技能等级考试考点管理办法》3 项文件后，分别发布《全国 BIM 应用技能考评投诉处理机制》与《全国 BIM 应用技能考评证书补发换发申请表》，进一步完善考评工作机制，稳步推进各项工作。

组织开展全国 BIM 应用技能师资培训工作——为促进 BIM 人才培养工作的全面可持续发展，提供建筑业实现转型升级的人才保障，协会组织开展的 2017 年 BIM 应用技能师资培训明确培训依托全国 BIM 应用技能各省级考评管理中心开展（局部片区可酌情合并）的培训模式，也将培训内容、培训流程与要求等内容予以明确。同时开展针对 BIM 大赛的师资培训。本年度培训相关 BIM 的师资总人员达 2000 余人次。

【学分银行工作有了新进展，开户量创新高】自 2016 年建筑行业学习成果认证分中心在协会落户之后，建筑行业学分银行开始挂牌运营。2017 年开立学分银行账户逾 5000 人。3 月份，协会开始向国家开放大学申报“建筑行业学习成果认证、积累与转换项目”，通过答辩、评比和论证，8 月份正式与国开签订立项合同，旨在一年时间内完成 BIM 建模证书与学历教育课程的对接，为非学历学习成果与学历教育的互融互通奠定基础。

5.2.2.5　新形势下培训工作、艰难中不断开拓

【继续探索新的培训模式】协会培训部组织相关专家开发以实际建设工程项目运行和岗位工作流程为基础的，以提升在校学生专业技能和综合素质为目标的职业教育改革课程，建立一种在校内执行、作为学科教育体系必要补充的教育培训模式。协会培训部与中国建筑总公司（城市发展公司、八局）、中国铁建公司、中国电建公司、中国核建公司、北京城建集团、北京住总集团等大型国有集团公司进行了研讨，拟共同开发基于实际工程案例的、适用于学校专业教学的、以实际岗位工作流程为导向的职业教育课程体系。

【加强横向交流沟通】2017 年与中华社会文化发展基金会、教育部学校规划发展中心、财政部财政经济出版社、人保部职业培训协会、中国有害生物防治协会；与住建部部属单位中国建筑装饰协会、中国建设劳动学会、市长研修学院、中国建筑业协会、住建部人力资源中心、文化中心、中国勘察设计协会、中国市政协会、中国金属结构协会等进行了沟通与交流。

【开展国际合作项目】2017 年 4 月，在北京交通运输职业学院由协会与德国汉斯·赛德尔基金会举办了共同组织了全国 12 所汽车试点院校、25 名教师参加的汽车新技术培训班，讲授新能源汽车、混动汽车等技术。6 月初，有 8 所汽车试点院校参加了由协会与赛会共同组织的毕业考试。9 月，联合举办“中

德合作绿色建筑专业技术研讨会”在京召开。此次研讨会是中国建设教育协会在国内推出的公益大讲堂系列活动之一，以绿色建筑为主题，旨在分享国内国外主流绿色建筑标准、技术的最新发展动态，交流业界领先的节能保温施工技术，并围绕绿色建筑在设计、施工等方面的重点和难点问题进行广泛深入的探讨。会议有来自30余家企业和院校的60多位代表参会，得到业内的普遍关注。